NF文庫
ノンフィクション

新装解説版

幻の新鋭機 震電、富嶽、紫雲……

逆転を賭けた傑作機たち

小川利彦

潮書房光人新社

本書には第二次大戦時、試作機が作られるのみで、あるいは計画に終わった日本陸海軍の航空機が登場します。

先尾翼を持つ重武装戦闘機「震電」、B29をも凌ぐ巨人爆撃機「富嶽」、高速の水上偵察機「紫雲」など、さまざまな機体が解説されています。

戦勢挽回の期待をかけられるも、資材不足、エンジン性能の問題などに悩まされた日本航空技術陣の苦労がうかがわれます。

〈上〉キ64試作高速戦闘機　串型(タンデム)の動力配置で、エンジンを2基搭載した独創的な機体。最大時速700キロ以上を目標とした重戦闘機だった。〈中〉キ83試作遠距離戦闘機　中国大陸での戦訓により開発された爆撃隊援護用戦闘機。排気タービンの不調によって実用化の目処が断たれた。〈下〉キ87試作高々度戦闘機　米軍の大型爆撃機迎撃用として開発され、高空用装備や重装備などで大型化し、日本最大の単座戦闘機となった。

キ94試作高々度戦闘機(一型)　キ87と同時に試作がはじめられ、大胆な構想で設計されたが、18年末の木型審査の結果、不採用となった。

〈上〉キ96試作双発戦闘機　二式複戦「屠龍」の後継機として開発されたが、完成時に対B29用の高々度機が必要となり、実用化は中止された。
〈下〉キ108試作高々度戦闘機　半球上の気密カプセル内に乗員を収容する本格的な高空用迎撃機だったが、テスト飛行中に終戦を迎えた。

〈上〉キ109試作特殊防空戦闘機　75ミリ砲を装備して〝空飛ぶ高射砲〟とよばれたが、在来型エンジンなのでB29の高空性能に歯が立たなかった。
〈中〉キ106試作戦闘機　19年末、集中量産のため計画された木製化「疾風」。資材不足はおぎなえたが、搭載エンジンの増産が追いつかなかった。
〈下〉キ200試作局地戦闘機「秋水」　ドイツからの技術交換によって誕生したロケット機。時速800キロにも達し、B29の迎撃機として期待された。

〈上〉18試局地戦闘機「震電」　日本唯一の尾翼機として高速と重武装を備えた異色の迎撃機。左から４人目が設計者鶴野正敬少佐。〈下〉17試艦上戦闘機「烈風」　零戦の後継機として戦訓をとり入れて開発された新型艦戦。誉エンジンの開発が遅れ、完成にはいたらなかった。

〈上〉キ66試作急降下爆撃機　ドイツ軍のJu87スツーカの活躍に影響されて生み出された陸軍の双発爆撃機。急降下角度は最大60度であった。
〈中〉18試陸上攻撃機「連山」　敵戦闘機の攻撃をふりきれる高速四発機を目標に開発され、当時の大型爆撃機の水準を越える機体を作りあげた。
〈下〉試作特殊攻撃機「橘花」　Me262の資料をもとに開発された日本初のジェット機。最優先で生産はすすみ、終戦8日前に初飛行を行なった。

〈上〉17試特殊攻撃機「晴嵐」　伊400級潜に搭載される奇襲攻撃用機として誕生。当初のパナマ運河攻撃が、戦局の推移でウルシーに変更された。
〈下〉17試高速水上偵察機「紫雲」　機動部隊の行動を有利に導く高速水偵は日本海軍独自のもので、敵戦闘機よりも絶対的な優速が要求された。

〈上〉18 試陸上偵察機「景雲」　ジェット・エンジンの完成後、換装が可能なように構想され、発動機を胴体の中央部に搭載した空技廠の異色機。
〈中〉キ 78 試作高速度研究機「研三」　帝大航空研が総力をあげて高速飛行用に開発した機体で、18 年 12 月に時速 699.9 キロの最高速度を記録した。
〈下〉キ 77 長距離機　高々度輸送機の資料となる実用的な研究機で、19 年 7 月、長距離周回記録に挑んで、16435 キロという世界記録を達成した。

〈上〉キ105試作輸送機　金木製双胴体のユニークな輸送機で、戦局の悪化により長距離往復輸送方式で南方油田地域から燃料空輸が計画された。〈中〉ク7大型貨物輸送用滑空機　四式重爆改造機に曳航されるク7(右)。基地補給用に作られたが、戦局の悪化で作戦実施は不可能となった。〈下〉イ一型甲誘導弾　四式重爆に懸吊されたイ号一型甲。母機は目標から10キロで誘導弾を発進させ、その後、無線操縦により命中させる。

幻の新鋭機　震電、富嶽、紫雲……——目次

第一章　戦闘機

陸海軍機と発動機の呼称について

陸軍機

制式名称については一九二六年（昭和元年）以降、制式採用が決定された年度の皇紀年数の下二桁と機種名を組み合わせたものを使用した。八七式（昭和二年、皇紀二五八七年、西暦一九二七年）以降、九九式、一〇〇式（昭和十五年、皇紀二六〇〇年）まで順番号を追い、以後はふたたび一式（昭和十六年、皇紀二六〇一年）から陸海軍ともに制式名称がつけられ、五式が最後の制式名となった。なお、同一機種改造型については、その改造の程度によって一型、二型の型式番号と、甲、乙、丙、丁などの区分名称をつけた（例、一式三型甲戦闘機「隼」）。機体に大改修を加えた場合は「改」（例、三式二型改）を用いた。

陸軍は将来の試作指令を統一化するため、昭和八年以降採用された陸軍機の試作名称を設計会社、機種に関係なく、計画順に一貫したキ番号（キは機体の略）を用い、なかには試作中止となったものもかなりふくまれている。

当初、キ番号は制式名称が決定するまでの試作名称であったが、のちには制式名称があたえられてからもこの名称が併用されるようになった。

制式名称とは別に、その機の固有愛称が用いられた。四式戦闘機「疾風《はやて》」、二式複座戦闘機「屠龍《とりゅう》」、一〇〇式重爆撃機「呑龍《どんりゅう》」、四式重爆撃機「飛龍」などがそれである。

海軍機

海軍航空草創期には、まだ統一された命名法がなく、会社名をそのまま使用したものが多かったが、大正十年から昭和三年の時期には、当時の年号を制式名称とした。たとえば、大正期、大正十三年には一三式艦上攻撃機、昭和三年には三式艦上戦闘機などである。

昭和四年（皇紀二五八九年）以降になってからは、陸軍機と同様に、皇紀年号の下二桁に機種名をつけ制式名称として、八九式以降、九九式まで順番号を追い、以降、昭和十五年（皇紀二六〇〇年）を零式として（陸軍では一〇〇式）二式まで使用された。それ以後の制式機は固有名称、機種表示記号のいずれかで呼ばれるようになった。

甲戦「烈風」、乙戦「雷電」、丙戦「月光」、攻撃機「連山」、陸上爆撃機「銀河」、偵察機「彩雲」などである。

海軍は昭和七年から、試作機（昭和六年度、試作指示機もふくむ—六試—）には、試作指示年度の年号に機種名をつけて呼ぶようになった。また上述のとおり制式名が年号式から名称方式にかえられた後は、試作機にも固有名称があたえられ、試作機でおわるか開発中の場合には、試製あるいは仮称の文字を頭書に付記した。

昭和十年、海軍では陸軍のキ番号のように、制式機、試作機を合わせ、全機種にわたって機種記号と計画順番号、設計会社とその改造順番号を表示して、機種ごとの内容をふくめた統一番号をつくり、機種判別、分類を明確にした。

機種記号としては、A＝艦上戦闘機、B＝艦上攻撃機、C＝艦上偵察機、D＝艦上爆撃機、E＝水上偵察機、F＝水上観測機、G＝陸上攻撃機、H＝飛行艇、J＝陸上戦闘機、K＝練習機、L＝輸送機、M＝特殊機、N＝水上戦闘機、P＝陸上爆撃機、Q＝哨戒機、R＝陸上偵察機、S＝夜間戦闘機、MX＝特殊機などが用いられた。

設計会社記号としては、A＝愛知、G＝日立、H＝広工廠（のちの第一空技廠）、I＝石川島、J＝日本小型飛行機、K＝川西、M＝三菱、N＝中島、P＝日本飛行機、S＝佐世保工廠（のちの第三空技廠）、S·i＝昭和、W＝渡辺（のちの九州飛行機）、

Y＝横須賀工廠（のちの空技廠）、Z＝美津濃などが表示された。

なお小改造をおこなった機種にはa、b、cなどの改造記号を末尾に付し、また他用途に改修をおこなった場合は、おなじく末尾にダッシュ印と改造機種記号をつけた。P1Y1b（陸上爆撃機「銀河」）のPは陸上爆撃機、1は陸上爆撃機として一番目、Yは空技廠設計、1は同機量産初期型、bは二番目の小改造型であることを示す。P1Y2－Sの場合、P1Y2記号は前と同じであるが、Sは夜間戦闘機に改造した型であることを示す。

発動機

日本軍用機に装備されたエンジンについては従来、同一会社製品の同一系エンジンが陸軍、海軍それぞれ別個に制式採用され、陸軍ではハ番号（試作番号、ハは発動機の略）、制式名（ハ一四五、四式一九〇〇馬力など）、海軍では記号（試作呼称）、通称名（NK9A「誉」一〇など）があたえられた。このため呼称上の不便があり、昭和十八年後期ころから陸海軍統一の共通名称を用いるように努力がはらわれた。陸軍の従来のハ番号と制式名は新しいハ番号に統一され、海軍もこれにならった。新型式の動力であるジェット・エンジンにはネ番号を用いることになった。

幻の新鋭機

震電、富嶽、紫雲……

第一章　戦闘機

「戦闘機」という語は、いうまでもなく英語のファイター（Fighter）の訳語である。この頭文字のＦを戦闘機の名称につかっているのはアメリカ海軍で、Ｆ４Ｆワイルドキャットなどがその例である。これにたいしてアメリカ陸軍はＰを使用する。Ｐ38ライトニングというぐあいだが、このＰは追撃機《パーシュート・プレーン》（Pursuit plene）の頭文字だ。ドイツでは戦闘機をヤークトフルークツォイク（Jagdflugzeug）と呼ぶ。ヤークトは「狩る」、フルークツォイクは「飛行機」という意味だが、日本ではこれを「駆逐機」と訳した。余談になるが「戦闘機」をそのままドイツ語にするとカンプフルークツォイク（Kampfflugzeug）となり、これはドイツでは爆撃機をさす。

追撃機と逆の意味をもつことばで迎撃機《インターセプター》（Interceptor）というのがあるが、これも戦闘機の一種である。日本ではこれを「局地戦闘機」と呼んだ。このように戦闘機も国がちがうとその呼び方もちがうし、時代とともに使用目的もしだいにこまかく分かれてくるのだが、戦闘機を使用目的によって大きく分ければ攻撃用と防衛用の二つになる。

攻撃用戦闘機としては、太平洋戦争の幕開きのころの海軍の「零戦」と陸軍の「隼」が、もっともよい実例である。パールハーバーを奇襲し、零戦の制空隊が完全に戦場を制圧、同時に雷撃隊、爆撃隊が突入し、一挙に米太平洋艦隊の主力艦を撃滅した。そしてさらに零戦隊は銃撃で敵の航空戦力を地上でたたきのめした。あるいは台湾から長駆洋上一〇〇〇キロを翔破《しょうは》しフィリピンの米陸軍の航空隊を急襲、これを地上で壊滅させた長距離進攻の成功などがそれである。その他、戦例をあげればきりがないが、太平洋戦争の初期は、まさに日本戦闘機のかがやかしい黄金時代だった。これは「零戦」「隼」が兵器として敵よりすぐれており、これらが適切に使用されたからだが、連合軍側に新鋭機が数おおく登場してくると、これら万能選手的な戦闘機も苦難の時代においこまれることになった。

兵器というものは、つねに敵よりも優秀なもので必要な量をみたし、そしてこれにたいする補給ができるということが勝敗を決することになる。とくに飛行機というものは工業力の総合的製品であるから、機体がよくてもエンジンがそれにともなわなければダメだし、機体とエンジンが最高であっても、装備する機関砲など火器の性能がわるければ戦闘機としては劣悪というほかはない。

開戦のころ世界最強を誇った零戦も、いかに改良をかさねてみたところで、高度一万メートル以上をやってくる「超空の要塞《スーパー・フォートレス》」Ｂ29にたいする迎撃戦闘にはつかえなかった。高々度用として設計された迎撃戦闘機でなければ戦えないのだ。そして来襲するＢ29が何百機という大編隊になれば、数的にそれに見あうだけの戦闘機をあげなければ勝負にならない。Ｂ29による日本本土爆撃が効を奏するようになった時点で、日本の敗戦は決定したといえるのだ。つまり、よい飛行機をたくさんつくるという戦い、技術と生産力の戦いに敗れたのである。

この本の主題は、日本の航空技術者たちがこの技術・工業総力戦において、どのようにして敵より優秀な飛行機をつくりだそうと努力したか、そしてどんな新鋭機が開発されていったかを記録することである。日本の航空技術陣は、たしかにすぐれた新型機を生みだした。しかし、それらが実用機として制式化され量産された例は、きわめてすくない。その主な原因は、他の工業部門のおくれ、とくにエンジン開発のおくれであったことは、各機の項を読んでいただければ明らかである。

1　串型エンジンで速度の限界に挑む

キ64試作高速戦闘機〈陸軍・川崎〉

第二次世界大戦のはじまったころの各国の実用単座戦闘機のスピードは毎時五〇〇キロ台だったが、この時期に開発に着手したキ64は、時速七〇〇キロをめざした、きわめて野心的な戦闘機である。

当時、すなわち大戦前夜の一九三〇年代のおわりころは、ドイツやアメリカなどでは戦闘機の高速化と重武装化の方向にすすんでおり、いわゆる〝重戦闘機〟が重視されるようになった時代だった。

空たかく白雲をバックに、くんずほぐれつ操縦技術の粋《すい》をきそう格闘戦《ドッグ・ファイト》、日本流にいえば巴戦《ともえせん》の時代から、編隊をくんで矢のように襲いかかり、強力な機関砲が火をふいたと見るまにサッとおりすぎる、いわゆる一撃離脱の戦方にうつりかわろうとし

27　串型エンジンで速度の限界に挑む

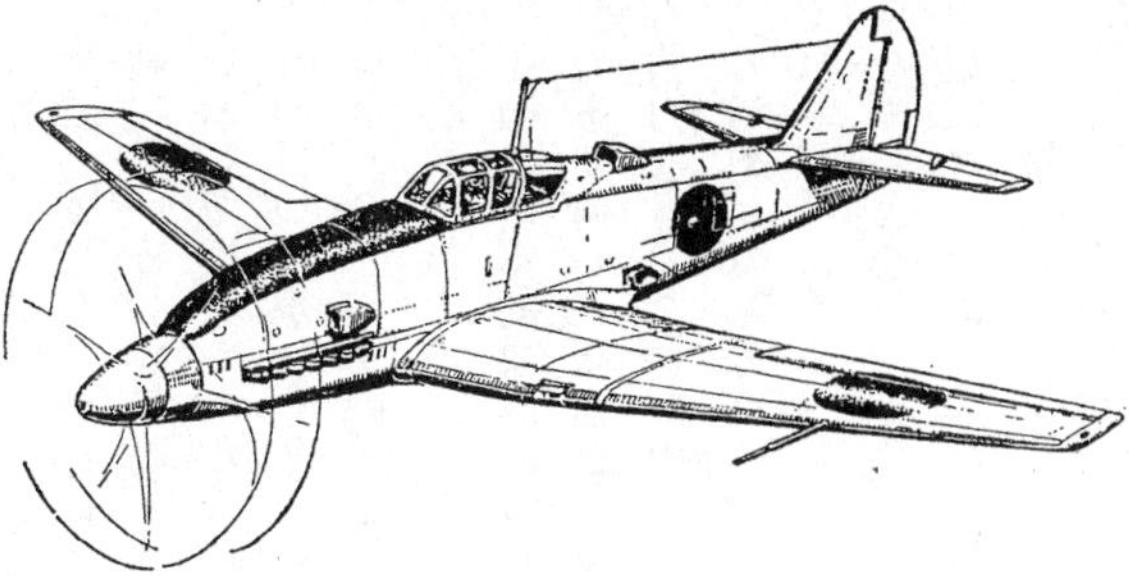

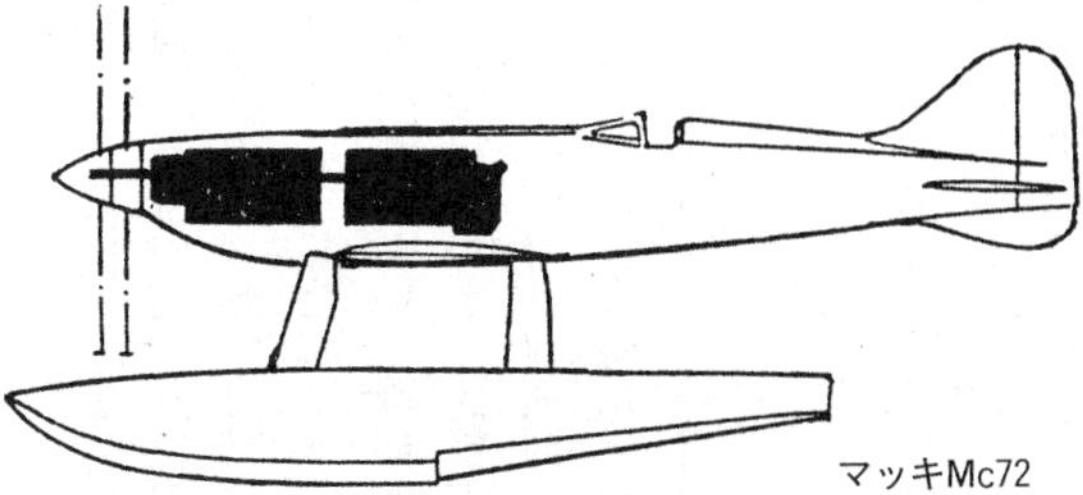

マッキMc72

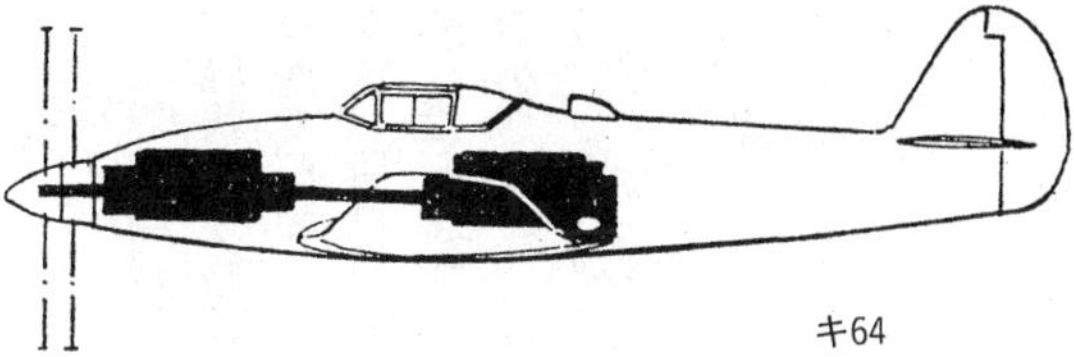

キ64

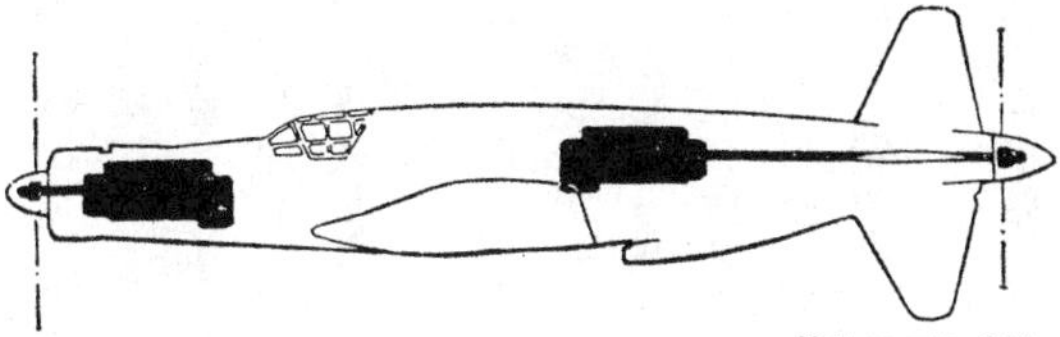

ドルニエDo335

ていたのである。

ところが、日本では陸軍の九六式戦闘機（キ27）、海軍の九六式艦上戦闘機（九試単戦）という世界最高の軽戦闘機をもっていたので、世界戦闘機界の大勢にあまり関心を示していなかった。とくにパイロットの間では、軽快な運動性を尊重する傾向が圧倒的につよかったといわれる。こうしたムードのなかで昭和十五年、時速七〇〇キロ以上、二〇ミリ機関砲二～四門装備という画期的な重戦闘機の開発に挑戦した陸軍と川崎航空機の当事者たちの着眼は、たかく評価すべきだと思う。

キ64の基本的な設計方針は、できるだけ前面面積を小さくおさえて、しかも強力な動力を装備し、高速をうることだった。当時は、一〇〇〇馬力級のエンジンがもっとも強力なものだったので、六〇〇キロ以上の速度をうるためには、どうしても双発にしなければならなかった。しかし、主翼にエンジンを二基つけた従来の双発機タイプでは単発機にくらべて前面面積がはるかに大きく、その空気抵抗は高速化にとって大きな障害となる。そこで考えられたのが、本機の構造上と外形上の最大の特徴をなす串《くし》型（タンデム）の動力配置である。

空冷星型エンジンにくらべて前面面積の小さい液冷エンジンを二基、操縦席の前後に配置し、同軸の二つのプロペラをそれぞれ反対方向にまわす。この方式によって前面面積は単発機とおなじで、しかも二倍の動力を使用できる。この構想は、まことに独創的なもので、外国の実用機に同種のものをもとめるのは困難である。しいてえらべば、一九三四年に速度世界記録を樹立したイタリアのマッキMc72双浮舟《フロート》型水上機、一九四三年に完成したドイツのドルニエDo335プフィエル戦闘機であるが、それぞれエンジン配置やプロペラ駆動方式がキ64とはちがっている。

もう一つの大きな特徴は、蒸気式表面冷却法を採用したことである。この方式は、ハインケルHe110などで成功した、もっとも空気抵抗のすくない冷却法である。通常、液冷エンジンでは熱くなった冷却水を冷却器《ラジエーター》におくり、空気によってこれを冷やす。これは自動車のエンジンも同様だが、飛行機の場合には冷却器が前面面積を増し空気抵抗を大にする要因となる。だが表面冷却は、冷却液を主翼や胴体の外板の直下をとおして冷却するので外部に突出する構造物は不要で、もっとも空気抵抗の小さい冷却機構である。

川崎は同社の製作した三式戦（キ61「飛燕」）を改造してこの機構をテストしたが、毎時約四〇キロの速度向上が証明された。しかし構造がきわめて複雑で、整備、取り扱いの面で大きな障害があったという。いっぽう被弾した場合、表面冷却は一挙に冷却力を失わないから普通型よりもエンジンの焼きつきをおくらせることができ、戦闘機としては有利であることも証明された。さらに第三の特徴は主翼翼型（断面形）に帝大航空研究所で開発したLB系の層流翼型を採用したことで、これは今日のジェット機の先駆をなしたものである。キ64は昭和十四年に開発指示が出され、ただちに基礎研究に入り、昭和十五年十月から設計開始、昭和十八年十二月に第一号機が飛んでいる。

本機はレシプロ型式の高速戦闘機として当時考えられる、もっともすすんだアイデイアをできるだけとりいれ、高速機の理想を追ったユニークな飛行機だったが、日本の技術的水準をはるかにぬいていたために多くの困難にぶつかった。だが、航空技術の先進国だったドイツやアメリカにおいても、新型式の戦闘機としてここまで大胆な構想を実現しようとした試みがなかったことは、当時の日本の中堅航空技術者たちが、いかに新しい設計方針にたいして積極的であったかを示す好例といえよう。

当時、もしエンジン開発の面で機体同様の進歩が実現していたならば、本機は時速八〇〇キロを突破することも、あるいは可能だったかもしれない。そして、メッサーシュミットMe109R速度実験機による七五五キロ／時の世界記録をかるくやぶり、世界戦闘機界の一大脅威となる可能性を秘めた試作機だった。

キ64は結局、一機だけ完成し、それもテストの中途で戦局が急迫し、ついに開発を中止してしまったのだが、日本の工業技術の水準が平均してもっとたかかったならば、と思うとまことに惜しまれる飛行機だった。

この問題は、この本に登場する多くの飛行機についてもあてはまることで、航空工業というものは複雑な総合的技術水準の上になりたつものだということを端的に物語っている。

キ64　試作高速戦闘機

設計：川崎　型式：低翼、単葉、引込脚　乗員：一　発動機：ハ二〇一（制式名称ハ七二－一一）液冷、倒立V串型二四気筒×一　公称出力：二〇〇〇HP／三九〇〇m（総出力）　最大出力：二三五〇HP　プロペラ：二重反復式、前固定、後二段可変三翅×二、直径三・〇〇m　全幅：一三・五〇m　全長：一一・〇三〇m　全高：四・二五〇m（三点）　脚間隔：三・一八〇m　主翼面積：二八・〇〇㎡　自重：四〇五〇kg　搭載量：一〇五〇kg　全備重量：五一〇〇kg　翼面荷重：一八二・一kg／㎡　馬力荷重：二・三kg／HP　最大速度：六九〇km／h／五〇〇〇m　上昇時間：五〇〇〇mまで五分三〇秒　上昇限度：一万二〇〇〇m　航続距離：一〇〇〇km　武装：二〇㎜固二～四　開発開始：昭和十五年十月　初号機完成：昭和十八年十二月　翼弦長：最大三・〇五〇m、平均二・二三五m　取付角：一度　上反角：内翼部マイナス一・五度、外翼部プラス七度　水平尾翼幅：四・七〇m

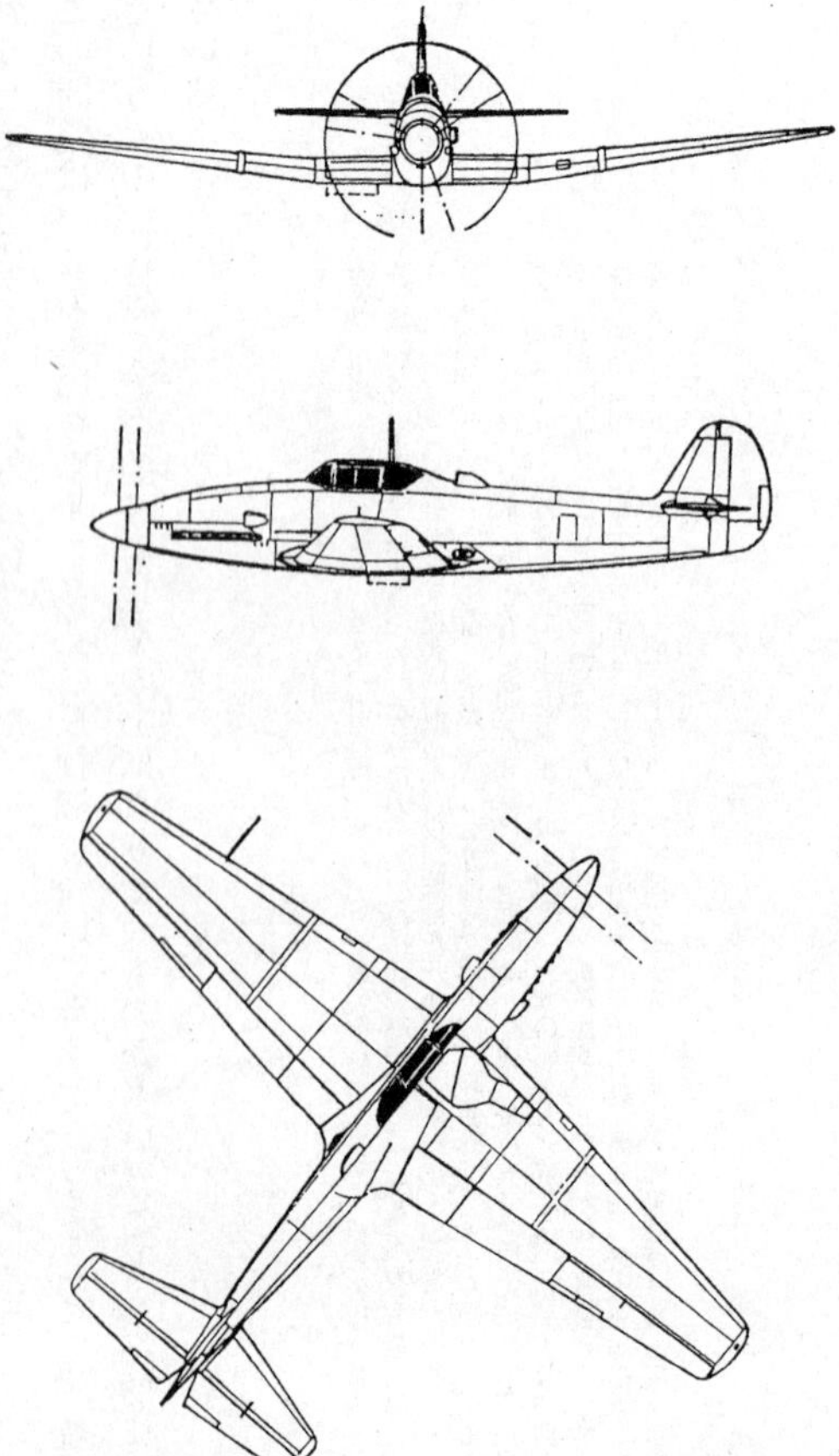

キ64 試作高速戦闘機

2　三七ミリ砲装備の迎撃機

キ88試作局地戦闘機〈陸軍・川崎〉

局地戦闘機とは、〝防衛用の戦闘機〟で、ことばをかえれば迎撃、あるいは防空戦闘機である。

敵地ふかく進攻する攻撃用の戦闘機ではないから、さほど航続距離は大きくなくてもよい。そのかわり、敵機来襲となった場合、できるだけはやく有利な位置にあがらなければならないから、つよい上昇力が必要であり、また敵の爆撃機を撃墜するために強力な武装を要求される。

戦闘機の武装は七・七ミリか一二・七ミリの機関銃の時代がながく、アメリカなどは第二次大戦のおわるまで一二・七ミリを主力としてつかっていた。そして武装の強化も、これらを多数装備するのが常識的だったが、爆撃機がしだいに大型化、高速化

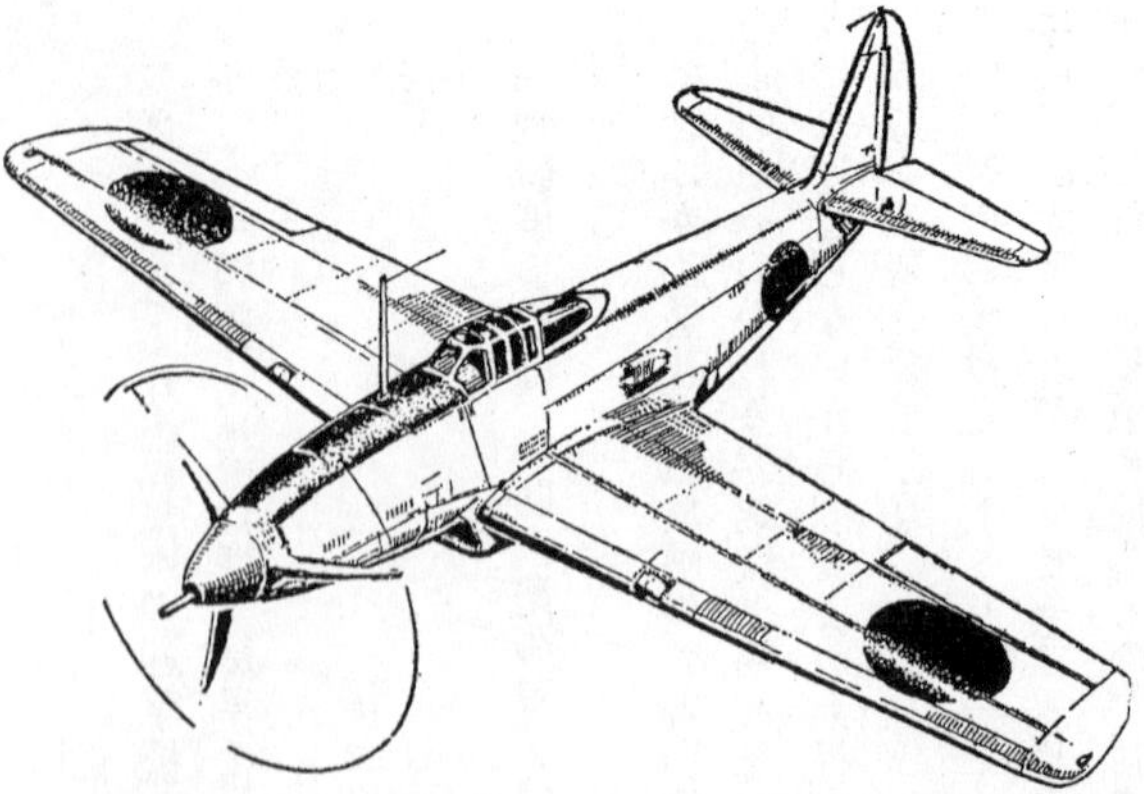

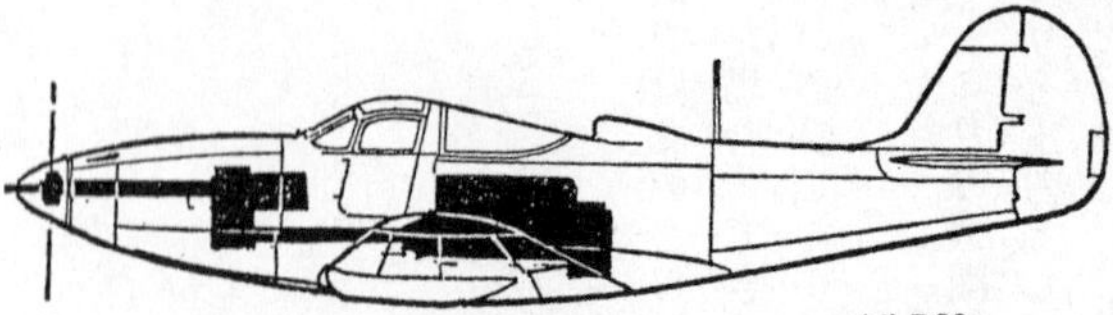

ベルP39

するにしたがって、破壊力の大きい二〇ミリ以上の機関砲が要求されるようになった。その後、さらに三七ミリ機関砲の装備が要求されるようになるが、これは銃身と弾倉が大きく、胴体、翼内とも従来の型式の戦闘機では内部装着が不可能となった。

キ88は、三七ミリ機関砲を装備するため胴体重心部の操縦席の直後に液冷エンジンをおき、延長軸で機首のプロペラをまわし、そのギア・ボックスを利用してプロペラ軸内から砲を発射するようにした設計である。

この型式は昭和十三年に初飛行したアメリカのベルP39エアコブラがすでに採用しており、戦闘機の新しい型式として多くの利点をもっていると注目されていた。機首をほそくして抵抗をへらし、パイロットの視界をよくできること、大口径火器の装備に有利であること、エンジンを重心ちかくにおけるので慣性能率がよく、構造設計がらくなことなどである。

キ88は、三七ミリ機関砲を装備する局地戦闘機として昭和十七年八月に試作指示があり、川崎はP39と同様の型式（降着装置はP39の前輪式ではなく尾輪式）を採用し、〝和製エアコブラ〟のニック・ネームをもっていた。

エンジンは延長軸倒立V型一二気筒の川崎ハ一四〇（一三五〇馬力）が完成し、プロペラ軸の三七ミリにくわえて前部胴体下面に二〇ミリ機関砲二門を装着、当時の日本ではもっとも重装備の戦闘機となった。

設計は順調にすすみ、昭和十八年六月に木型審査《モツクアツプ》、九月には第一号機の主翼と胴体がほとんど完成し、十月から最終組立に入ることになったが、その直前に突然、軍の命令で試作中止となった。

中止の理由は、すでに実戦で日本軍と戦っていたP39が意外に性能がわるく、日本機にバタバタと落とされていたことと、延長軸エンジンの効用が予想ほど大きな利点を生みださないこと、この特殊な構造について日本の生産技術に充分な自信をもてなかったことがあげられる。
　また同時期おなじ川崎で開発中だったキ64高速戦闘機（前項）の経験から、延長軸システムの実用化には、なお相当の時日を要すると判断されたことと、戦局の切迫も、キ88中止の一つの原因といえよう。

キ88　試作局地戦闘機
設計：川崎　型式：低翼、単葉、引込脚　発動機：八一四〇特、液冷倒立V型一二気筒（延長軸）
公称出力：一二六〇HP／五五〇〇m　最大出力：一四五〇HP～一五〇〇HP×一　プロペラ：定速、三翅、直径三・一〇〇m、ピッチ七〇度～二七度　全幅：一二・四〇m　全長：一〇・〇六m～一〇・二〇m　全高：四・一五〇m（三点）　水平尾翼幅：四・一〇m　脚間隔：四・〇六m　主翼面積：二五・〇〇㎡　自重：二九五〇kg　搭載量：九五〇kg　全備重量：三九〇〇kg　翼面荷重：一五六kg／㎡　馬力荷重：二・八八kg／HP　最大速度：六〇〇km／h／六〇〇〇m　上昇時間：五〇〇〇mまで六分三〇秒（五分〇〇秒のデータもあり）　上昇限度：一万一〇〇〇m　航続距離：一五〇〇km　武装：三七㎜固×一（胴）プロペラ軸、20㎜固×二（翼）　開発開始：昭和十七年八月　初号機モックアップ、昭和十八年九月、生産中止　製作会社：川崎

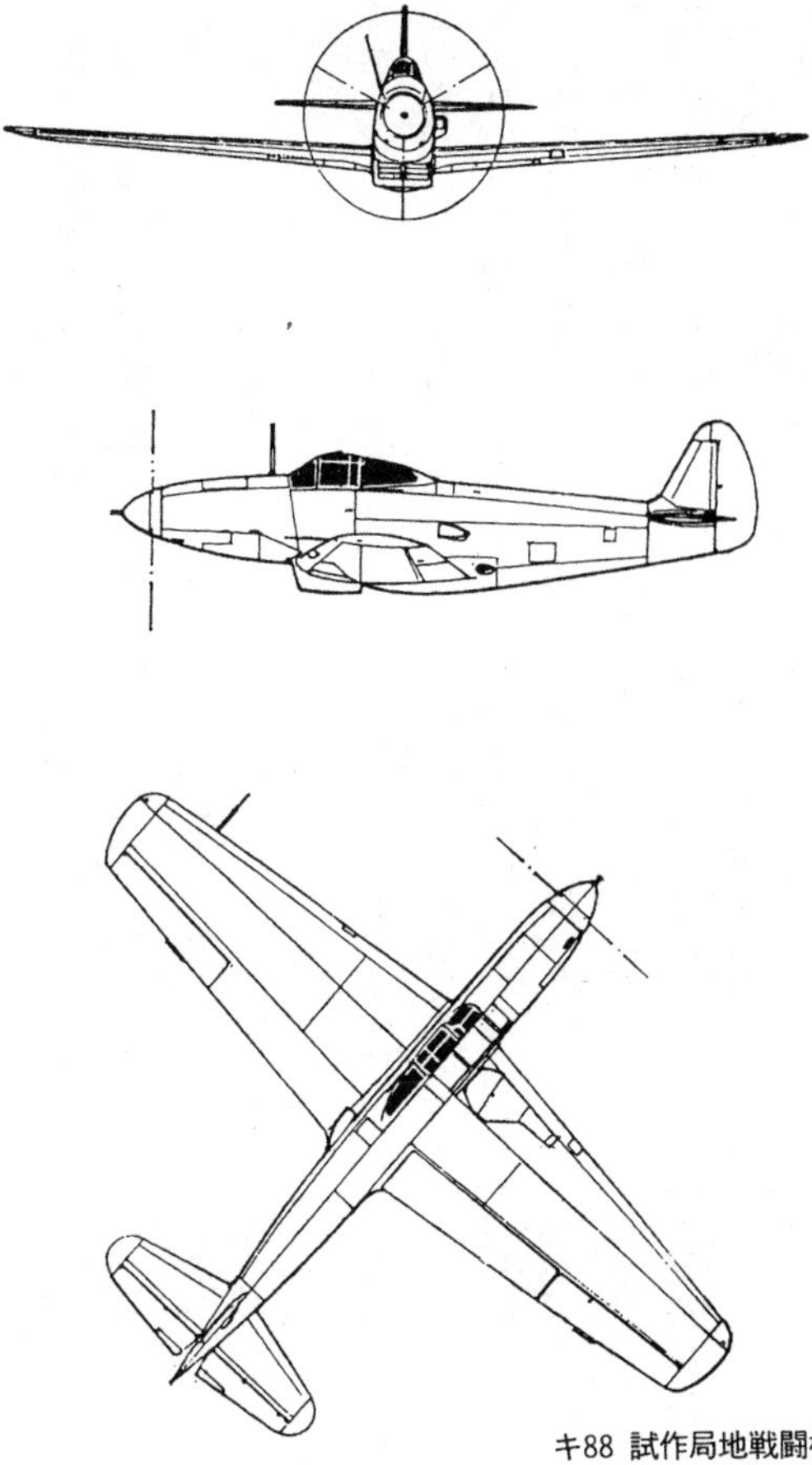

キ88 試作局地戦闘機

3 戦略爆撃機の〝守護神〟

キ83試作遠距離戦闘機〈陸軍・三菱〉

時速七〇〇キロをめざしたキ64が、軍用機としての一つの理想を追ったのにたいしてこのキ83は、実戦からえた戦訓から要求された飛行機である。

陸海軍の航空部隊は、太平洋戦争開始の前に中国大陸で戦闘をたっぷり経験していた。大陸奥地まで進攻した爆撃作戦は、のちにいう戦略爆撃のはしりだが、これらの作戦で爆撃隊は遠距離の目標までついてきてくれるあしのながい戦闘機がないため、中国空軍の戦闘機の迎撃をうけて大きな損害を出している。はだかの爆撃機が戦闘機にたいして、まことにもろいものだということを思い知らされたのだった。そこで要求されたのが掩護《えんご》用の遠距離戦闘機である。

昭和十六年五月、陸軍は三菱にたいしてこれの開発を指示した。キ83である。この

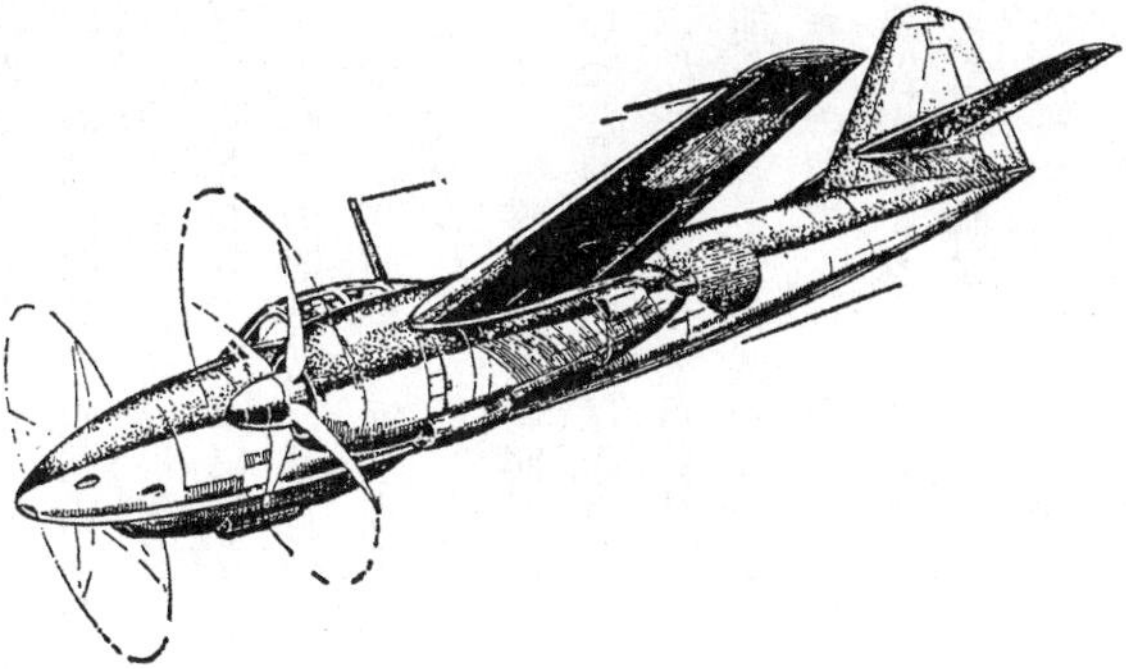

ころ海軍もおなじ理由から「遠戦」の必要を感じ、キ83の開発に参加することになり、陸海軍の共同試作の形となった。

その後、さらに陸軍から司令部偵察機（一〇〇式司偵の後継機）、地上襲撃機への転用が要求されたため、はじめは単発機を計画していたが双発複座の型式に変更しなければならなくなった。

このため開発は大幅におくれ、木型《モックアップ》審査は昭和十八年になり、第一号機の完成は十九年四月になった。社内テストでは好成績をあげ、予定されていた最大速力七〇〇キロ／時（高度九〇〇〇メートル）にたいし六八六・二キロ（高度八〇〇〇メートル）を出し、操縦性も良好だった。

昭和十九年になると、太平洋戦争の勝敗の鍵《かぎ》は航空戦力の優劣であることが明白になり、飛行機生産の質と量の向上が切実にのぞまれるようになっていたのでキ83の実用化が大きく期待されたが、この年の東海大地震、つづく空襲の激化のため試作四号機の完成でおわった。第二号機はテスト中に墜落、第三、第四号機は各務原《かがみがはら》で空襲により焼失し、ただ一機のこった第一号機は松本に空輸しテスト準備中に終戦となり、米軍にひきわたされた。

キ83の司偵型は、はじめキ83乙と呼ばれたが、後にキ95の試作名称があたえられた。しかしこの時期、まずキ83戦闘機型の完成がいそがれたので、キ95は実機の完成にいたらなかった。

また襲撃機型はキ103とよばれたが、後に述べるキ102乙の生産見とおしがたつようになったので、開発は中止された。

キ83は実用化の可能性がひじょうにたかく、また同時期の外国同種機をしのぐ高性能をもった試作機だったが、ついに戦場に出ることなくおわった。その原因の一つは、キ87の項でふれるが、エンジンの開発、とくに高々度用に採用された排気タービン過給器がおくれていたことがあげられる。

この時期、アメリカ陸軍のP38ライトニングやP47サンダーボルトなどに装備された同種のエンジンが完全に威力を発揮していたことを考えると、航空機は機体のみ先行しても結局は役にたたないのだ、ということが痛感される。

本機が期待されたとおりの性能を発揮すれば、外国の同種機P38、モスキート、ボーファイター（イギリス）、メッサーシュミットMe110（ドイツ）などを上まわる高性能機であったことは確実である。

そして量産実用化がすすめば大きな戦力となり、B29の迎撃にも効果をあげたものと思われる。

キ83　試作遠距離戦闘機
設計：三菱　型式：双発、中翼、単葉、引込脚　乗員：二　発動機：ハ二一一〜ル（制式名称ハ四三、一一ル）、空冷星型複列一八気筒タービン付　公称出力：二〇七〇HP／一万m　最大出力：二二〇〇HP×二　プロペラ：VDM定速四翅、直径三・五〇m　全幅：一五・五〇m　全長：一二・五〇m　全高：四・六〇m　主翼面積：三三・七一㎡　自重：五九八〇kg　搭載量：二九五〇kg　全備重量：八九三〇kg　翼面荷重：二六五kg／㎡　馬力荷重：二・六kg／HP　最大速力：六七〇km／h／五〇〇〇m、七〇四・五km／h／一万m　巡航速度：四五〇km／h／四〇〇〇m　着陸速度：一七〇〜一八〇km／h　上昇時間：一万mまで一〇分三〇秒　上昇限度：一万二六六〇m　航続距離：二八〇〇km　武装：三〇㎜固×二（機首）、二〇㎜固×二（機首）、爆弾五〇kg×二　開発開始：昭和十八年　初号機完成：昭和十九年四月　製作機数：四　製作会社：三菱　無線：飛五甲、飛二方向探

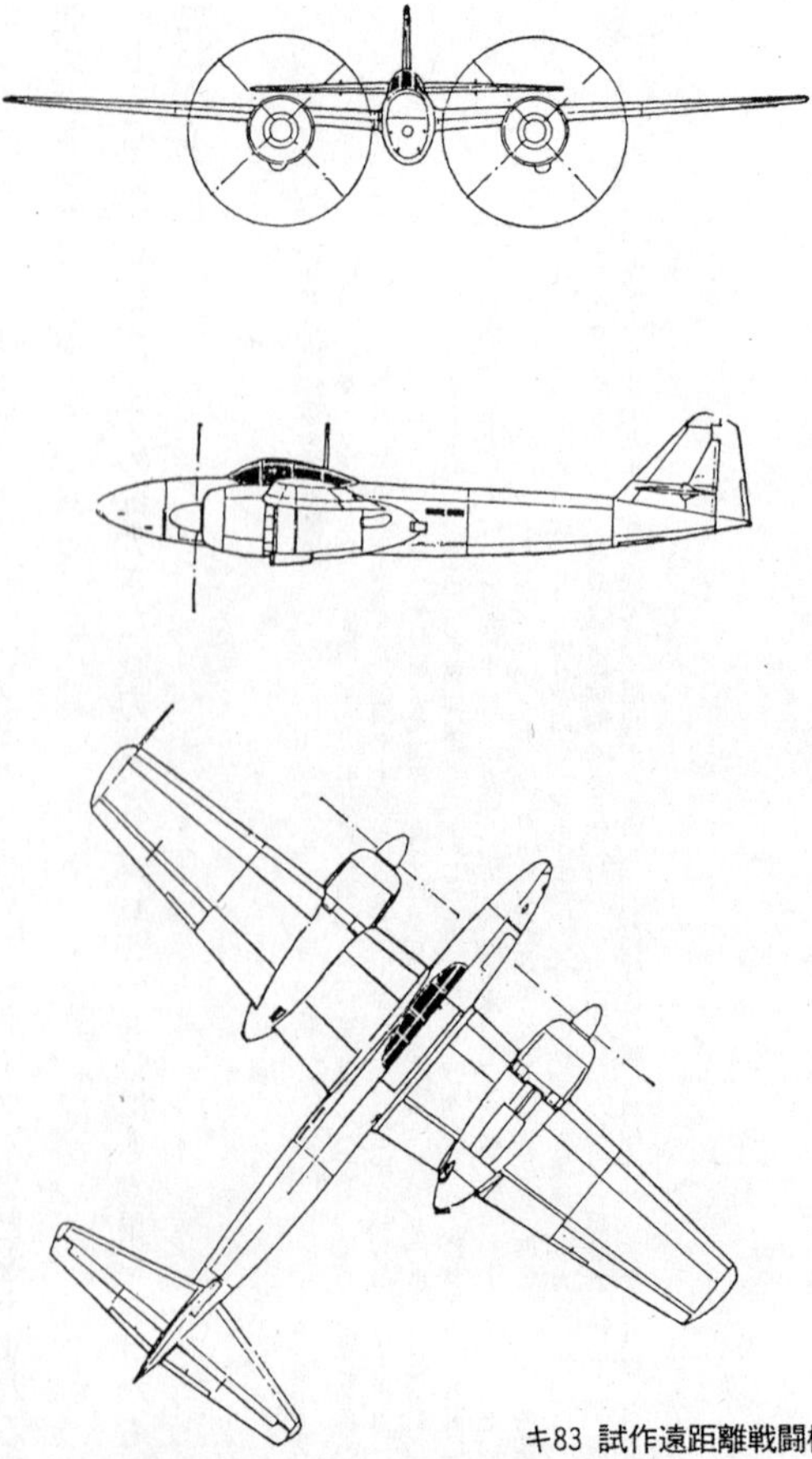

キ83 試作遠距離戦闘機

4　成層圏爆撃機を迎撃せよ！

キ87試作高々度戦闘機　〈陸軍・中島〉

戦闘機の使命は、敵の飛行機を撃ちおとすことである。その敵は、爆撃機の場合もあり戦闘機、あるいは偵察機かもしれない。

それはともかく、戦闘機というものは、敵機を撃墜するために火器（機関銃や機関砲）を戦場にはこぶための道具なのだ。〝空を飛ぶ銃座〟とでもいうべきだろう。そこで、戦闘機というものも、その目的にしたがって細分化してゆく。相手によってこちらの仕掛《しかけ》もかえてゆかなければ、役にたたないからである。

キ87の開発目的は、はっきりしていた。高々度を来襲するアメリカ軍の大型爆撃機をむかえ撃とうというものである。

本機の開発が指示されたのは昭和十七年だった。この年「超空の要塞《スーパー・フォートレス》」Ｂ29が出現

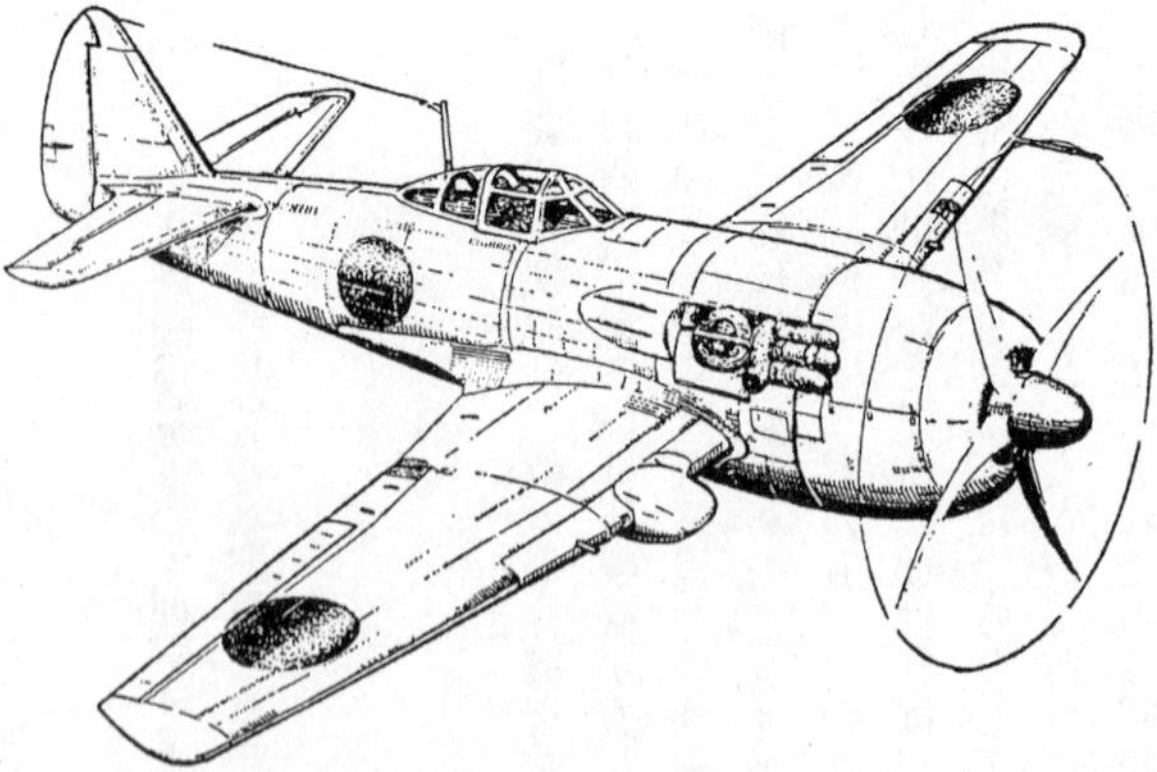

し、日本本土にたいする高々度からの戦略爆撃が予想されたからである。そこで陸軍は高々度防空戦闘機の開発を中島と立川に命じた。立川のものは後述のキ94である。

キ87は昭和十七年十一月に設計に着手したが、高々度用という条件をみたすための技術的に困難な問題にぶつかったのと、キ84（疾風《はやて》）の優先開発のために開発がおくれ、図面完成は昭和十九年十一月になってしまった。

高々度戦闘機にとって最大の問題は、一万メートル以上の高空でも充分な性能を発揮するための三速過給器、または排気タービン過給器の装備と、高空で乗員を保護する気密座席をどのようにするかの選定だった。

エンジンは、二〇四〇馬力（高度一万一〇〇〇メートル）を予定された中島試作ハ四四－一ニル（排気タービン過給器つき）を採用、気密室は被弾など実用上の不利があるので中止し、従来の酸素マスク型式にして酸素ボンベを多量に積むことにした。

機体は、中島の一連の戦闘機「隼《はやぶさ》」「鍾馗《しょうき》」「疾風《はやて》」の発展型であるが、高々度用装備、重武装、防御装甲のため大型化して全備重量六トン以上となり、日本最大の巨人単座戦闘機となった。

本機は試作三機、増加試作七機が要求され、第一号機は昭和二十年二月に完成、テストと並行しながら三〇〇機の生産を予定し、資材の調達がはじめられた。

しかしエンジン関係の不調、さらに主脚の九〇度回転の後方引込機構の故障などのため、前後五回のテスト飛行をしただけで実用化は中止された。

前項のキ83も、開発途上で高々度迎撃用への転用が要求されたが、やはり過給器のトラブルが原因でものにならなかった。

この項で問題となった過給器について簡単にふれておこう。

高度がたかくなるにつれて空気はうすくなるので、航空エンジンの性能を低下させないためには高度にしたがって空気を圧縮してエンジンに送らねばならない。この役をするのが過給器で、これを作動させるには通常、エンジンの回転力を利用してポンプを動かす。この程度により一速、二速、三速という。また別の方式としては排気ガスの噴出する力により風車をまわして空気を圧縮するものがあり、これがこの本にたびたび出てくる排気ガス・タービン付過給器である。

この分野で日本の工業水準が低かったことが、新鋭機開発にとって致命的な現象となってあらわれたのである。

キ87　試作高々度戦闘機　　（連合国同級機リパブリックP47D〔米陸軍〕）

設計：中島（リパブリック）　型式：低翼、単葉、引込脚（中翼、単葉、引込脚）　乗員：一（一）
発動機：中島ハ二一九ール（ハ「四四」一二ール）空冷星型複列一八気筒（P&W　R2800-21×一）　公称出力：一三五〇HP／一一〇〇〇m（一三〇〇HP）　最大出力：二四五〇HP×一　プロペラ：ラチェ定速四翅、直径三・六〇m～三・九〇m（四翅）　全幅：一三・四二三m（一二・四m）
全長：一一・八二〇m〔水平〕、一一・七〇六m〔三点〕（一一・〇m）　全高：四・五〇三m〔水平〕、四・三〇一m〔三点〕（四・三二m）　脚間隔：三・七六〇m　上反角：七度～七度三〇分
主翼面積：二六・〇〇㎡（二八・〇〇㎡）　自重：四三八七kg（四五四〇kg）　搭載量：一七一三kg
全備重量：六一〇〇kg（六六一〇kg）　過荷重：五六三二kg〔空戦時〕　翼面荷重：二三四kg／㎡
馬力荷重：三・一kg／HP　燃料：一二〇〇ℓ＋三〇〇ℓ〔増槽×二〕、滑油七五ℓ　最大速度：七〇六km／h／一万一〇〇〇m〔五六三二kg時〕六九八km／h／一万一〇〇〇m〔六一〇〇kg時〕（六八一km／h）　巡航速度：四七〇km／h／一万一〇〇〇m（五六〇km）　着陸速度：一三八・五km／h　上昇時間：六〇〇〇mまで七分四四秒、一万mまで一四分一二秒（六一〇〇mまで一一分三〇秒）　上昇限度：一万二八五五m（一万二一二〇m）　航続距離：二時間（一六五八km～三二七〇km）　武装：三〇㎜固×二〔外翼〕、二〇㎜固×二〔内翼〕、爆弾二五〇kg×一（一二・七㎜×八、爆弾九〇〇kg）　開発開始：昭和二十年二月

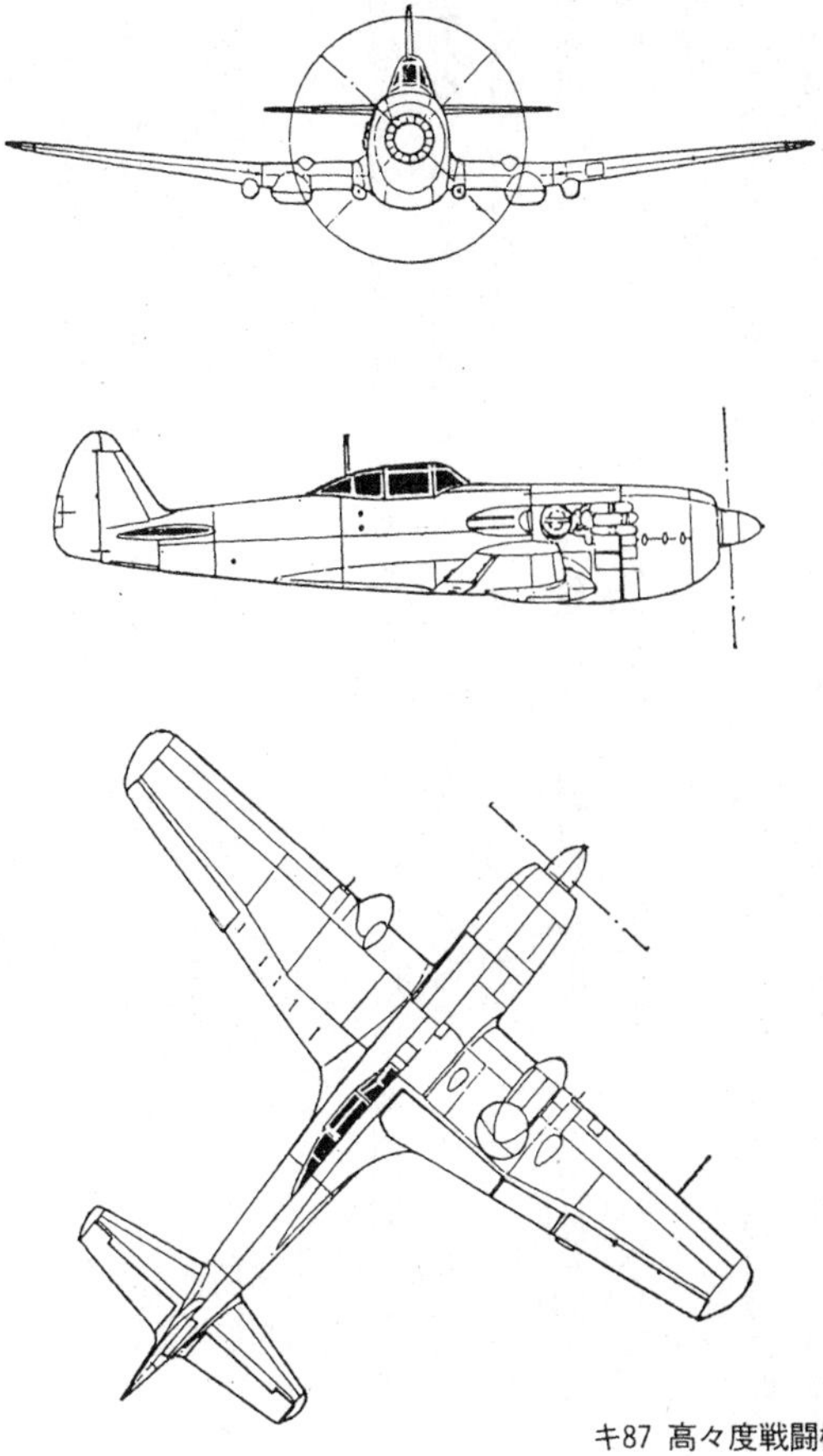

キ87 高々度戦闘機

5　排気タービンでB29を迎え撃て

キ94試作高々度戦闘機〈陸軍・立川〉

中島のキ87と同時に高々度戦闘機試作を指示された立川は、戦闘機のしにせであり三菱とならぶ日本の大航空機メーカーである中島とちがって、会社の規模も小さく、また戦闘機をつくるのもはじめてだった。

だが反面、この会社は前作キ70双発司令部偵察機（後出）にも見られるように、新機種にたいしてユニークな発想をもっていた。このキ94も図のように、ひじょうに大胆な構想で設計された。

二〇〇〇馬力の排気タービンつき空冷エンジンをみじかい中央胴体の前後に配置し、二本のほそいビームで尾翼部を支持する型式、日本戦闘機としてははじめての前車輪式降着装置と気密式操縦席などを採用している。しかし昭和十八年末に木型が完成し、

キ94二型

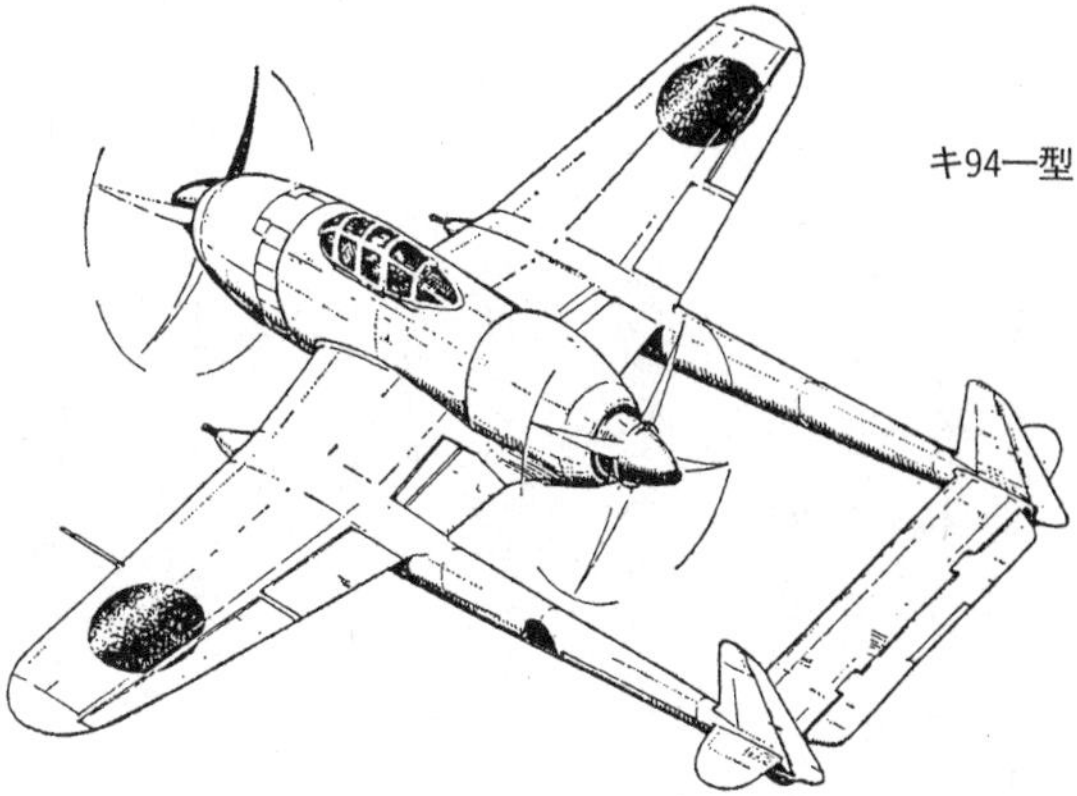

キ94一型

審査の結果、不採用になった。

エンジンと過給器の装備法が実用性に欠け、またパイロットの脱出困難なことと前車輪式になれていないことなどがその理由であった。そしてもっと実用的な型式のものをあらためて企画することになった。これがキ

94二型である。

各種の型式を徹底的に検討した結果、図のように在来型のオーソドックスな型式を採用したが、内容的には多くの新機構をとりいれている。

一、構造をできるだけ簡単にして量産に適するようにした。
二、高速に適する層流翼型を採用した。
三、高々度用気密室の問題の解決。
四、高空における方向安定のための後部胴体の形状。
五、排気タービンの位置（キ87では胴体側面にとりつけ失敗した）を胴体下面、主翼直後にした。
六、電動式部分を最小限度にとどめ、作動の確実さを重視した。

などである。

本機は昭和十九年二月に設計が開始されたが、前項のキ87が期待されたほどの成果をえられなかったので、B29にたいする迎撃用としては本機に的をしぼらなければならなくなり、大きな期待のもとに突貫《とっかん》作業がすすめられ、強度試験機一、試作機三、増加試作機一八の製作が予定された。そして第一号機は昭和二十年七月二十日に完成したが、初飛行の前に終戦をむかえた。

キ94二型は比較的オーソドックスな外形をもっていたが、内容的にはおおくの実用的な新技術を採用し、排気タービンの問題が解決されれば、アメリカの同級機P47サンダーボルトを上まわる高性能機となる素質を充分にもっていた。

本機が完成し量産がすすんでいれば、B29迎撃戦闘に大きな威力を発揮したと思われる。

キ94－一（キ94－二）　試作高々度戦闘機

注：（　）はキ94二、他は共通

設計：立川　型式：低翼、単葉、逆ガル、双胴、三輪引込脚、串型双発、気密室（三輪引込脚）乗員：一　発動機：ハ二一一ル（ハ二一九ル）、空冷星型複列一八気筒、排気タービン付　公称出力：二〇七〇HP／一〇〇〇m、一七五〇HP／一万五〇〇m（二一〇〇HP／一万二〇〇〇m、一七五〇HP／一万四〇〇〇m）×二（一）、最大出力：二二〇〇HP（二四〇〇HP）　プロペラ：VDM定速（ペ－三二定速）、直径三・三二～三・四〇m（四m）　全幅：一五m（一四m）　全長：一三・〇五m（一四m）　全高：三・八五m（水平四・六五m、三点四・六m）　ビーム間隔：四・五m　脚間隔三・二六m（四・二三m）　主翼弦長：（中央二・九m、翼端一・三六m）　主翼面積：三七㎡（二八㎡）　自重：六五〇〇kg（四六九〇kg、一号機実測四八六〇kg）　搭載量：二三〇〇～二九〇〇kg（一七六〇kg）　全備重量：八八〇〇～九四〇〇kg（六四五〇kg、一号機実測六五五〇kg）　翼面荷重：二三八kg／㎡（二二八・五～二四八・五kg）　馬力荷重：二・五一kg／HP（三・〇五～二・九kg／HP）　燃料／滑油：一八〇〇＋六〇〇／一三〇ℓ（一二二〇～一八二〇／八〇～一二〇ℓ）　最大速度：七八〇km／h／一万m（六八七km／h／一四〇〇m、一号機実測七一二km／h／一万二〇〇〇m）　巡航速度：四〇〇km／h（三六五km／h／四〇〇〇m、四四〇km／h／九〇〇〇m）　着陸速度：一四〇km／h（一三八～一五四km／h）　上昇時間：一万mまで九分五六秒（五〇〇〇

mまで七分五〇秒―一号機実測七分二〇秒、一万mまで一七分三八秒―実測一六分二〇秒、一万二〇〇〇mまで二四分一三秒―実測二二分二六秒、一万四〇〇〇mまで五三分三七秒―実測五〇分二〇秒）　上昇限度：一万四〇〇〇m（一万四一〇〇m、一号機実測一万四六八〇m）　武装：三七㎜固×二主翼、三〇㎜固×二主翼（二〇㎜固×二主翼）、爆弾五〇kg×二（五〇〇kg）　開発開始：昭和十八年夏　初号機完成予定：昭和十九年十二月（十八年末モックアップ完成）　製作機数：三＋増試八（二）　製作会社：立川　その他：飛五甲無線機、飛三方向探×一　取付角：（三度）　上反角：（六度）　アスペクト比：（七・〇）　水平尾翼幅：五m　垂直尾翼高：中心線より二m　プロペラ：二号機よりVDM定速六翅

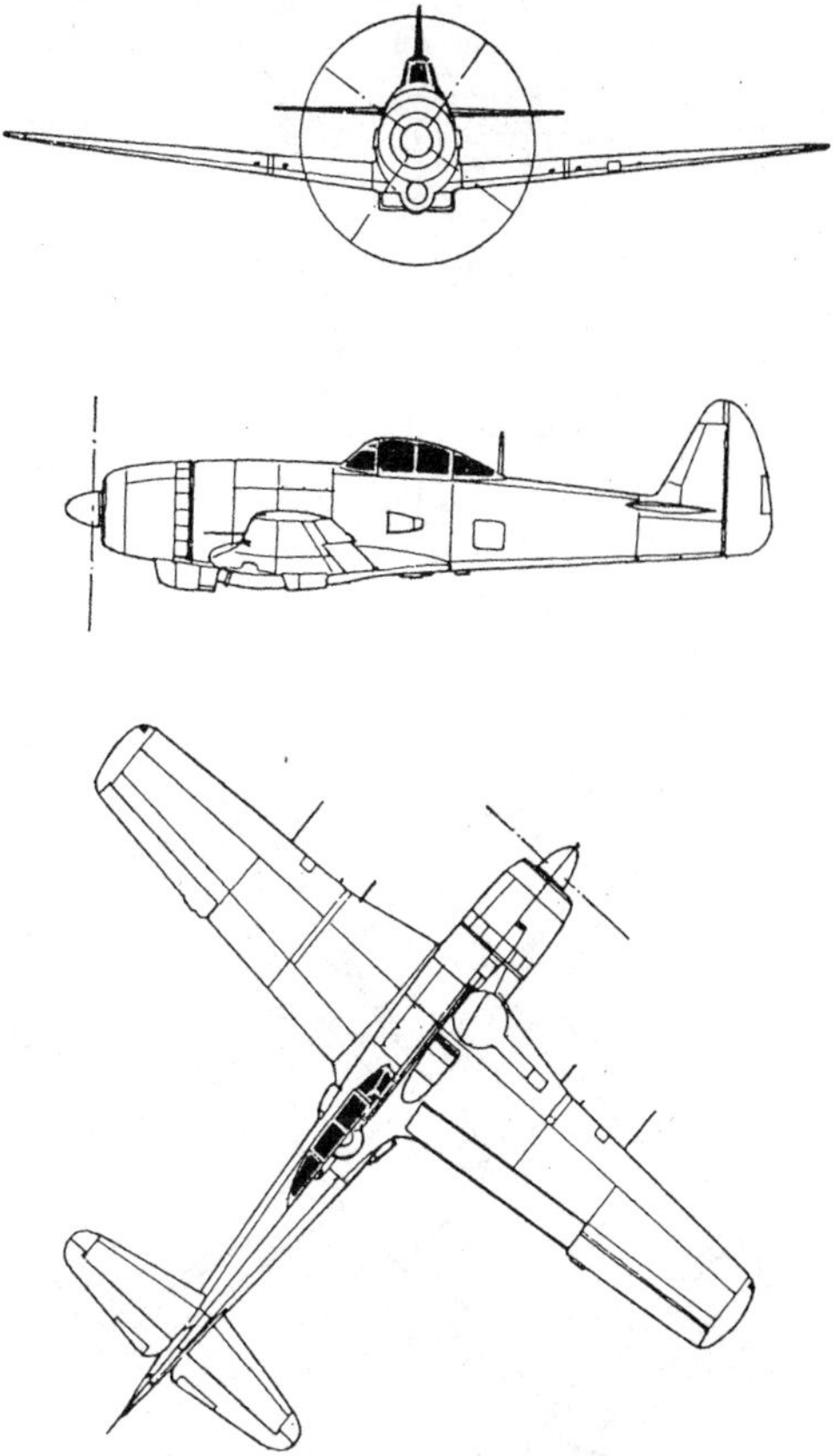

キ94二型 試作高々度戦闘機

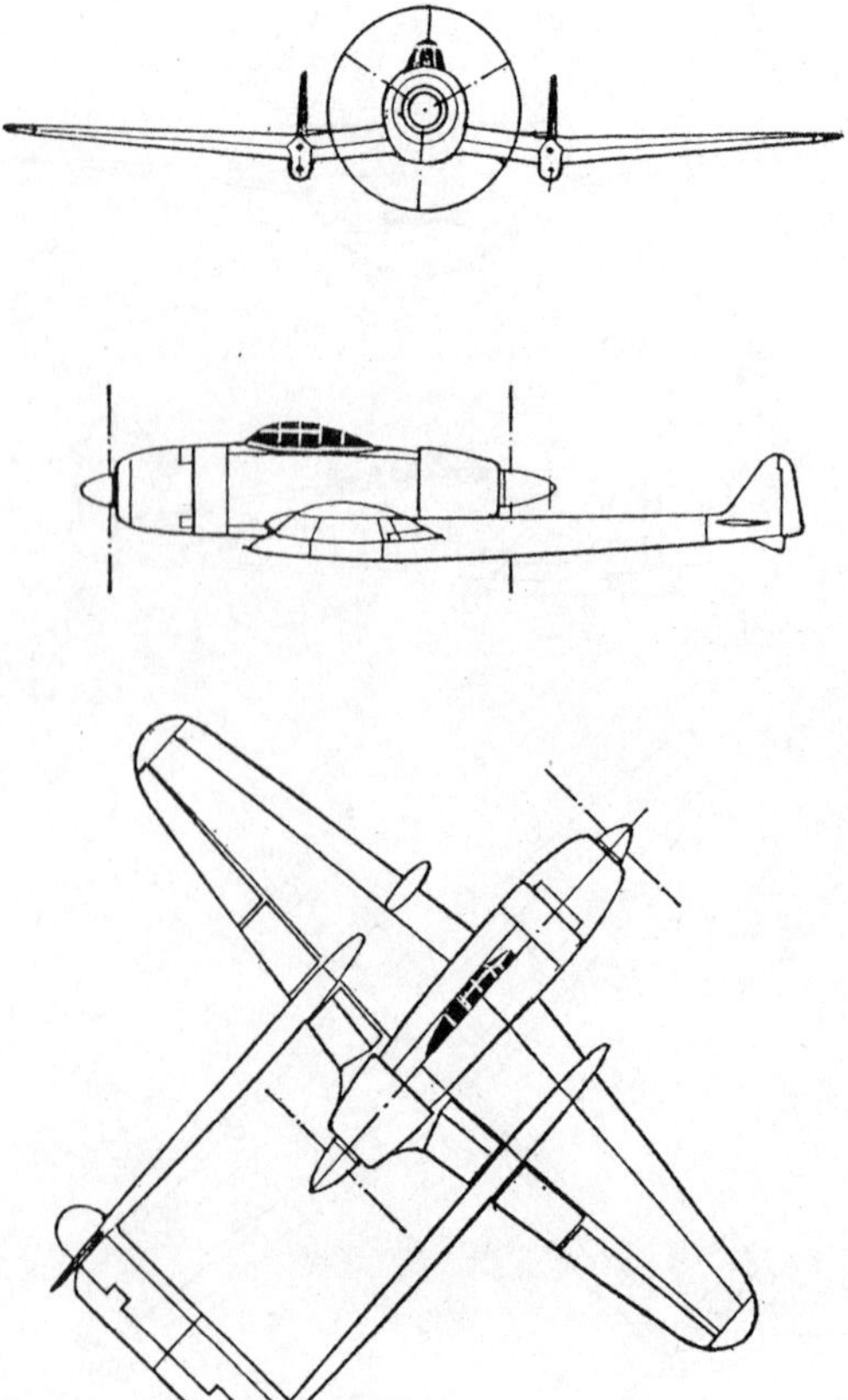

キ94一型　試作高々度戦闘機

6　大口径火器で大型爆撃機をねらえ

キ96試作双発戦闘機　〈陸軍・川崎〉

　重戦闘機時代の新機種の一つの流れとして、双発複座の戦闘機が一九三〇年代の後半にあらわれた。その代表的なものはドイツのメッサーシュミットMe110で、英仏も同種機の整備に力をいれた。

　しかし第二次大戦がはじまり実戦に使用してみると、この種の戦闘機は予想されたほどの価値のないことがわかった。そして双発の戦闘機は、重火力装備の単座機や戦闘爆撃機へ移行していった。英空軍のボーファイター、モスキートなどがそれである。

　この時期、日本では川崎の二式複座戦闘機「屠龍《とりゆう》」（一九四二年制式）が唯一《ゆいいつ》のものだったが、この機も高性能を示したものの高々度用としては非力で、B29迎撃戦闘で二〇ミリ斜銃をつけて奮戦したが、さした戦果はあげられなかった。

これより先、陸軍は次期双発戦闘機の性能を向上、単座重火力の迎撃機と地上襲撃機に分化させる必要をみとめ、キ96の開発を決定した。本機は基本的には大型爆撃機を一発で仕止めることのできる大口径火器を搭載する双発機で、その開発は昭和十七年八月に川崎に指示された。

はじめ二式複戦（キ45改）の性能向上型が指示されたが、後方射手は実戦であまり役にたたないと判断され、同年十二月にあらためて単座の高速双発重戦闘機として試作が命じられた。

開発は順調に進行して昭和十八年六月に設計完了、九月にははやくも第一号機、つづいて第二、第三号機が完成し、ただちにテスト飛行にうつった。

第一号機は複座として設計したものを中途から単座になおしたので、コクピットは複座機の後方にカバーをつけたような形となったが、第二号機は図のように水滴型透明キャノピーにあらためられた。

キ96と前作キ45改（二式複戦）とのおもな違いは、つぎのとおりである。

一、主翼面積が約二平方メートルまし三四平方メートル。
二、総重量は約五〇〇キロ増加。
三、エンジンは一五〇〇馬力に強化され、エンジン・ナセルは直径、全長ともにま

して、その後端が主翼後縁からとびだす形になった。
四、垂直尾翼は直線的な形になった。
五、武装は機首中心部に三七ミリ機関砲一、機首下部に二〇ミリ機関砲二を装備した。
などである。

全体の形は、あきらかに前作「キ45改」のながれをくんでいる。

本機はテストの結果、予定された最大速度六〇〇キロ／時にせまる良好な性能をしめしたが、当時の戦局では対Ｂ29用として高空性能の向上機と双発の地上襲撃機が緊急に必要とされ、本機のように排気タービンをもたない低・中高度用戦闘機の実用化は中止された。

このように軍当局の用兵思想がはっきりしなかったためにムダな開発をした例は少なくないが、本機の場合は当局がドイツのＭｅ110に目がくらんだのが原因だったのではないかと思われる。

第二次大戦の前、ドイツ空軍は新型式の戦闘機として双発複座のMe110を開発し、これを〝トラの子〟のようにして、同時に誇大な宣伝をしていた。ところが大戦になって、イギリス本土にたいする航空戦でMe110は、まったくダメだった。爆撃機の掩護に出撃しても英空軍のスピットファイアやハリケーンに追いまわされ、ついには味方の単座戦闘機Me109に救援をたのむというていたらくだったという。日本陸軍は、このドイツの宣伝に乗せられたというべきではなかろうか。

しかし本機につづくキ102、キ108の高々度用戦闘機系列の原型となった機体としては、大きな意義をもっていたといえよう。

キ96　試作双発戦闘機
設計：川崎　型式：中翼、単葉、双発　乗員：一　発動機：ハ一一二‐二、空冷星型複列一四気筒　公称出力：一三五〇HP／二〇〇〇m、最大出力：一五〇〇HP×二　プロペラ：定速、三翅、直径：三・〇m　全幅：一五・五七m　全長：一一・四五m　全高：三・七〇m　主翼面積：三四㎡　自重：四五五〇kg　搭載量：一四五〇kg　全備重量：六〇〇〇kg　翼面荷重：一七六・四kg／㎡　馬力荷重：二・二二kg／HP　最大速度：六〇〇km／六〇〇〇m　上昇時間：五〇〇〇mまで六分　上昇限度：一万一五〇〇m　航続距離：一六〇〇km　武装：三七㎜固×一、二〇㎜固×二　開発開始：昭和十七年二月　初号機完成：昭和十八年九月　製作機数：三　製作会社：川崎

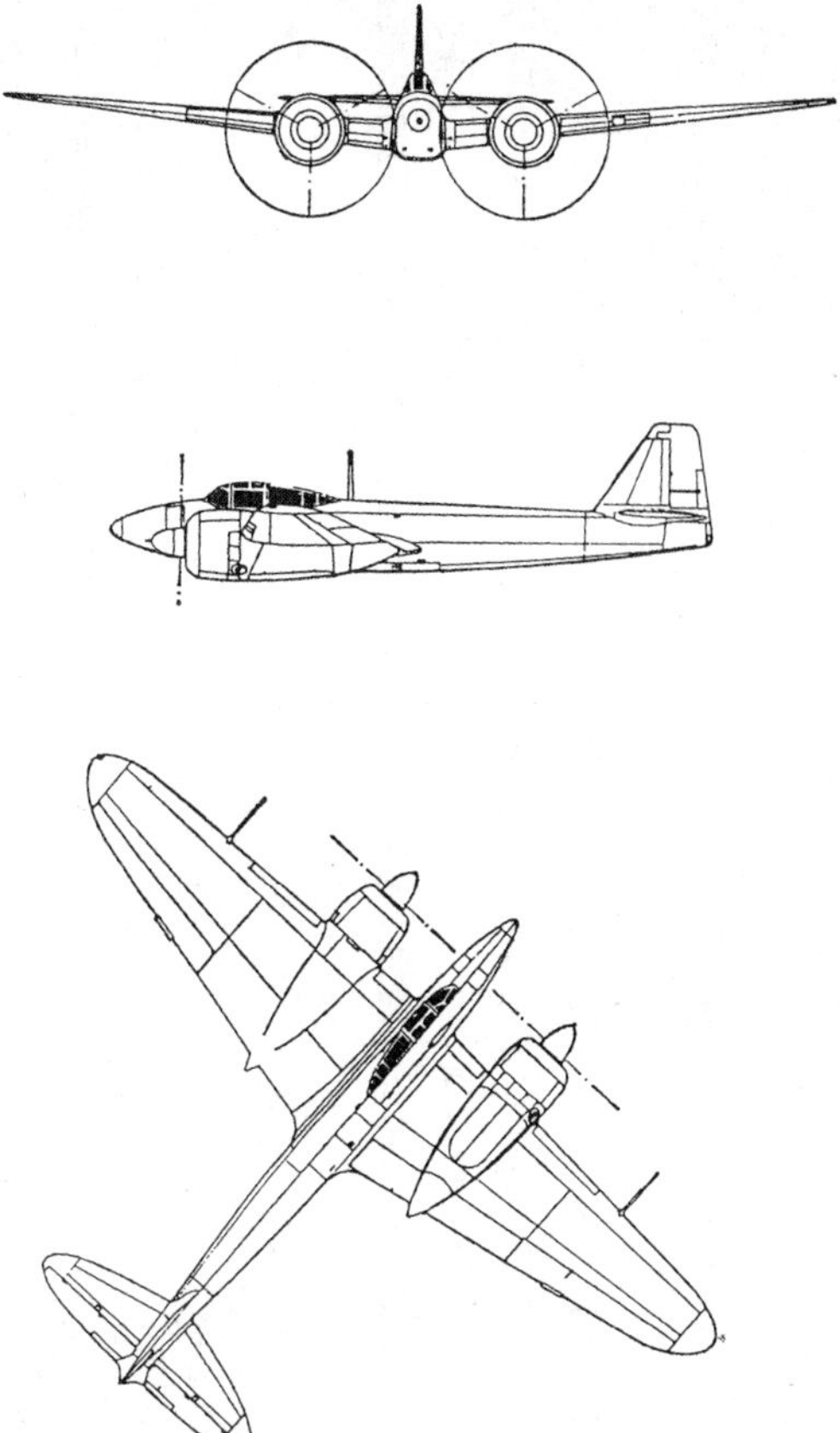

キ96 試作双発戦闘機

7 最も即戦的な多目的双発機

キ102試作夜間戦闘機〈陸軍・川崎〉

陸軍では開戦前から双発複座重戦闘機キ45を開発、昭和十七年に二式複戦「屠龍《とりゅう》」（キ45改）として制式とし、各方面で活躍していたが、あらたに高性能、重武装の双発戦闘機の要求があり、キ45をベースに（陸軍が単座、複座の方針も決めぬままだったが）、ともかく要求速度の六〇〇キロ／時（高度六〇〇〇メートル）にちかい試作機キ96が生まれた。

しかし使用目的が決まらないまま、戦局のうつりかわりから高々度迎撃用（甲）、中・低高度用（乙）、のちに甲を夜間重戦に改造した（丙）などに、それぞれ目的に応じて作りかえられ、この一連の試作機にキ102の名称があたえられた。

甲型はあきらかにB29迎撃用として、まず当時（昭和十九年六月）開発されたばか

61　最も即戦的な多目的双発機

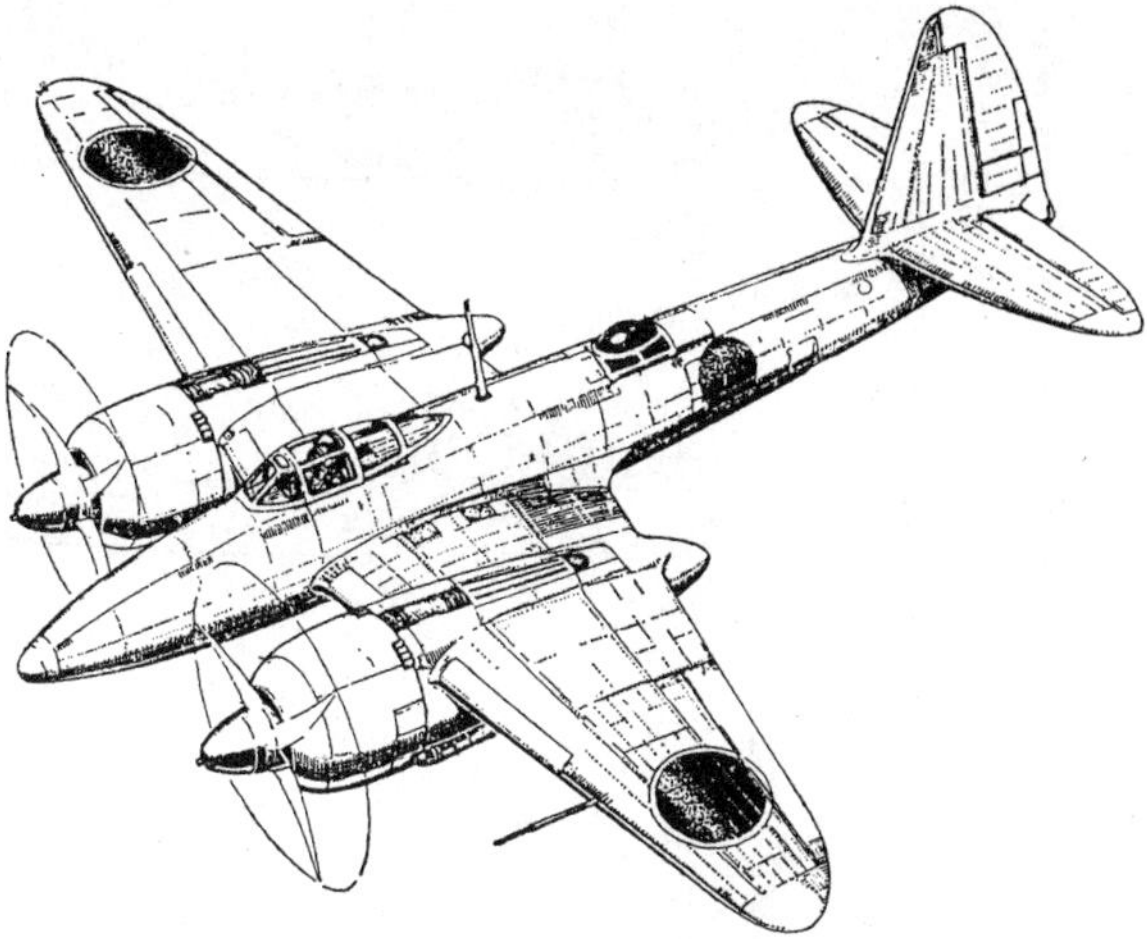

りの排気タービン過給器装備エンジン「ハ一一二－二型ル」の完成をまって、戦局もおしつまった昭和二十年はじめから二五機が完成したが、排気タービンの研究のおくれが致命的で故障が続出し、期待された高性能（高度一万メートルで最高速度五八〇キロ／時）も発揮できずにおわった。

これは余談だが、開戦時、無敵の名機「零戦」も高々度空戦にはよわかった。つまり空気が薄くなると、人間も飛行機も酸欠状態となり、とてもまともな運動ができなくなり、大戦中期からは、ロッキードP38ライトニングが排気タービン付エンジンと気密操縦席などの有利な条件で零戦との空戦で優位に立ったことなど、高々度用航空機の対策のおくれが歴然として現われている。

乙型は、九九式双軽の後継機として中・低高度の性能に重きをおき、エンジンは排気タービンなしのハ一一二－二型、軽量爆弾による地上攻撃もかねる襲撃機（戦闘爆撃機的な性能をもつ）として、甲型より一年はやく昭和十九年一月から二一五機が完成した。

おそらく世界でも類がなかったかと思われる超大口径五七ミリ砲（ホ四〇一）の装備はしたが、命中精度や機体の強度などに実用上の問題がのこされた。

丙型は対Ｂ29夜間攻撃用として単座高々度夜間重戦として甲型の翼面積を増大、胴体を一メートル延長して夜間の離着陸の容易、高空時の方向安定をはかった。さらに武装の強化とともにやっと開発のはじまった電波標定儀の装着、当時Ｂ29迎撃に効果のあった海軍の夜間重戦「月光」と同様の斜銃装備など、防空用重戦として昭和十九年十一月から設計が開始された。

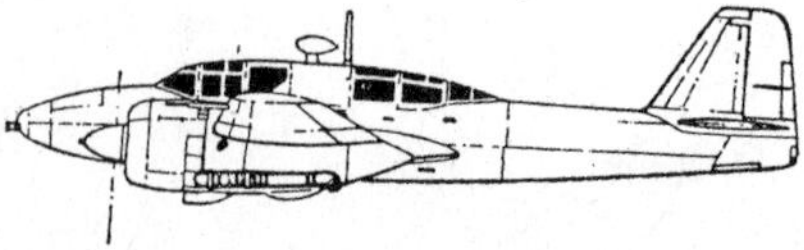
キ102甲

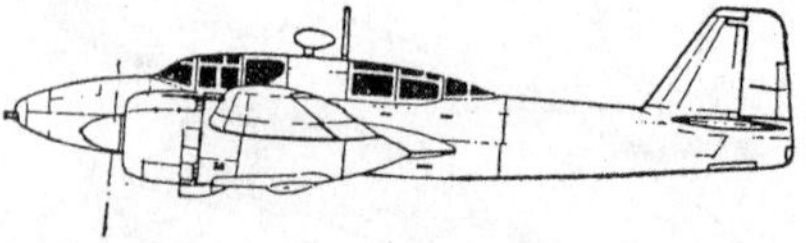
キ102乙

しかし、昭和二十年七月に一号機、八月に二号機が完成予定であったが、組立寸前の六月に爆撃を受けて完成を見ずに終わった。

キ102　試作夜間戦闘機丙型

設計：川崎　型式：中翼、単葉、双発、引込脚　乗員：二　発動機：ハ一一二-二ル、空冷星型複列一四気筒（排気タービン付）　公称出力：一三五〇HP／二〇〇〇m（一速）、一二四〇HP／一万一〇〇〇m（三速）、最大出力：一五〇〇HP×二、プロペラ：HS定速三翅、直径三・〇m　全幅：一七・三七m　全長：一三・〇四五m　全高：三・〇m（一七・二五×一三・五〇×三・七〇なるデータもある）　脚間隔：四・八〇五m　主翼面積：四〇㎡　自重：五二〇〇kg　搭載量：二四〇〇kg　全備重量：七六〇〇kg　翼面荷重：一九〇kg／㎡　馬力荷重：三・〇四kg／HP　最大速度：六〇〇km／一万m　上昇時間：一万mまで一八分　上昇限度：一万三五〇〇m　航続距離：二二〇〇km　武装：二〇㎜斜銃×二（胴）、三〇㎜固×二（機首）　開発開始：昭和二十年七月　製作会社：川崎　取付角：一度三〇分　上反角：五度四〇分　アスペクト比：七・六　翼面馬力：六二・五HP／㎡　水平尾翼幅：五・六〇m　胴体幅：一・〇五m　胴体高：一・七〇m

キ102甲　高々度戦闘機

注：（　）はキ一〇二乙、他は甲乙共通

発動機：ハ一一二-二ル（ハ一一二-二）、公称出力一二五〇HP／八二〇〇m　一〇〇〇HP／一万m（一三五〇HP／二〇〇〇m、一二五〇HP／五八〇〇m）　最大出力一五〇〇HP×二　全幅：一五・五七m　全長：一一・四五m　全高：三・七〇m　主翼面積：三四㎡　自重：五一五〇kg（四九五〇kg）　全備重量：七一五〇kg（七三〇〇kg）　翼面荷重：二一〇・二kg／㎡（二一六kg／㎡）　馬力荷重：二・八六kg／HP（二・七kg／HP）　最大速度：五八〇km／h／一万m（五八〇km／h／六〇〇〇m）　上昇時間：一万mまで一八分（五〇〇〇mまで六分五四秒）　航続距離：二〇〇〇km　武装：三七㎜固×一、二〇㎜固×二（同）　開発開始：昭和十八年十二月　初号機完成：昭和十九年六月（三月）　製作機数：二六（二一五）　製作会社：川崎

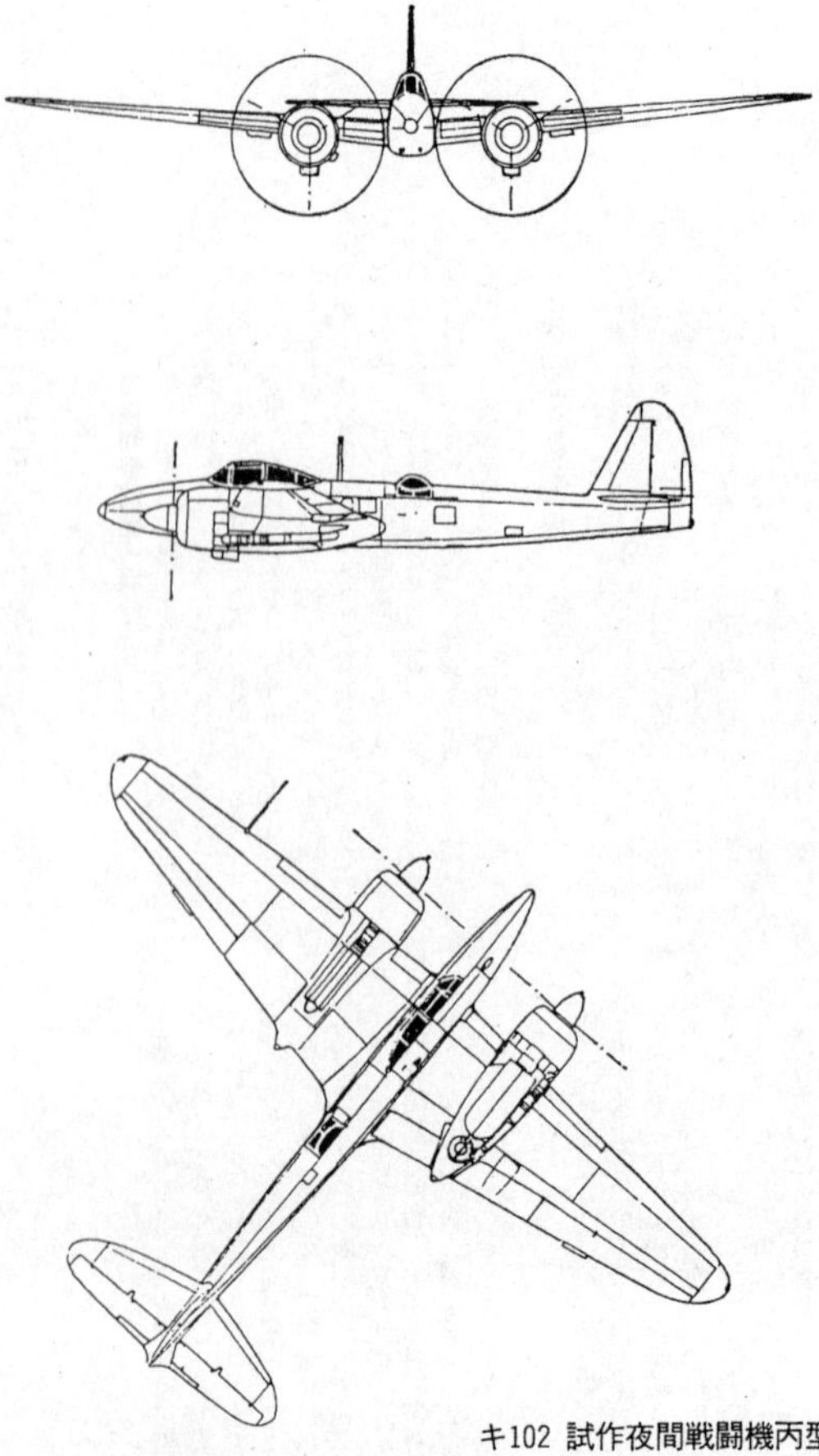

キ102 試作夜間戦闘機丙型

8 「繭形」カプセルで高々度に挑む

キ108試作高々度戦闘機 〈陸軍・川崎〉

太平洋戦争の前半、日本軍は航空戦で質においても量においても連合軍を圧倒してきたが、後半になってその態勢は大きくくずれてきた。これを戦闘機についてみると、高々度用の迎撃機の分野で大きなおくれが出て苦しい立場においこまれたことは、これまで述べてきたとおりである。

対戦闘機用としては陸軍のキ84「疾風」、海軍の「紫電改」などが活躍したが、対爆撃機用戦闘機としては性能不足で、実戦部隊は高空性能のわるさに泣かされていた。

このキ108は本格的な高々度迎撃機としての決定版をねらったもので、一万メートルの高空をやってくるボーイングB29爆撃機に充分に対抗できる性能、装備と打撃力をそなえた戦闘機だった。

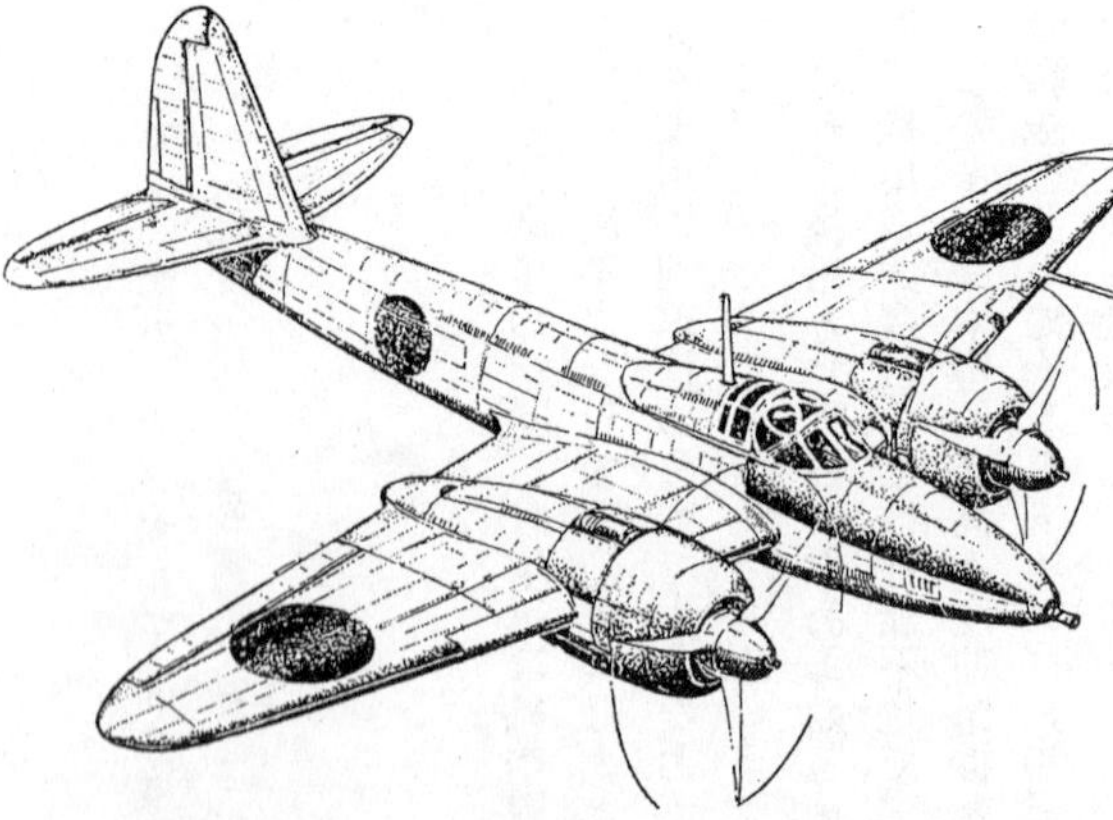

陸軍から緊急の開発を命じられた川崎は、完成したばかりの双発複座戦闘機キ102の試作一号機に単座用の気密カプセルをとりつけて、高度一万メートルでも三〇〇〇メートルに相当する気圧を保持するよう設計し、その試作にはとくに念をいれた。

気密カプセルは、パイロットを収容するのに充分な容積をもち、視界良好、出入りや非常脱出が容易で、内圧にたいしてもっとも強度上安全な構造にするために、両端が半球状の円筒の〝繭《まゆ》〟形のものを完成した。

キ108の試作一号機は昭和十九年七月に完成、八月にはキ102第八号機を改造した二号機が完成した。

試験飛行の結果、気密室の細部についてはぐあいのわるい箇所もあったが、機能はまずまずで高度一万メートルでも酸素マスクなしで行動できたが、被弾や突発事故にそなえて乗員は酸素マスクを使用していたという。

本機は、キ102の試作機を流用して改造した、いわば「キ102改」というべきものだったが、いっぽうでキ108改として新造の機体がつくられた。

これはキ108の胴体と主翼をやや大きくし、翼面荷重をやや小さくして高空性能を改善しようとしたもので、翼端を左右それぞれ四〇センチほど延長して翼面積を六平方メートル増大し、胴体は約一・三メートル延長された。

改造設計は昭和二十年一月に完了し、一号機は三月に、二号機は五月に完成したが、両機とも充分なテスト飛行をしないうちに終戦をむかえた。またキ102甲の重点生産がきまっていたので本機は結局、高々度用の研究機としておわったのである。

いずれにせよキ108は、総合的にはさらに改修の必要はあったが、気密室つきの単座双発戦闘機の基本型としてその成果は大いに注目された機体だった。

そして高々度用戦闘機として大きな成果をあげる可能性を、充分にもった試作だったといえよう。

開発のおくれがおしまれる機体である。

日本本土を焼け野原にしたB29は一万メートル以上の高度をゆうゆうと飛行し、乗員は現在の旅客機同様の完全な与圧キャビンで行動していた。

高空用過給器といい、気密室といい、機体設計以外の分野でこれほどアメリカと差があったことは、日本の国力の重大な体質的欠陥であったというべきだろう。

キ108（キ108改）試作高々度戦闘機　　　注：〔　〕はキ108改

設計：川崎　型式：双発、中翼、単葉、引込脚（気密室装備）発動機：ハ一一二-二ル空冷星型複列一四気筒（排気タービン付）公称出力：一三五〇HP／二〇〇〇m〔一速〕、一三七〇HP／七〇〇〇m〔二速〕、一二四〇HP／一万一〇〇〇m〔三速〕×二　プロペラ：HS定速三翅、直径三・〇〇m（三・二〇m）全幅：一五・六七m（一七・三五m）全長：一一・七一m（一三・〇五m）全高：三・七m　主翼面積：三四㎡（四〇㎡）自重：五三〇〇kg（五二〇〇kg）搭載量：一九〇〇kg〔正規〕（二四〇〇kg）全備重量：七二〇〇kg〔正規〕（七六〇〇kg）翼面荷重：二一一kg／㎡（一九〇kg／㎡）馬力荷重：二・四～二・八八kg／HP（三・〇四kg／HP）最大速度：五八〇km／h／一万m（六〇〇km／h／一万m）上昇時間：（一万mまで一八分）上昇限度：一万三五〇〇m　航続距離：一八〇〇km（二二〇〇km）武装：三七㎜固×一〔機首〕、二〇㎜固×二〔機首〕開発開始：昭和十八年四月（昭和十九年八月）初号機完成：昭和十九年七月（昭和二十年三月一号機、五月二号機）生産機数：二　製作会社：川崎

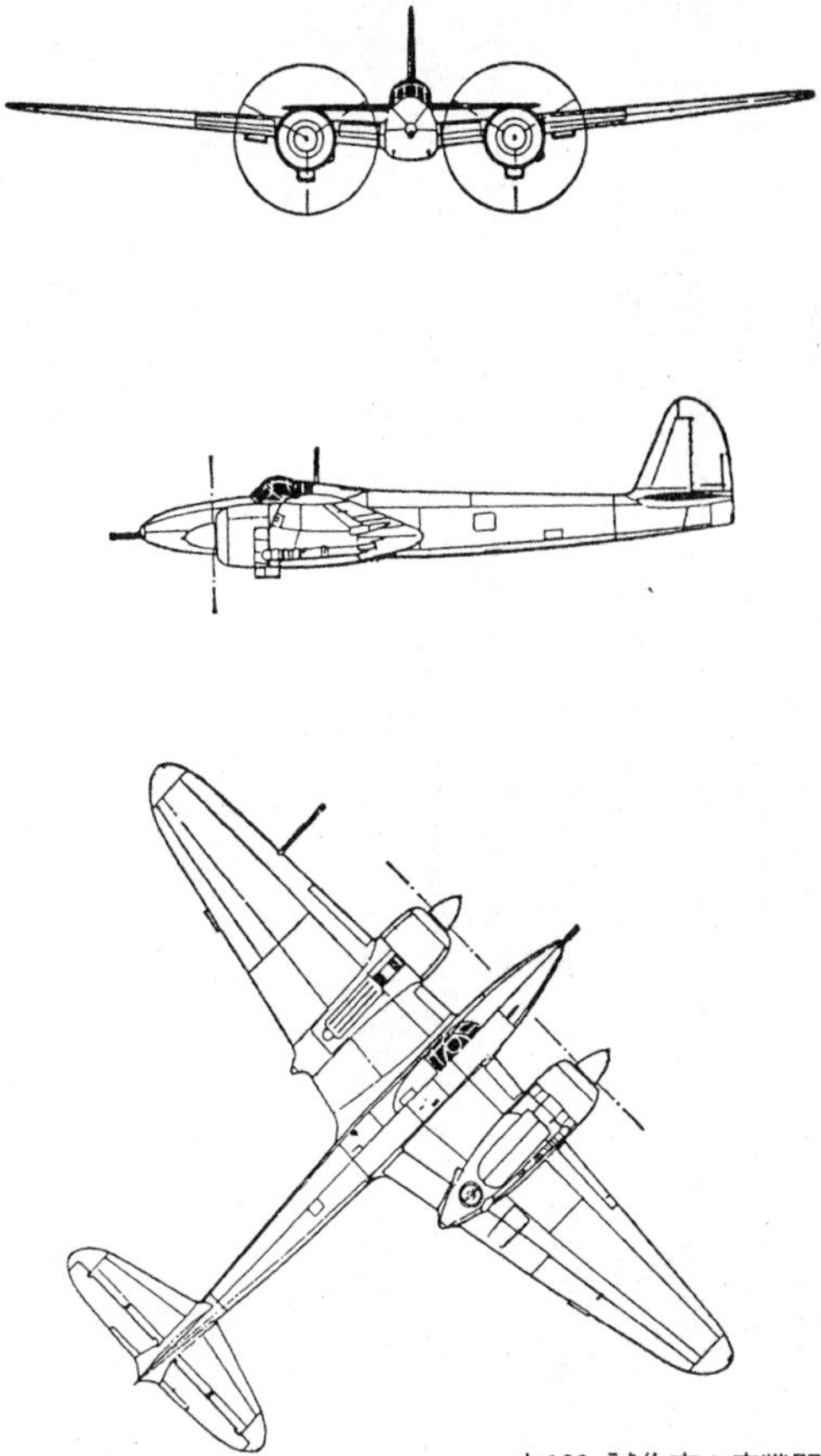

キ108 試作高々度戦闘機

9 一撃必殺〝空飛ぶ高射砲〟

キ109試作特殊防空戦闘機〈陸軍・三菱〉

　昭和十九年後期に入ってから、B29をはじめとする連合軍の大型爆撃機の防弾装備が強化されるのに対抗して、陸軍は破壊効果の大きな大口径砲を搭載した防空戦闘機の必要性を痛感したが、新たに開発する時間がなかった。

　たまたま昭和十八年に完成してテスト中だったキ67四式重爆「飛龍」が、爆撃機としては速度と機動性、操縦性にすぐれていることに注目した軍は、これに三七ミリ上向斜め砲二門を装備する哨戒防空戦闘機キ109甲と、機上電波標定儀および四〇センチ機上照射燈を搭載する夜間探索機キ109乙の両機を併用して、これを一単位として夜間防空作戦を行なう構想をたて、昭和十八年十一月、「キ109甲および乙の審査試作指示」を指令した。

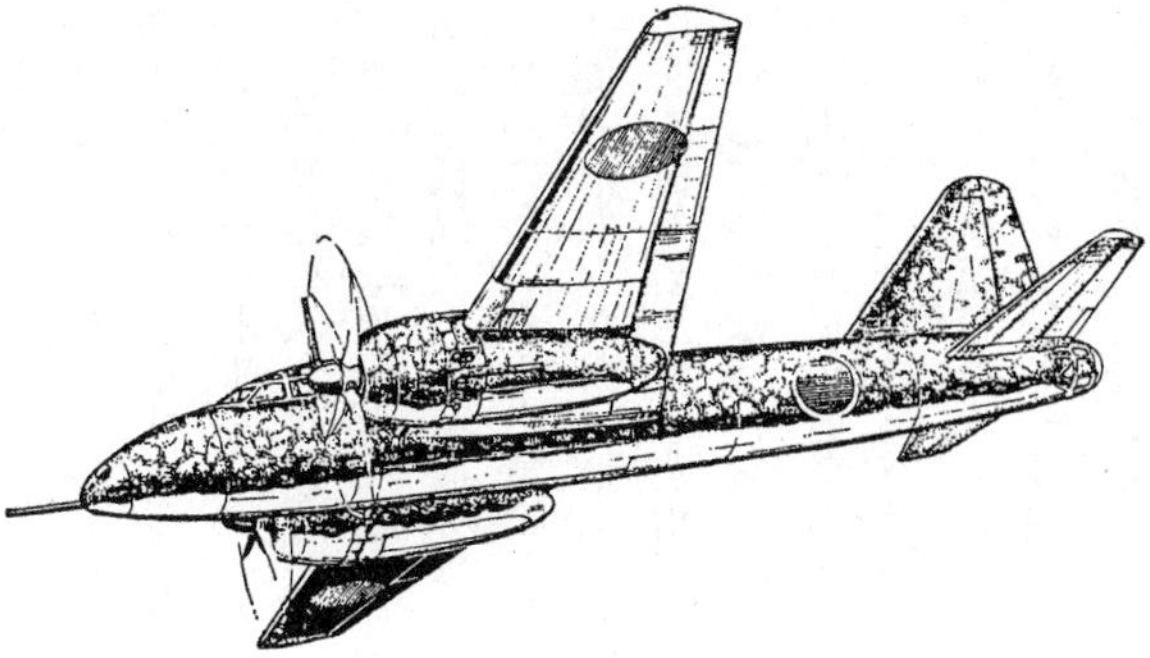

しかしその後、Ｂ29による本土戦略爆撃がはげしくなり、これに対抗するのに、従来の戦闘機の七・七ミリから一二・七ミリ、二〇ミリ、三七ミリ程度の火力では、命中効果はよくても遠距離攻撃では弾道性能が悪く、どうしても近接攻撃が要求され、その結果、敵の強力な防御火網により損害も大きかった。

この貴重な戦訓をとり入れ、さいわいキ109が大型でしかも高性能だったので、敵の防御火器の射程外から一発で撃墜するために、地上部隊用の八八式七五ミリ高射砲を装備しようとする案が軍から提出された。

三菱では、さっそくこの砲を装備した場合の機体強度を検討した結果、わずかな補強により充分可能であるとの結論をえたので、昭和十九年一月に新たに特殊防空戦闘機キ109として試作指示が出された。

爆撃機型キ67「飛龍」との大きな相違は、キ67の機首銃座と爆弾倉を除き、この部分に七五ミリ砲を装備したことで、砲の重量は約一トン、副操縦士が砲手となって一発ずつ装塡、発射するシステムで、携行弾数は一五発だった。

航空機への搭載のため、発射時の反動を呼吸する点に苦心したが、それでも計器その他の機器に大きな影響があったといわれる。

第一号機は昭和十九年八月に完成し、機首以外の銃座はそのままつけられていたが、第二号機以後の量産機では、尾部以外の銃座はすべてとりのぞかれ整形された。

B29にたいする応急策として誕生した〝空飛ぶ高射砲〟は、いわば苦しまぎれの急造機ではあったが、地上での射撃テストでは良い結果をえられたので昭和十九年十月に四四機の緊急量産が指令された。

そしていっぽう、試作一号、二号機をB29迎撃に使用して実戦テストがおこなわれた。七五ミリ砲の有効射距離は二〇〇〇メートルだったといわれる。

しかし、B29の高空性能が予想よりもよく、排気タービンなしの在来型エンジンを装備した本機は結局、役にたたなかった。

その対策として一号機には「特呂」ロケットを、二号機には排気タービンをつけて高空性能の向上をはかったが充分な成果をあげられなかった。やむなく排気タービンなしのまま生産がつづけられ二二機が完成したが、B29迎撃用としては性能不足だったので、本土決戦にそなえて艦船攻撃用に温存された。

外国で七五ミリ砲を装備した機体には、昭和十八年一月に四〇五機が生産されたノースアメリカンB25G、さらに昭和十八年八月から一〇〇〇機生産されたB25H（G改良型で戦車用七五ミリ砲を軽量化したものを搭載）があり、またビーチXA38デストロイヤーがあるが量産はされなかった。

これらの系列の機体は、キ109とはやや使用目的がちがい、太平洋戦域で艦船攻撃につかわれたが、その戦果は期待されたほどではなかったといわれる。

キ109 試作特殊防空戦闘機
設計：三菱 型式：双発、中翼、単葉、引込脚 乗員：四 発動機：ハ一〇四、空冷星型複列一八気筒 公称出力：一八一〇HP／二二〇〇m（一速）、一六一〇HP（二速） 最大出力：一九〇〇HP×二 プロペラ：VDM定速四翅、直径三・六m 全幅：二二・五m 全長：一七・九五m 全高：五・八m 主翼面積：六五・八五㎡ 自重：七四二四kg 搭載量：三三七六kg 全備重量：一万八〇〇kg 翼面荷重：一六四kg／㎡ 馬力荷重：三・三六kg／HP 最大速度：五五〇km／h／六〇九〇m 航続距離：二二〇〇km 武装：七五㎜（固）×一機首、一二・七㎜（旋）×一後上または尾部 開発開始：昭和十九年初頭 初号機完成：昭和十九年八月（本機は甲乙二種あり）

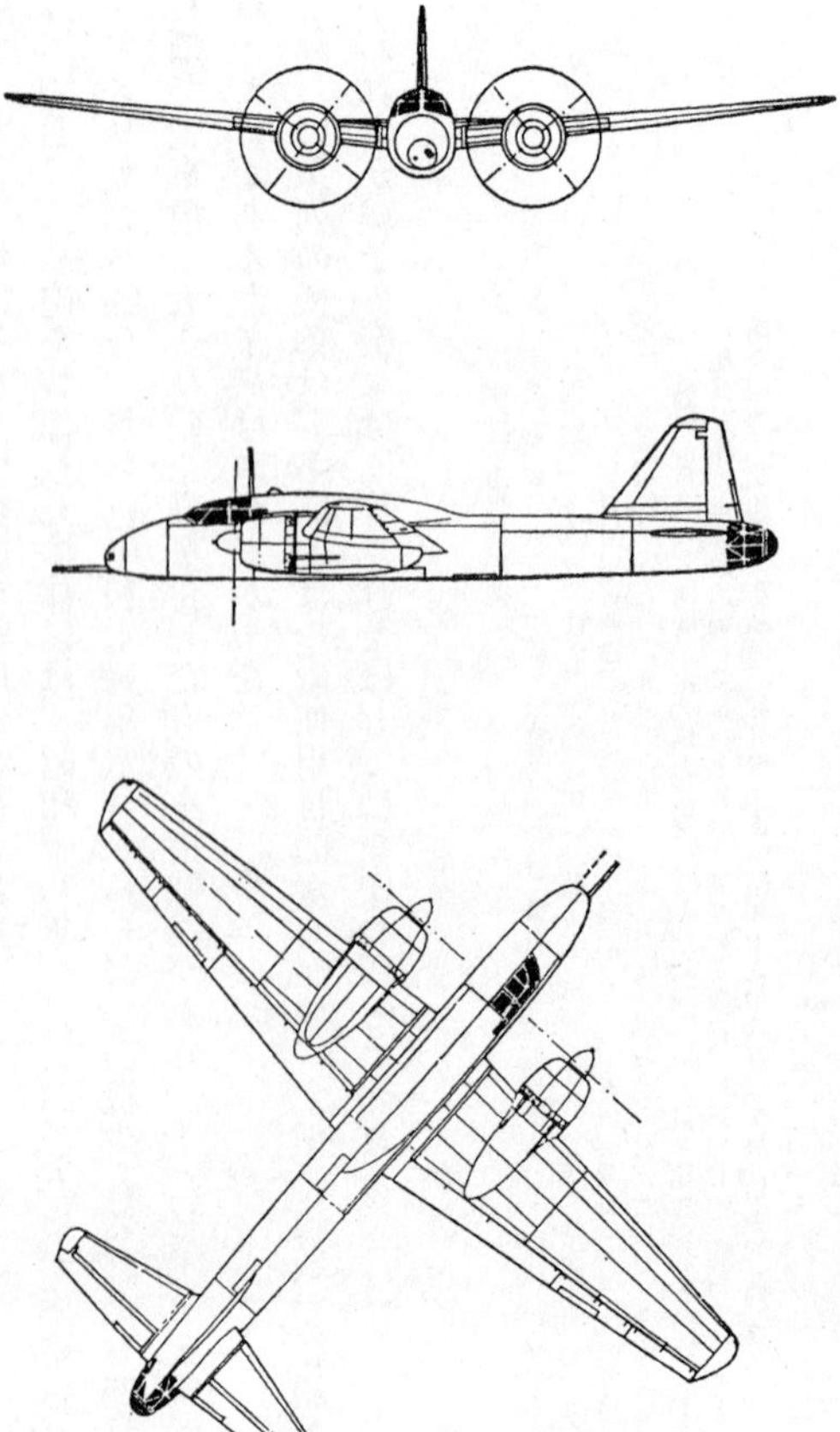

キ109 試作特殊防空戦闘機

10　単発双胴推進型で高速度をねらう

キ98試作戦闘爆撃機〈陸軍・満州飛行機〉

日本の国外航空機製作会社として発足した満州飛行機が、九七式戦闘機とその練習型の二式高等練習機をはじめ、数機種の生産によってようやく基礎もかたまってきたところで、設計陣も陣容がととのい、キ71偵察・襲撃機（九九式襲撃機の引込脚改良型、後述）の改装設計を手はじめに、はじめて独自の設計、開発を指令された機種が、キ98高々度戦闘爆撃機である。

本機は当初、空冷エンジンの特殊装備方法の研究機として企画され、発動機を完全に胴体内に入れて外形をととのえ、プロペラ後流による抵抗増大をさけて推進式とし、大口径砲を装備できる機首をもつ双胴式とした。もし性能がよければ戦闘・襲撃機として実用化する目的をもって、昭和十七年中期に陸軍は、「戦闘・襲撃機の研究機」

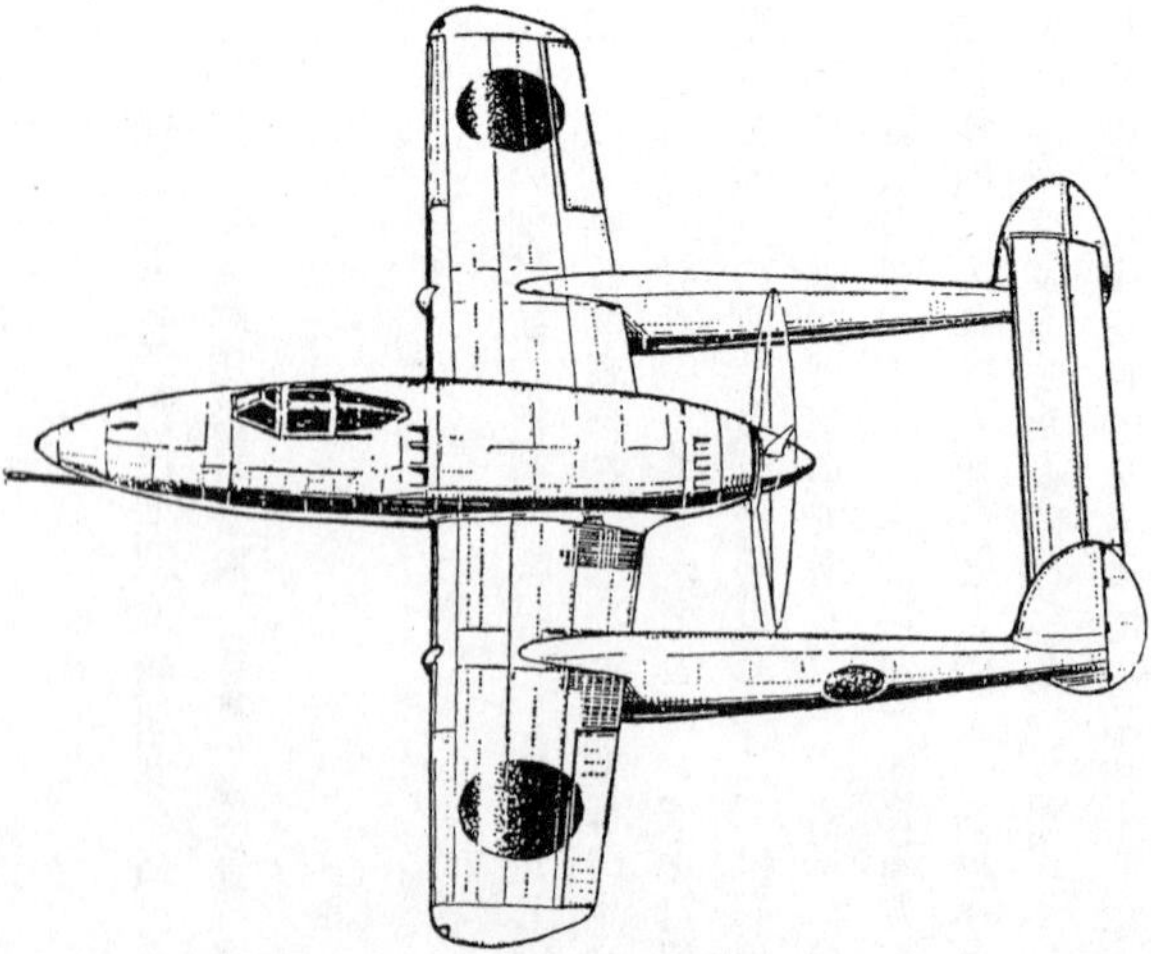

という内容で正式に試作指示をあたえた。
単発双胴推進型式の戦闘機としては、一九四三年（昭和十八年）に初飛行した、アメリカのバルティXP54試作戦闘機などがあるが、推進式プロペラ機は、種々の理論的利点をもっており、新型式戦闘機の一案として各国とも一応、試案が出されていた。
ところが、推進双胴型は前述のとおり形状抵抗減少には利点があるが、全表面面積が従来型よりも大きくなり、摩擦抵抗が大きく、結局、性能向上には大きな期待をかけられないことが分かった。
そして、重量の増大、エンジンの整備の不便、操縦者の脱出困難、プロペラの損傷の可能性の多いことなど不利な条件

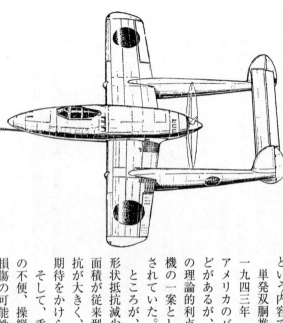

も多かった。

設計にあたっては、これらの長所短所がじゅうぶん考慮され、用途からみても、上昇性能よりも速度に重点がおかれ、

一、全体を極力小型化し、装備エンジン（ハ二一一ル・空冷・複列星型一八気筒二二〇〇馬力）直径一・二三メートルにたいし胴体直径は一・四五メートルにおさえ、翼面積も二二平方メートルという小面積を採用。

二、層流翼を採用し、胴体の側面形状も層流翼理論をとり入れ高速化につとめた。

三、エンジンはフルカン接手駆動の二段過給器つきで強制冷却ファンを採用。

四、空気取入口も抵抗減少のため平滑形とする。

など、高速度獲得のためにこまかい配慮がはらわれた。

昭和十八年末、第一次モックアップが完成したが、さらに全般にわたる改修を要し、第二次モックアップの完成は昭和十九年秋になった。この間の主な改修は、プロペラの直径増加とそれにともなう双胴間隔の拡大、中央胴体の延長、双胴体の大型化、垂直尾翼面積の増加、排気タービン過給器関係の収容部、非常脱出装置（上、下面に脱出口を設ける）などで、試作機の製作に入る直前になって、昭和十九年十二月の奉天工場のB29による被爆で一時作業は中止された。

翌二十年に入って急遽、製作を再開したが、終戦直前の八月には胴体は未完、主翼、尾翼などはほぼ完成の状態にあった。

本機の図面と試作機は、八月八日のソ連軍の進攻にあたって、すべて焼却された。

キ98　試作高々度戦闘爆撃機

（バルティXP54　試作高々度迎撃戦闘機〔米空軍〕）

註：（　）内はバルティXP54

設計：満州飛行機　型式：低翼、単葉、双胴、推進式、気密室、三車輪、引込脚、双方向舵、（低翼、逆ガル単葉、双胴推進式、三車輪、引込脚、双方向舵）　乗員：一　発動機：三菱ハ二一一ル〔排気タービン〕　空冷星型複列一八気筒（ライカミングXH2470－I液冷、水平H型、二四気筒×二）　公称出力：一九三〇HP／五〇〇〇m、一七二〇HP／九〇〇〇m（二三〇〇HP／七六二五m）　最大出力：二二〇〇HP×一　プロペラ：HS、四翅、直径三・六〇m　全幅：一一・二六〇m（一六・四一m）　全長：一一・四〇m（一六・六九m）　全高：四・三〇m（プロペラ先端まで）（三・九七m）　脚間隔：四・四〇m　取付角：二度～〇・五度〔翼端〕　主翼面積：二四・〇㎡（四二・四㎡）　自重：三五〇〇kg（六九一四kg）　搭載量：一〇〇〇kg　全備重量：四五〇〇kg－五五〇〇kg（八二六〇kg）　翼面荷重：一八七kg／㎡　馬力荷重：二・七二kg／HP　最大速度：七一〇km～七三〇km／h／一万m（六四九km／h／八五〇〇m）　巡航速度（五二八km／h）　上昇時間：五〇〇〇mまで五分三〇秒（八〇〇〇mまで一七分〇〇秒）　上昇限度：一万m（一万一二八〇m）　航続距離：一〇〇〇km＋一五分、VC五〇〇kmにて二時間一五分（八〇五km）　武装：ホ五－二〇四㎜×二、ホ二〇四－三七㎜×一（三七㎜×二、一二・七㎜×二）　開発開始：昭和十七年（一九四二年）　中期　初号機完成又は初飛行：昭和二十年八月略完成（一九四三年一月初飛行）

製作会社：満州飛行機　備考：寸法一一・七三m×八・七五m×三・七〇mのデータもあり。翼弦二・五二四m〔中心線〕、一・三一四m〔翼端〕

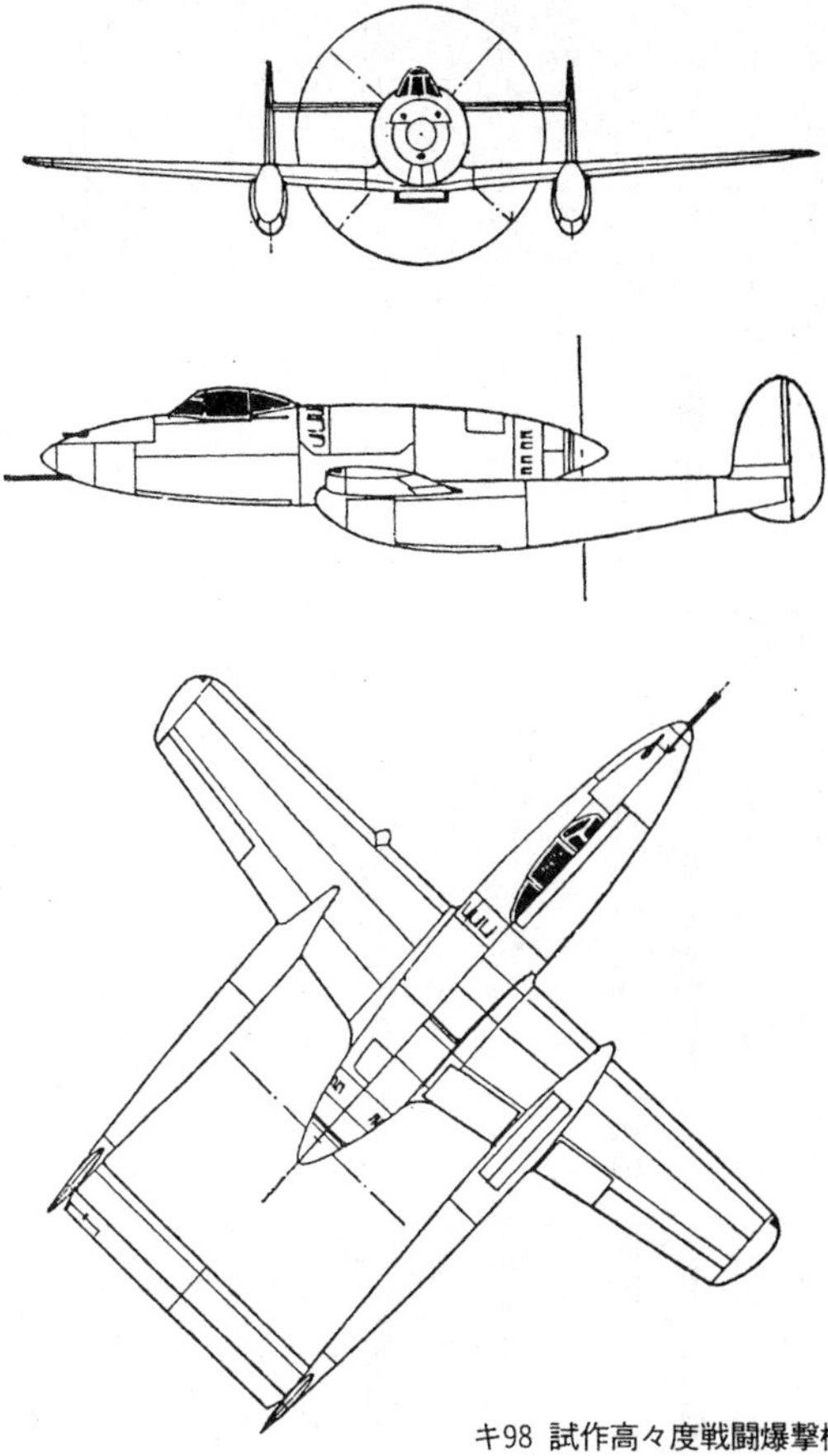

キ98 試作高々度戦闘爆撃機

11　代用材料の〝大東亜決戦機〟

キ106、キ113、キ116試作戦闘機〈陸軍・立川、中島、満州飛行機〉

昭和十九年十月に陸軍は、いそいで航空戦力の充実をはかるため、実戦に使用するまでに長時間を要する試作機については、一時開発を中止し、すぐに戦力になる機種を厳選して重点的に生産する方針をきめた。この時期には、すでに日本の工業力の限界がみえてきていたからである。

この方針にもとづいて、近距離戦闘機としてはキ84（四式戦闘機「疾風」）が最重点生産機とされ、高々度戦闘機としてはキ102甲とキ94を重点とするが、夜間防空戦闘機としてキ102夜戦型の出現まではキ84がこれを受けもつことになった。結局、キ84は近距離、中高度、防空（高々度）などあらゆる戦闘につぎこまれることになったのだ。そして実際に陸軍では終戦まで新機種への改変はなく、「疾風」は名実ともに〝大東

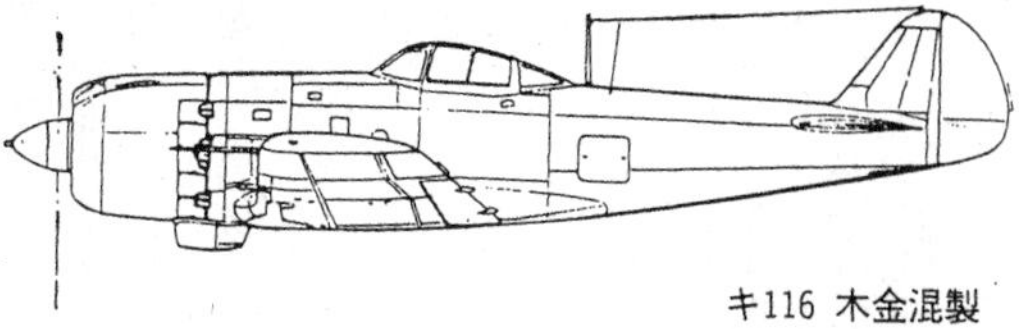

キ116 木金混製

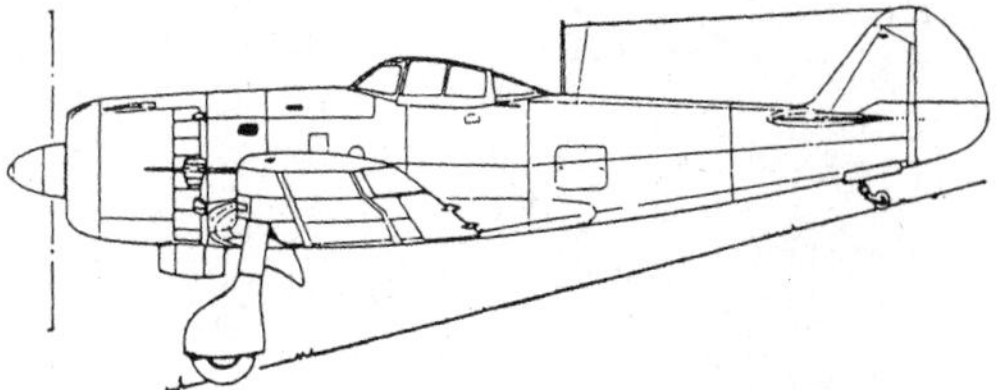

キ106 木製

亜決戦機〟として集中生産されたのである。

　このキ84重点集中量産の一環として計画試作されたのが、キ106、113、116である。

　キ106と113はアルミニウム資材の不足をおぎなうため、それぞれ木製化と鋼製化をめざしたもので、キ116はキ

84用に予定されていた中島のハ四五「誉」の生産が機体の増産においつかなかったので三菱ハ一一二－二型を装備する機体であった。

ともかくこれらのキ84の応急即製量産機ともいうべき三機種は、いずれも実用化しないうちに終戦をむかえた。

キ106とキ113については、キ84系の機体としては成功とはいえなかったが、キ116は開発が六ヵ月以上はやくすすんでいれば確実に戦力になったと思われる。

キ106 試作戦闘機
設計：立川　型式：低翼、単葉、引込脚、全木製　乗員：一　発動機：ハ四五－二一、空冷星型複列一八気筒　公称出力：一八六〇HP／一七五〇m（一速）、一六二五HP／六一〇〇m（二速）　最大出力：一九九〇HP×一　プロペラ：ペ三－二電気定速四翅、ピッチ三〇度～六〇度、直径三・一m　全幅：一一・二三八m（上反角に沿い一一・三〇m）　全長：九・九五〇m　全高：三・五九m（水平）、三・八〇m（三点）　脚間隔：三・四五m　水平尾翼幅：四・五〇m　主翼面積：二一㎡　自重：二九四八kg　搭載量：九五二kg　全備重量：三九〇〇kg　翼面荷重：一八六kg／㎡　馬力荷重：六・三二kg／HP　最大速度：六二〇km／h／六四〇〇m　巡航速度：五〇〇km／h／六四〇〇m　着陸速度：一三〇km／h　上昇時間：五〇〇〇mまで五分〇〇秒　上昇限度：一万一〇〇〇m　航続距離：四〇〇km＋一・五時間　武装：一二・七㎜固×二（翼）、二〇㎜固×二（胴）　爆弾二五〇kg×二　初号機完成：昭和十九年六月　生産機数：八　製作会社：立川、王子航空　その他：主翼平均弦長一・九四八m　取付角：〇度　上反角六度　アスペクト比：六・〇八　無線：四式飛三

キ113 試作戦闘機
設計：中島　型式：低翼、単葉、引込脚　乗員：一　発動機：中島ハ四五－二一、空冷星型複列一

八気筒　公称出力：一八六〇HP／二〇〇〇m（一速）、一七八〇HP／六二〇〇m（二速）、最大出力：一七六〇HP×一　プロペラ：ペ三二（ラチェ改）定速四翅、直径三・〇五m　全幅：一一・二三八m　全長：九・九二m　全高：三・三八五m　主翼面積：二一㎡　自重：二八八〇kg　搭載量：一〇七〇kg　全備重量：三九五〇kg　翼面荷重：一八八kg／㎡　馬力荷重：二・二四〜二・二二kg／HP　燃料：七三七ℓ、滑油五〇ℓ　最大速度：六二〇km／h／六五〇〇m　着陸速度：一四一km／h　上昇時間：五〇〇〇mまで六分五四秒、八〇〇〇mまで一三分一二秒　上昇限度：一万三〇〇〇m　航続距離：行動半径五〇〇〜八〇〇km＋三〇分　武装：一二・七㎜固×二（胴体）、二〇㎜固×二（主翼）

キ116　試作戦闘機

設計：満州飛行機　型式：低翼、単葉、引込脚　乗員：一　発動機：ハ一一二-二、空冷星型複列一四気筒　公称出力：一三五〇HP／二〇〇〇m（一速）、一二〇〇HP／×五八〇〇m（二速）　最大出力：一五〇〇HP×一　プロペラ：ハミルトン・スタンダード（HS）定速三翅、直径三・〇m　全幅：一一・二三八m（全長、全高はキ84に同じ）　脚間隔：三・四五m　主翼面積：二一㎡　自重：二二〇〇kg〜二三〇〇kg　武装：一二・七㎜固×二（胴体）、二〇㎜固×二（翼）　アスペクト比：六・〇八

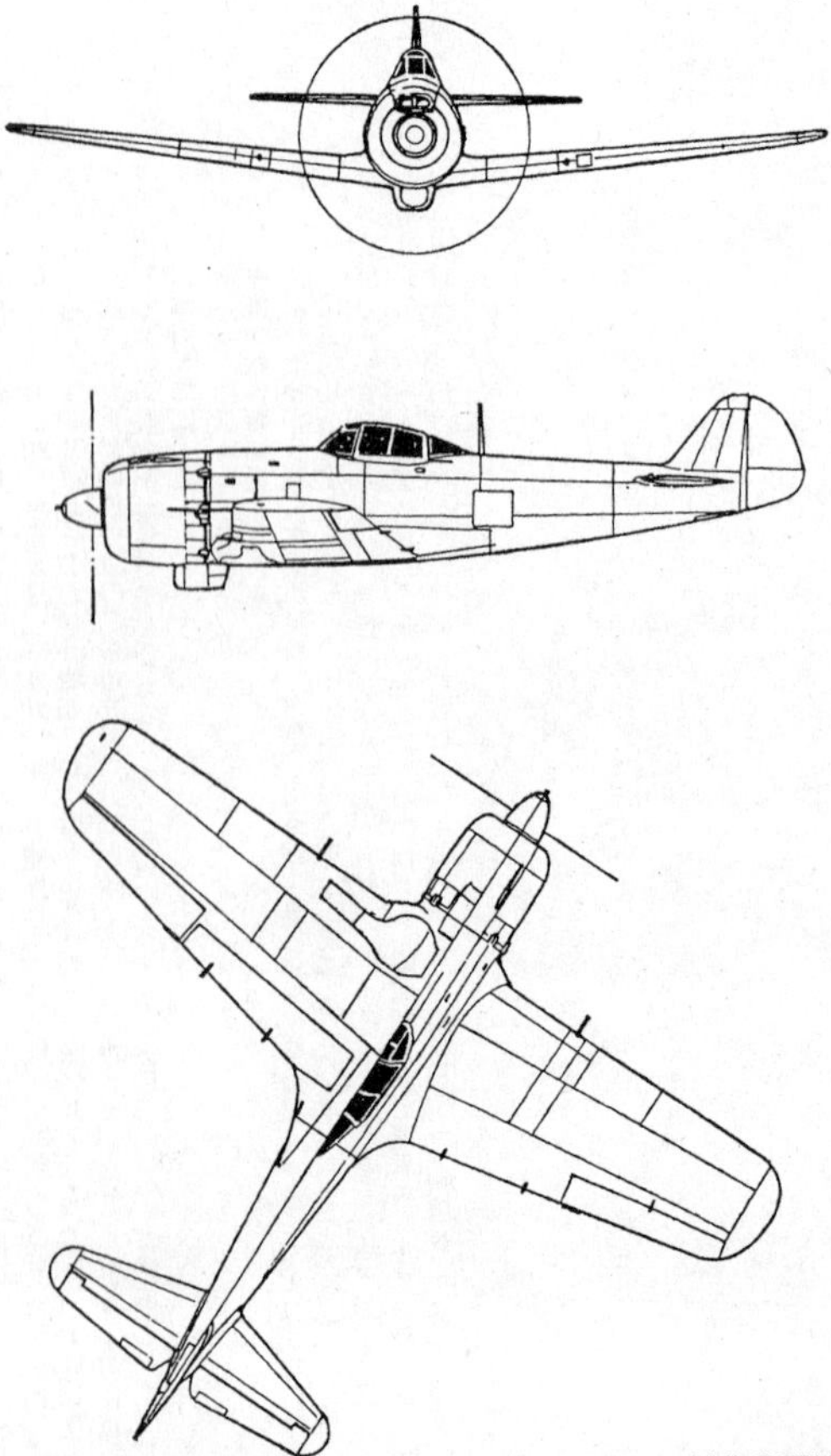

キ106 試作戦闘機

12　亜音速の壁に挑むロケット戦闘機

キ200試作局地戦闘機「秋水」〈陸軍、海軍・三菱〉

ドイツにおけるロケット機の研究はふるく、昭和初期から液体または固型燃料による実験がくりかえされていた。ドイツ陸軍兵器局は、これを極秘のうちに軍事目的に利用しようとして、ひそかに財政援助をしていたといわれる。

一九三六年、フォン・ブラウン博士が、かずかずの実験をおこない失敗をくりかえしながら、航空機メーカーのハインケル社の協力をえて、ハインケルＨｅ112戦闘機に液体酸素とメチルアルコールの燃料によるロケットをとりつけ時速四六〇キロを出し、実用化の見とおしがつくようになった。

もっともこれは途中までガソリン・エンジンで上昇してからロケット・モーターを始動したものだった。

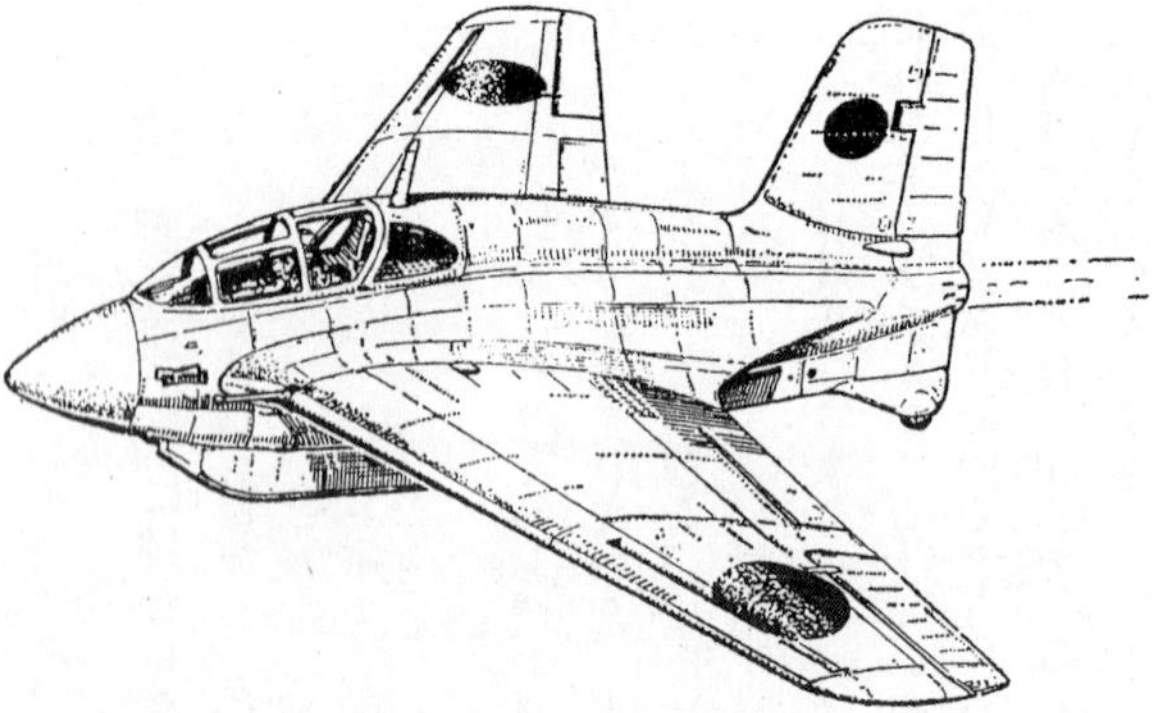

ところが第一次大戦と第二次大戦にはさまれたこのころは、各国で航空機のスピード競技がさかんで、ロケット・モーターも軍事目的とはややちがう方向にすすんでしまった。

すなわちレシプロ・エンジン機でも一九三七年の秋、ハインケルの特別設計機によって時速七四六・六キロを出したこと、無尾翼ロケット機の開発も民間ですすめられてはいたが、爆発、墜落など事故が多く、ロケットはガソリン・エンジンの補助的な役割として考えられたのである。

第二次大戦の進展とともに、高速戦闘機の必要性からロケット機の研究がふたたびもりあがり、メッサーシュミットMe163A－V4無尾翼機が、世界ではじめて時速一〇〇〇キロを突破、マッハ〇・八四を記録した。一九四四年（昭和十九年）のことである。

この改良型Ｍｅ103Ｂコメート戦闘機が、制式採用となった。

液体燃料は過酸化水素を主体としたＴ液と、メタノールと水酸化ヒドラジン混合のＣ液で、推力一七〇〇キログラム、航続時間約七分、最高時速九六〇キロを出し、高度一万二〇〇〇メートルまで三分半という高性能と、大口径三〇ミリ機関砲二門を装備、局地迎撃戦闘機として使用された。

日本は同盟国であったドイツとの日独技術交換協定によって昭和十九年七月、日本海軍潜水艦によって設計資料の一部を入手、ただちに陸海軍、および民間の共同開発がはじまり、試作局地戦闘機「秋水」の名称がつけられ、ロケット・モーターは陸軍が担当、あらゆる分野の専門機関が官民の区別なく開発に参加し、機体は海軍・三菱の製作で急ピッチですすめられた。

同年九月にモックアップ審査、十二月には第一次実物構造審査が終了、海軍は別に滑空テスト用として木製グライダー「秋草」（ＭＸＹ８）による飛行訓練をはじめた。

昭和十九年十二月、Ｂ29の爆撃下に苦心の一号機の本体が完成、甲・乙液使用、推力一五〇〇キログラムの国産ロケット・モーターＫＲ一〇型（特呂二号）を装備した海軍側の第一号機が三菱名古屋で昭和二十年七月に完成した。

ただちに試験飛行を行なったが、エンジン故障により不時着大破、また陸軍側はあいつぐ故障に一号機の試験飛行を見合わせた。

「秋水」は、Me163Bコメートに形態、性能ともよくにていたが、これよりひとまわり小さく、重量も約四〇〇キロかるく、滑空性能はコメートよりすぐれていたのではないかと推測される。

試作局地戦闘機　秋水

設計：三菱　型式：中翼、単葉、無尾翼（ロケット）　乗員：一　発動機：KR一〇型薬液ロケット特呂二号　離昇時推力一五〇〇kg（最大速度時：四九五kg）×一　全幅：九・五m　全長：五・九五m　全高：二・七m　主翼面積：一七・七三㎡　自重：一四四五～一五〇五kg　全備重量：三〇〇〇kg　過荷重：三八七〇kg～三九〇〇kg　翼面荷重：二二六kg／㎡　燃料：甲液一一五九ℓ（一五五〇kg）　乙液五三六ℓ（四八〇kg）　最大速度：八〇〇km／h／一万m　上昇時間：六〇〇〇mまで二分一〇秒、一万mまで三分三〇秒、一万二〇〇〇mまで三分五〇秒　上昇限度：一万二〇〇〇m　航続力：一万mまで上昇後、時速六〇〇kmで三分六秒、時速八〇〇kmで一分一五秒の水平飛行可能　武装：三〇㎜固×二　その他の装備：無線電話×一　開発開始：昭和十九年七月　初号機完成：昭和二十年七月　生産機数：五　製作会社：三菱、他　ロケット燃料内訳：甲液（八〇パーセント過酸化水素、オキシノリン、パイロ燐酸ソーダ添加）乙液（水化ヒドラジン、メタノール混合液、銅シアン化カリ添加）甲液、乙液を重量比一〇〇：三六で反応　部分寸法／主翼弦長：二・六五m（中央部）～一・一〇五m（翼端）　エレボン幅：一・七五〇m　トリマー幅：一・一八〇m　フラップ幅：一・八〇〇m　垂直尾翼高：一・三二〇m（胴体軸線より一・六五〇m）　主脚間隔：二・〇九m　主翼後退角：二七度　胴体幅：一・二〇〇m（最大）　胴体高：一・六九五m（橇底部から）

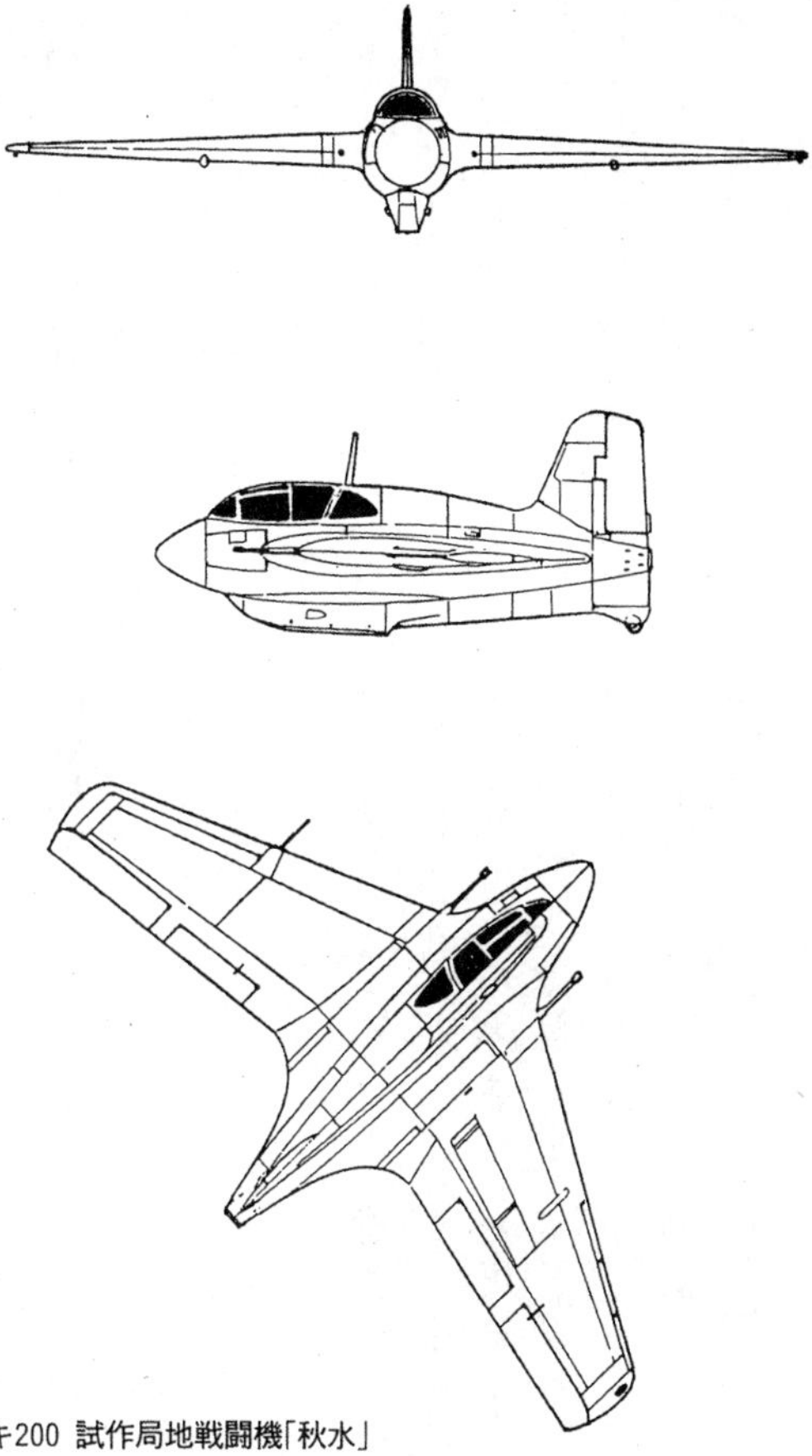

キ200 試作局地戦闘機「秋水」

13 世界の最先端に立つジェット戦闘機

キ201試作戦闘爆撃機「火龍」〈陸軍・中島〉

ドイツではロケットと併行して、高級燃料を必要としないターボ・ジェット・エンジンの開発がすすめられて、一九四四年ころには実用化された。双発ジェット戦闘機として試作されたメッサーシュミットMe262がヒトラーの気まぐれな命令で爆撃機に転用、さらに戦闘機と遠まわりしたが、とにかく世界で最初の双発ジェット単座戦闘機としておそまきながら連合軍の進攻にたちむかっていた。

その性能は最大速度一〇五〇キロ/時、航続距離一〇五〇キロ、上昇速度毎分一二〇〇メートル、武装は三〇ミリ機関砲四門、ロケット弾二四発という画期的なもので、当時の迎撃戦闘機としては世界最高だった。

日本はこのMe262の資料を入手し、昭和二十年に入って、海軍のジェット特殊攻撃

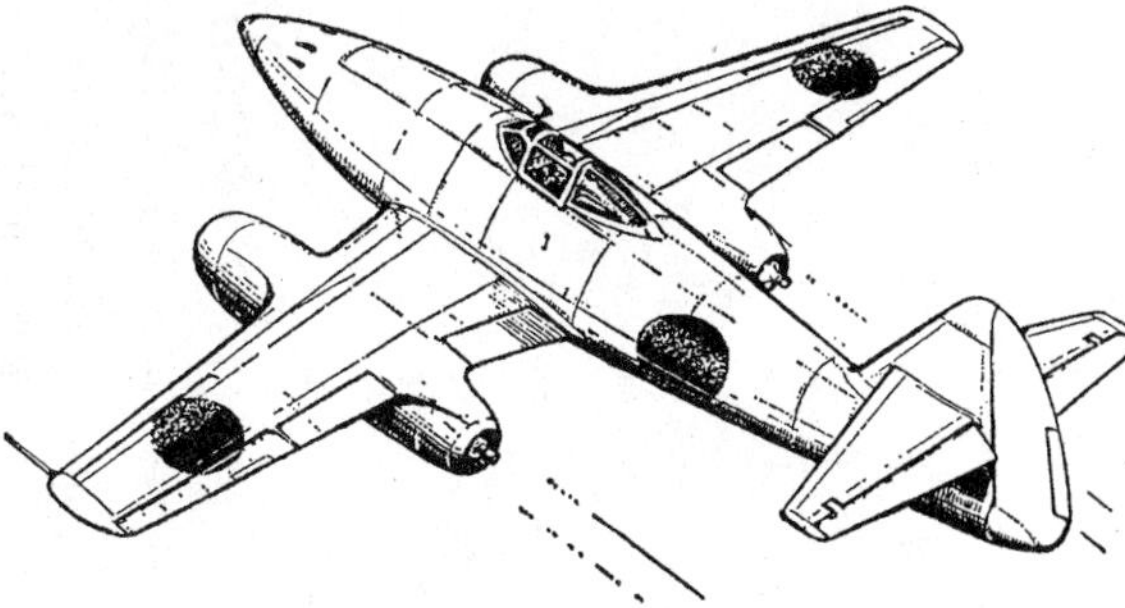

機「橘花」につづいて、陸軍でもやや大型のジェット戦闘爆撃機の試作をキ201「火龍」の名で中島に開発指示した。
「橘花」が、特殊攻撃機であるために固定火器を搭載しなかったのにたいし、「火龍」は戦闘機として航続距離も長く、強力な武装を持つほかに爆撃機として五〇〇～八〇〇キロの爆弾を搭載して敵艦船を急襲できる能力を持っていた。
軍の要求性能は、最大速度八〇〇～一〇〇〇キロ／時、実用上昇限度一万二〇〇〇メートル以上、航続距離一〇〇〇キロ以上と、原型であるMe262を上まわるような思い切ったものだったが、中島ではエンジンはドイツのBMW003を原型としたネ二三〇あるいはネ一三〇の装備を予定し、昭和二十年六月に図面を完成した。試作機は三鷹工場、生産は岩手工場で行なう予定で昭和二十一年三月までに一八機を完成させる計画だったが、実機の完成を見ないまま終戦を迎え、すべての計画は中止された。
設計図から判断して、「火龍」の外形は原型Me262の拡大型であるが、細部の構造、材料は、当時の資材難の状況でかなり異なり、ある程度、日本的センスがおり込まれたと想像される。

キ201 試作戦闘攻撃機 火龍
設計：中島 型式：低翼、単葉、引込脚、双発ジェット 発動機：ネ二三〇またはネ一三〇軸流式ジェット 最大推力：静止推力ネ一三〇・九〇五kg、ネ二三〇・八八五kg×二 全幅：一三・七〇m 全長：一一・五〇m 全高：四・〇五m 翼弦長三・二〇m（中心線）〜〇・九〇m（翼端）、上反角五度 水平尾翼：三・八〇m 脚間隔：二・七六m 主翼面積：二五㎡ 自重：四五〇〇kg 全備重量：七〇〇〇〜八五〇〇kg 燃料：二二二〇〜二五九〇ℓ、滑油八〇〜一〇〇ℓ 最大速度：八一二km／h／一万m（八五二km／h／一万m） 巡航速度：七二六km／h／SL、（七四〇km／h／SL） 着陸速度：一六〇km／h 上昇時間：六〇〇〇mまで六分五四秒（五分一七秒）、一万mまで一四分五六秒（一三分一五秒） 上昇限度：一万二〇〇〇m以上 航続距離：六〇パーセント出力で九八〇km／八〇〇〇m 離陸距離：九五〇m（正規）、一五八〇m（特装） 急降下制限時速：一〇〇〇km／h 武装：三〇mm×二（機首）、二〇mm×二（機首）、爆弾五〇〇〜八〇〇kg×一 開発開始：昭和二十年十二月（予定）

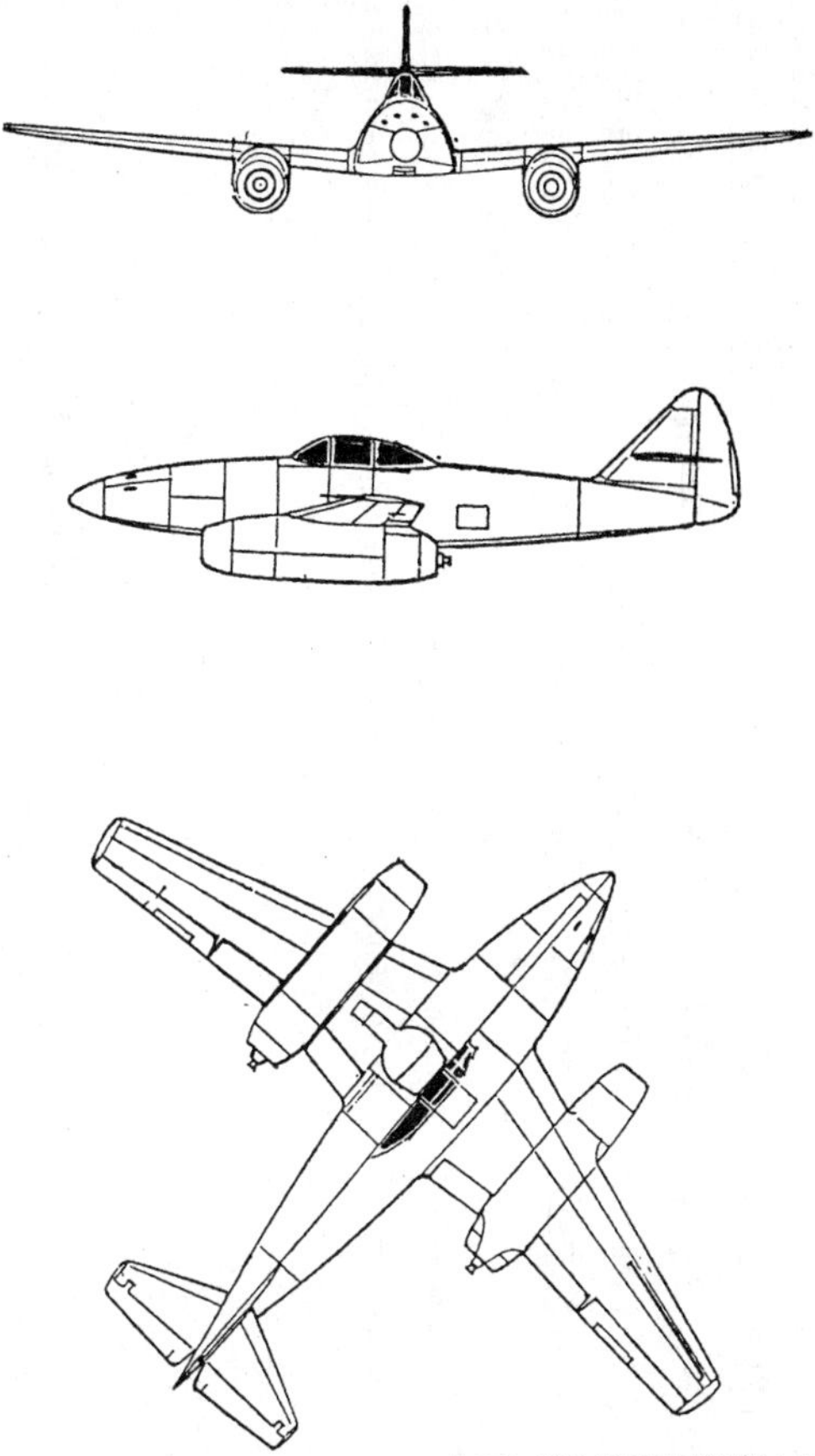

キ201 試作戦闘爆撃機「火龍」

14 霧と消えた零戦の後継機

十七試艦上戦闘機「烈風」〈海軍・三菱〉

昭和十五年末、海軍は、零式艦上戦闘機（十二試艦戦Ａ６Ｍ１）の目ざましい高性能ぶりに意を強くし、零戦の性能向上型の計画をすすめる一方、次期新戦闘機として十六試艦戦の開発を三菱に指令した。

当時三菱では、局地戦「雷電」の開発と零戦の改造に追われ、設計陣の手不足に加えて、小型高出力の戦闘機用の新エンジンの完成の見とおしがつかぬまま一時研究を中止していたが、昭和十六年十二月、太平洋戦争の勃発により戦訓をおりこんだ新型艦戦を、昭和十七年四月に十七試艦戦（「烈風」Ａ７Ｍ１〜２、社内呼称Ｍ50）として開発を再開した。

当時、アメリカではすでに一五〇〇〜二〇〇〇馬力級の高出力エンジンを装備し、重武装、防弾装備強化、高速をもって、小馬力の軽快な零戦をおさえようとする新型機が数種開発中で、「烈風」も当然これらの新型機を対象として研究がすすめられた。しかし本機の開発にあたっても、これまで同様、日本戦闘機の特色としての空戦時の格闘性能が過大に重視され、低翼面荷重の軽戦的な要素がひきつづき要求された。すなわち高速、重武装とともに前作「零戦」なみの運動性がもとめられたのだった。その結果、翼面荷重を一三〇キロ／平方メートルにおさえねばならなくなり、面積三一平方メートルという巨大な主翼をもつ戦闘機になってしまった。ちなみに当時の新型戦闘機の翼面荷重は一五〇キロ以上が適当とされていた。

装備エンジンは、はじめ三菱ハ四三－一一型（ＭＫ９Ａ、空冷複列星型一八気筒二〇二〇馬力）と排気タービンつきのハ四三系を予定したが、九月になって軍は、当時開発のすすんでいた中島「誉」二二型（空冷複列型一八気筒、公称出力一五七〇馬力）エンジンの使用を指令した。

したがって、馬力不足による本機は、所期の性能を発揮する見とおしが暗くなったが、機体構造では、単桁式主翼構造、強制冷却ファン、高圧油圧装置、自動空戦フラップ、外翼のみに上反角をあたえた空力学的に洗練された形態など、各所に新機軸をとり入れた。

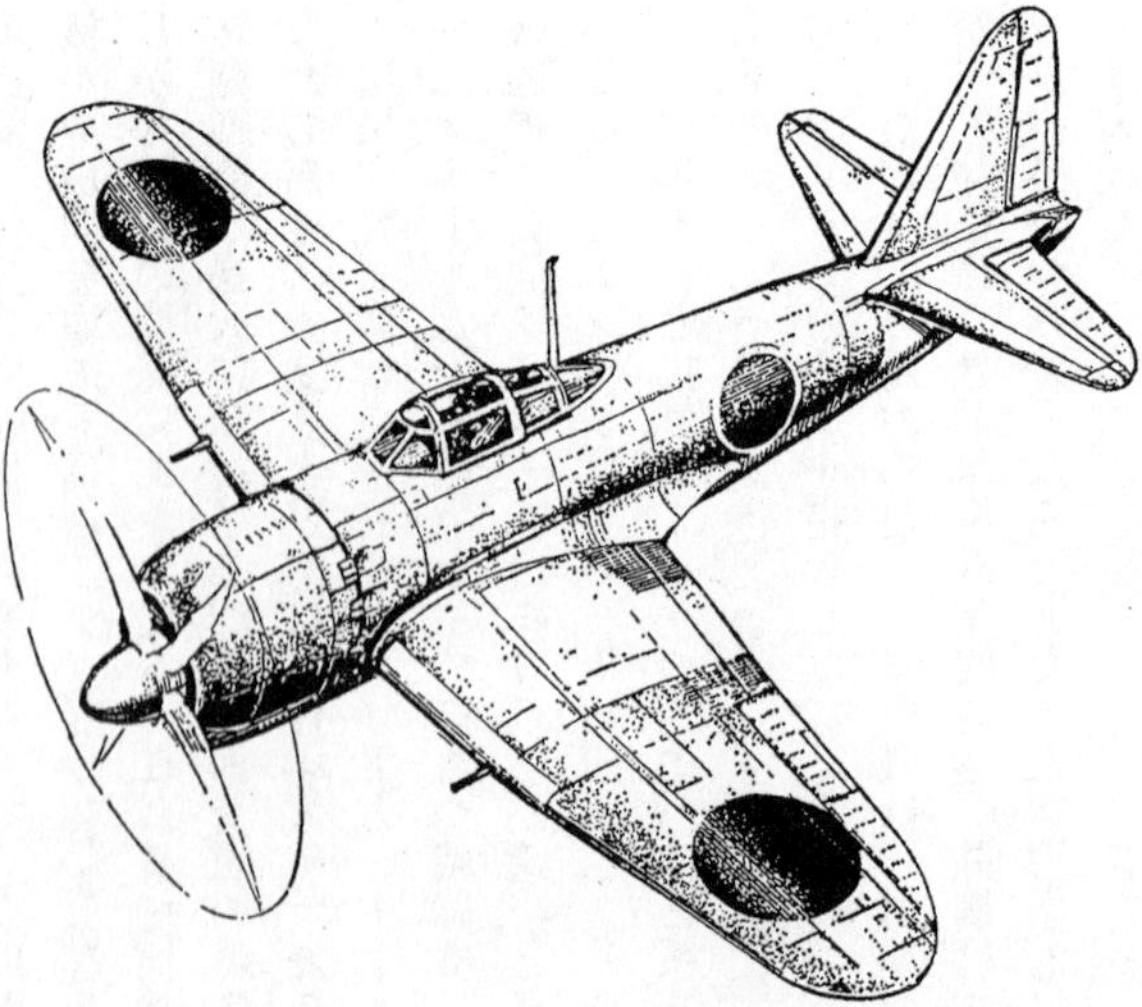

こうして「烈風」は、一応、「零戦」いらいの美しい姿態を持って昭和十九年四月に第一号機が完成し、ただちに飛行試験に入ったが、予想されたようにエンジンの絶対出力の不足による性能低下はいかんともしがたく、最大速度五六〇キロ／時、上昇力六〇〇〇メートルまで一〇分以上という結果だった。このままではとうてい実戦機として使用する価値がなかった。

しかし、軍は無意味な「誉」エンジンつき初号機のテストを数ヵ月継続させたが、ついに三菱の要求を入れ、当時やっと完成を見た予定エンジン、ハ四三－一一型（ＭＫ９Ａ）に換装した「烈風」（Ａ７Ｍ２）が、昭和十九年十月に完成した。

テストの結果、予想どおり最大速度六二八キロ／時、上昇力六〇〇〇メートルまで六分七秒という飛躍的な高性能を発揮した。

空戦性能もほぼ所期の結果がえられたので、この型を「烈風」一一型として、制式量産にふみきった。

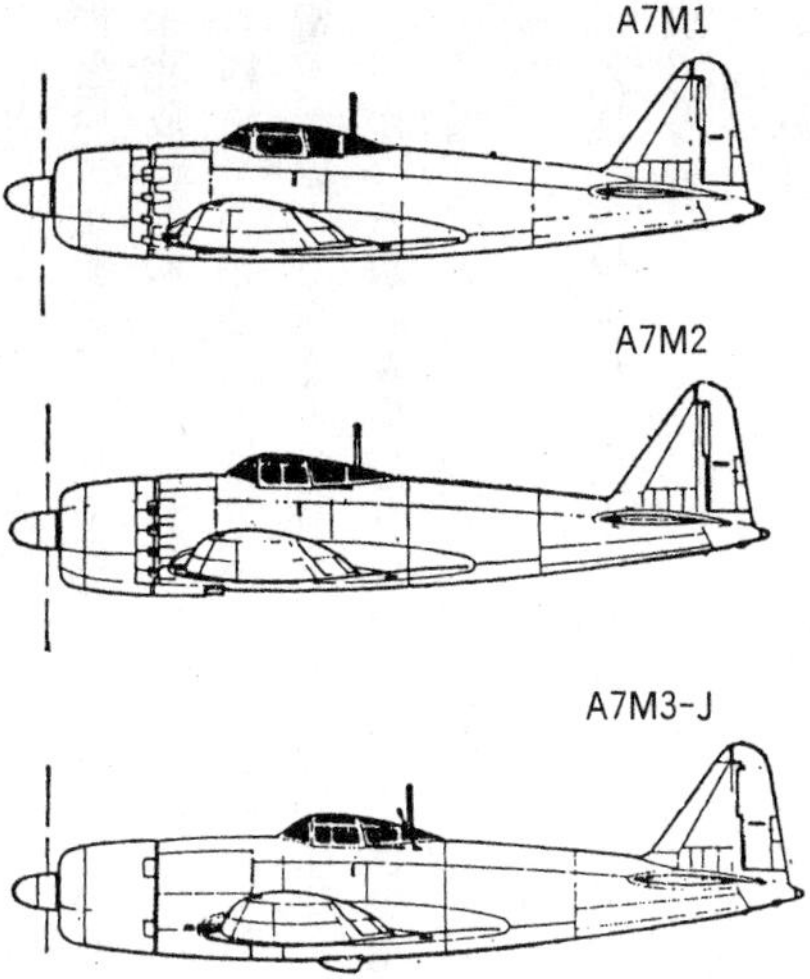

しかし、その後、最重点生産機の決定時の不手際から、量産化の時期がおくれ、またハ四三エンジン工場の被爆にともなう生産遅延などもかさなり、Ａ７Ｍ１が五機、Ａ７Ｍ２が三機の計八機が完成したが、一一型量産第一号機の完成まぎわに終戦を迎えることになった。

なお「烈風」の系列には、その後二〇ミリ砲六、三速過給機つきＭＫ９Ｃエンジン装備の性能向上型（Ａ７Ｍ

3）と、排気タービン過給器装備、三〇ミリ砲を主翼に四、胴体後上斜めに二の計六門という重武装で、やや機体の大きくなった高々度乙戦「烈風」改が開発中だったが未完成におわった。

「烈風」の初期試作機とおなじ「誉」エンジンを装備した川西の局地戦「紫電」「紫電改」はようやくこの時期に量産化がすすみ、実戦においても「紫電改」は性能的にはいかなる敵戦闘機にもひけをとらず世界第一流の優秀機という評価を受けた。

当時、アメリカの最新鋭のグラマン・ヘルキャットにたいしても有利な戦闘を行なった。

「烈風」の実戦化がはやければ、「紫電改」にまさる結果が得られただろうという評価も多い。

十七試艦上戦闘機　烈風　A7M1　A7M2　A7M3　A7M3-J
設計：三菱　型式：低翼、単葉、引込脚　乗員：一　発動機：中島「誉」二二型〔三菱ハ四三-一一型MK9A〕〈三菱ハ四三-五一型MK9C〉〔三菱ハ四三-一一型排気タービン〕空冷星型複列一八気筒　公称出力：一五七〇HP／六八五〇m〔二〇二〇HP／一一〇〇m、一八〇〇HP／五〇〇〇m〕〈二〇〇〇HP／一八〇〇m、一六七〇HP／八七〇〇m〉〔二一三〇HP／六八〇〇m、一九二〇HP／一万三〇〇m〕×一　プロペラ：VDM定速四翅、直径三・六〇m　全幅：一四・〇〇m　全長：一〇・九九五m〔一〇・九八四m〕〈一〇・九八四m〔水平〕〉〔一一・九六四m〕　全高：四・二九m〔水平〕　主翼面積：三一・三〇㎡　自重：三一一〇kg〔三二六六kg〕〈三三九二kg〉三九五五kg〕　全備重量：四四一〇kg（四七二〇kg）〈五〇四〇kg〉〔五七三二kg〕　燃料：九一〇ℓ（九一〇ℓ滑油一一〇ℓ）〈九一〇ℓ〉〔一二二〇ℓ〕　最大速度：五七四km／h／六一九〇m（六二九km／h／五六六〇m）〈六四三km／h／八七〇〇m〉〔六二八km／h／一万三〇〇m〕　着陸速度：一二四km／h（一三〇km／h）〈一三〇km／h〉〔一四〇km／h〕　上昇時間：六〇〇〇mまで九分五四秒（六〇〇〇mまで六分〇七秒、一万mまで一五分二〇秒）〈一万mまで一三分〇六秒〉〔六〇〇〇mまで七分〇〇秒、一〇〇〇〇mまで一五分〇〇秒〕　上昇限度：（一万九〇〇m）〈一万一三〇〇m〉〔一万一五〇〇m〕　航続距離：（一五五六km）〔一五〇〇km〕　武装：二〇mm×二、一三mm×二または二〇mm×四、爆弾三〇kgまたは六〇kg×二〈二〇mm×六、爆弾三〇kgまたは六〇kg×二〉〔二〇mm×四、二〇mm×二（胴体後上部）、爆弾二五〇kg×二〕　開発開始：昭和十六年　初号機完成：昭和十九年四月（昭和十九年十月）　生産機数：（八機）　製作会社：三菱　その他　主翼弦長：三・〇〇〇m〔中央〕～一・五〇〇m〔翼端〕　主翼上反角：〇度〔内翼〕、一二度〔外翼〕　水平尾翼幅：五・六〇〇m　水平尾翼面積：三・〇八m　垂直尾翼面積：二・二七五㎡　フラップ幅：三・〇〇m、フラップ面積一・九五㎡×二　補助翼幅：三・五七㎡、補助翼面積一・三六五㎡×二　昇降舵面積：一・〇一八㎡×二　方向舵面積：〇・九六三㎡　主脚間隔：四・二二五m　三点静止角：一二度

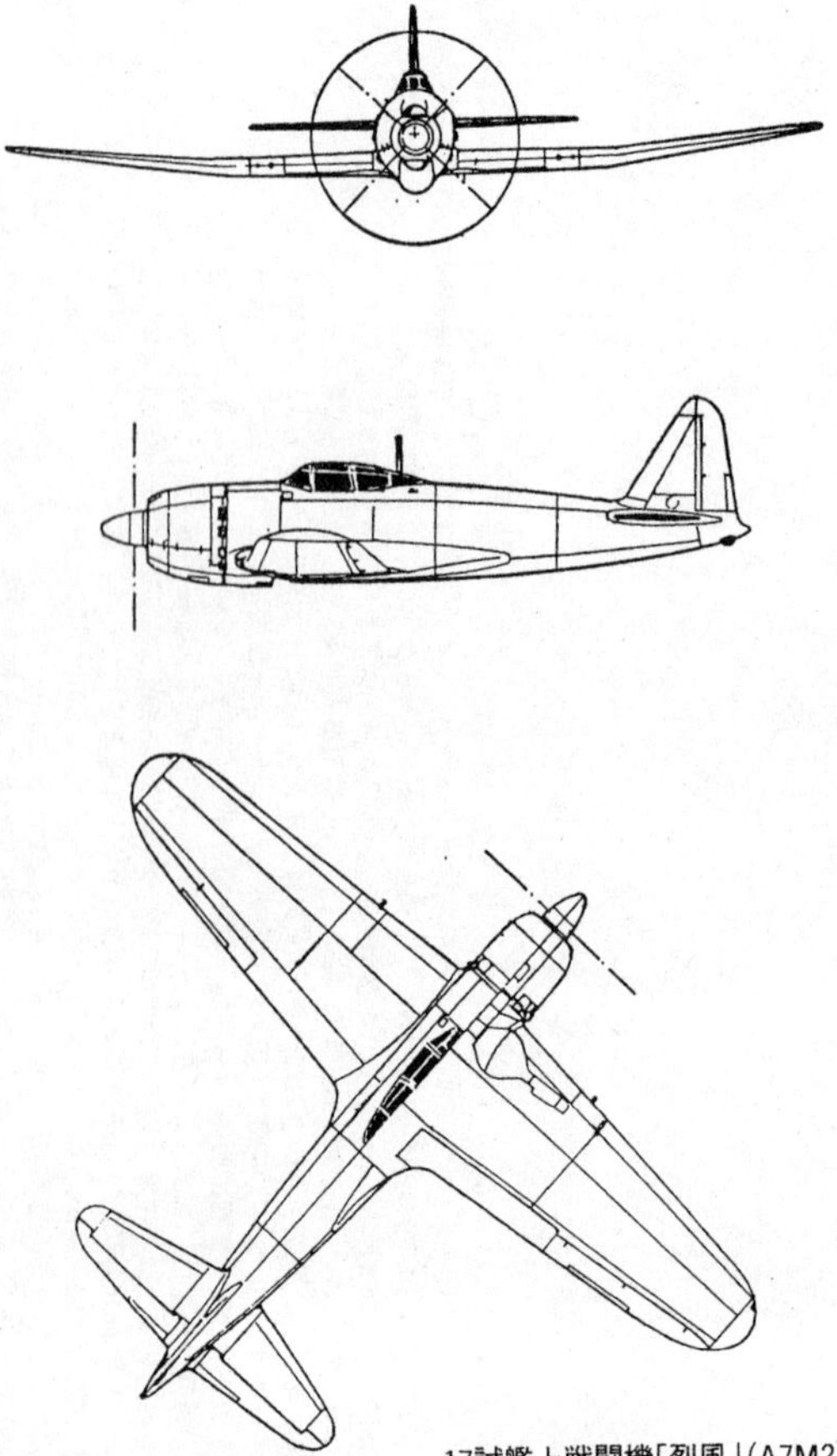

17試艦上戦闘機「烈風」(A7M2)

15　実用化を失した双支持架推進式

十七試局地戦闘機「閃電」〈海軍・三菱〉

昭和十五年から十六年にかけて陸海軍の次期試作戦闘機については、従来の型式をもつ低翼・単葉・牽引式機の馬力向上高性能型の中高度格闘戦闘機（海軍では分類上これを甲戦と称した）と、爆撃機の攻撃にたいして強力な武装をもつ小地域の防空迎撃を目的とする局地防空戦闘機（乙戦）、さらに味方爆撃機の爆撃行を掩護するために、大きな行動半径をもつ長距離掩護戦闘機など用途別に分類し、それぞれ特殊な開発をおこない、それぞれの分野での高性能化をはかった。

「閃電」は、このような状況下にあって、昭和十七年度の海軍の試作局地戦闘機、いわゆる乙戦として、同年度、川西にたいし試作指示をした十七試甲戦（Ｊ３Ｋ１）とともに、開発に入った。

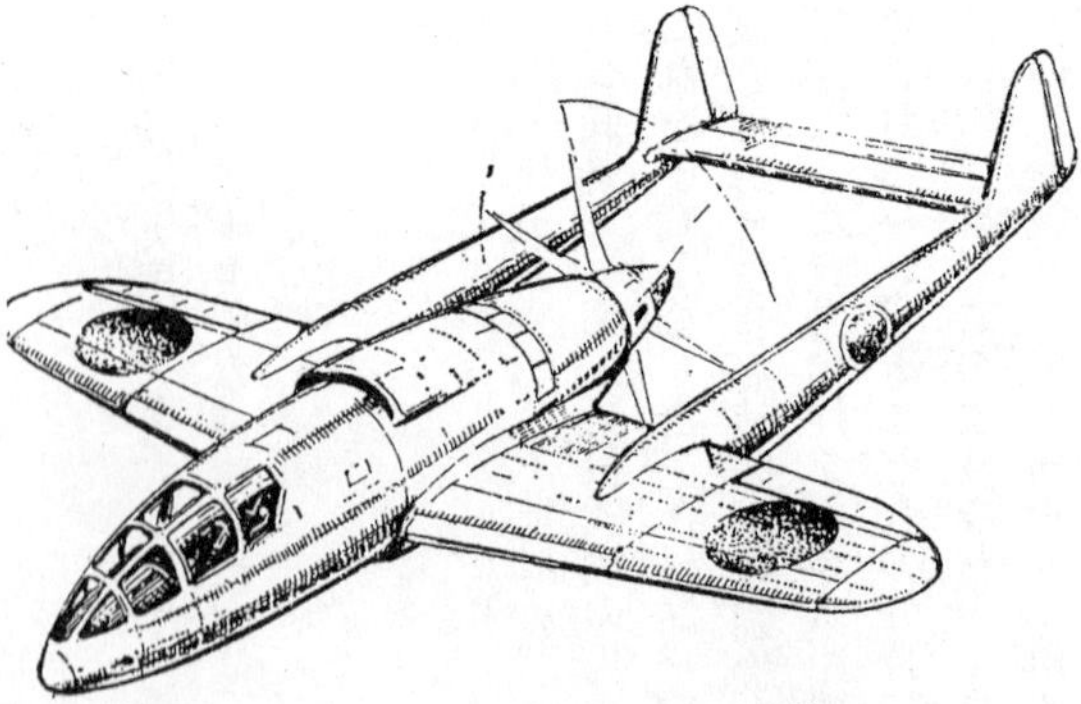

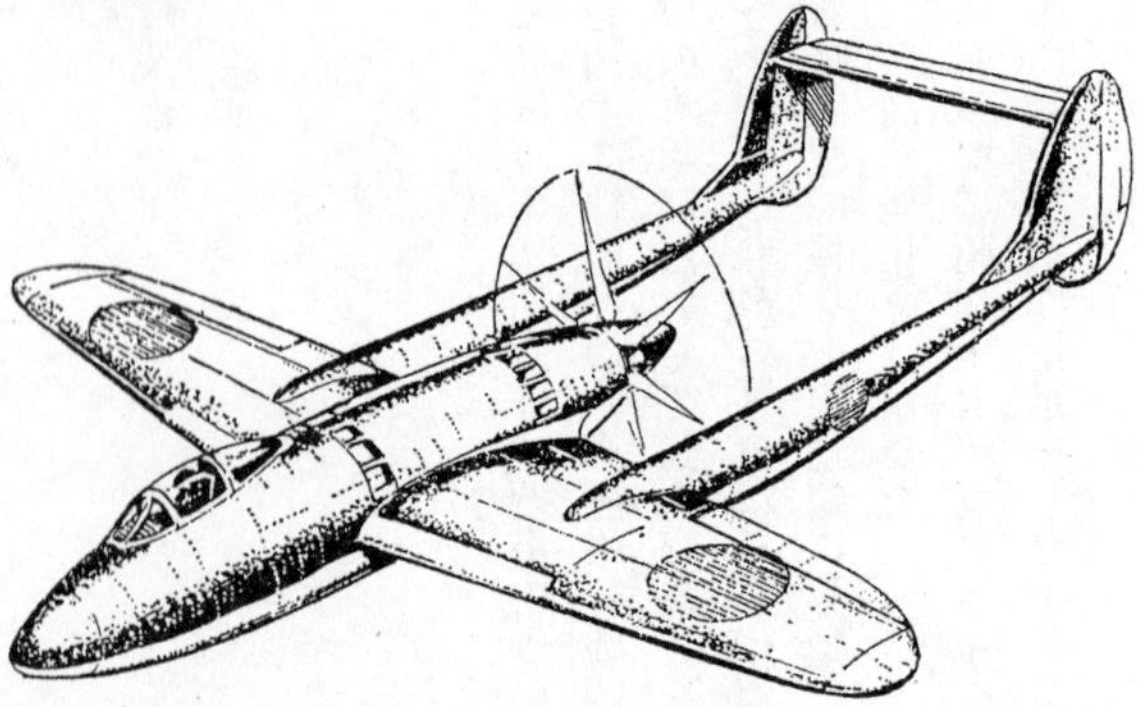

局地戦闘機にたいしては、大口径機関砲の搭載と、上昇能力（この時期はちょうど、高々度戦闘の具体的な方法を必要とする一歩手前にあった）がどうしても優先するため、各国とも新しい型式の機体を必要とした。

本機ではエンジンを操縦席後方に装着し、延長軸によりプロペラを推進式に装備、尾翼は両主翼から二本の支持架胴体によって連結される、いわゆる双支持架推進式を採用した。この型式の戦闘機は、ドイツのフォッケウルフ、その他でも計画されたことがあったが、いずれも不成功におわっている。

また日本でも、昭和十八年以降、陸軍のキ94などにも採用されたことがあるが、いずれも計画中止となり、実機として完成したものはなかった。

独特の型式にたいする理論的な面では一応、解決は見たものの、もっとも問題とされた空冷エンジン（三菱ハ四三－四一空冷星型一八気筒一六五〇馬力）の冷却については、昭和十九年春に発動機実験用胴体を完成、試作エンジンを装備して試験の結果、筒温分布などでは一応実用化の見とおしがついた。

しかし延長軸や、プロペラ後流による水平尾翼の振動などの問題が発生し、これらの解決のためにながい改修期間を費やし、戦局の急変と昭和十八年度の試作指示による十八試局戦「震電」の将来性、実用化の時期などに有望な見とおしがついたため、機種削減統一の方針により昭和十九年十月に試作が中止された。

本機は単発機に、局地戦闘機の特質の一つである重武装、すなわち三〇ミリ砲一、二〇ミリ砲二の装備が絶対条件であったために、あえて未経験の特異な型式を採用し、長期の開発期間を費やして結局、実用化への時期を失した不運な機体だった。しかし、当時のレシプロ戦闘機の高性能化への新しい型式としてこれを採用した日本の航空設計陣の優秀性を認めることができる。

なお、本機には図のように二種の型式があった。

十七試局地戦闘機　閃電　J4M1　M-70

設計：三菱　型式：中翼、単葉、双胴、三輪式、引込脚、推進式　乗員：一　発動機：三菱ハ四三-四一（MK9D）空冷星型複列一八気筒　公称出力：一六五〇HP　最大出力：二二〇〇HP×一　プロペラ：VDM定速六翅、直径三・二〇m　全幅：一二・五〇m　全長：一三・〇〇m　全高：三・五〇m　主翼面積：二二・〇㎡　全備重量：四四〇〇kg　翼面荷重：二〇〇kg／㎡　馬力荷重：二・六kg／HP　最大速度：七五九km／h　巡航速度：五〇〇km／h　上昇時間：八〇〇〇mまで一〇分〇〇秒　上昇限度：一万二〇〇〇m　航続距離：二・二時間　武装：三〇mm×一、二〇mm×二、爆弾三〇kgまたは六〇kg×二　開発開始：昭和十七年　初号機完成：中止　生産機数：〇　製作会社：三菱

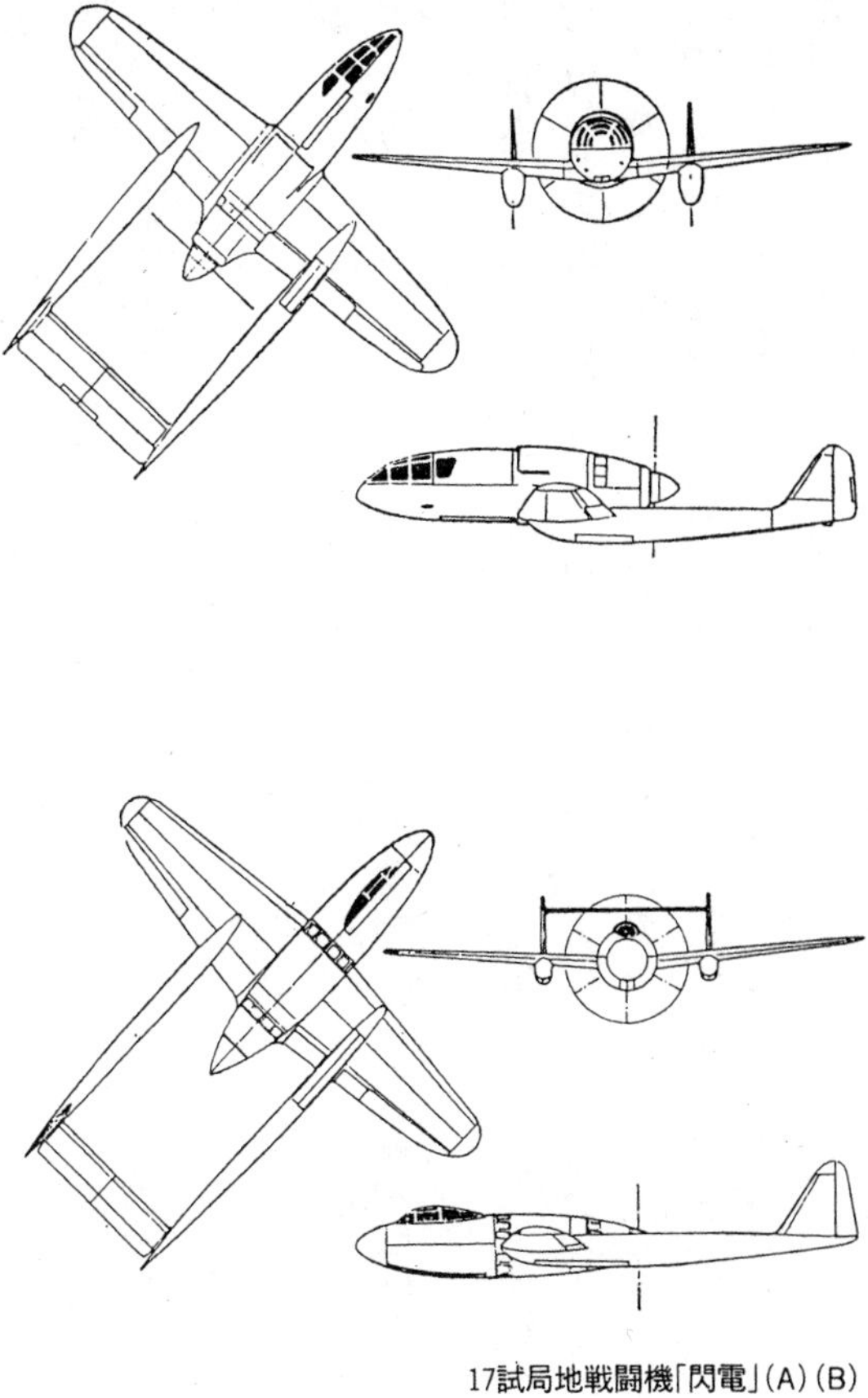

17試局地戦闘機「閃電」(A)(B)

16 〝幻のエンジン〟の高性能機

十八試甲戦闘機「陣風」〈海軍・川西〉

前項の「閃電」とおなじ昭和十七年、海軍から川西にたいして、高々度甲戦闘機（J3K1）の試作指示があった。

川西では水上戦闘機「強風」を陸上機化した「紫電」「紫電改」の系列とは別の、本格的低翼単葉の高々度戦闘機を計画した。はじめは「誉」エンジンを装備するK90と呼称する機体であったが、途中から高々度用に開発中の新エンジン三菱ハ四三－二一型（MK9B、フルカン接手駆動過給器付、一七六〇馬力／六〇〇〇メートル、一七〇〇馬力／八〇〇〇メートル、離昇出力二二〇〇馬力）装備に指示され、KX2の社内名称で、昭和十七年八月に設計に着手した。

これが、いわゆる十七試陸上戦闘機だが、問題の高々度用過給器に欠陥が多く発生

し、なかなか予定の性能を発揮しないままに、翌年に試作は一時中断された。
しかし、昭和十八年夏、二段二速過給器つきの高空用エンジン「誉」（NK9A）が新たに完成の見とおしがついたので、海軍はあらためて、十七試陸戦にかわる十八試甲戦（J6K1）の試作を指示した。
本機は通称「試製陣風」と称し、同時に三菱に試作指示された「烈風」とともに、当時出現したグラマン・ヘルキャットを上まわる高性能が要求された。
すなわち最大速度は六八〇キ

ロ／時以上、上昇限度一万三〇〇〇メートル以上、航続距離二三〇〇キロ以上などであった。

しかし、開発中の他機にたいする要求追加とおなじように、本機も途中から戦訓を大幅にとりいれ、武装では二〇ミリ機関砲四、一三ミリ機銃二という重武装を要求され、設計開始時点における高性能化のための装備限度をはるかにこえていた。

最初から馬力不足気味で出発した計画も、将来の「誉」改の出力向上型の出現を予定して試作を続行することになったため、結局は〝幻のエンジン〟出現を期待しての高性能機ということで、実現性の見とおしはきわめて暗いものとなった。

昭和十九年六月に第一回モックアップ審査にまでこぎつけたものの、新エンジン完成待ちの状態で、いたずらに時間が経過した。

その間、おなじ川西の「紫電」を改装した「紫電改」の完成を急ぐ方が実効果が大きいことと、昭和十九年秋の海軍試作機整理によって、高々度用甲戦闘機の試作は三菱の「烈風」一種にしぼられることとなり、川西は現行の「紫電改」の量産に集中し、「陣風」は、ついに開発を中止されることになった。

本機の場合も、海軍当局の定見のなさが災いしたよい例であろう。

まだ完成していないエンジンを予定して飛行機の開発をはじめるなどバカげた話だ

し、途中からムリな追加要求をおしつけるなど、製作側を無視したやり方であろう。これでは良い飛行機のできるわけはない。日本の軍用機開発について、このようなケースの多かったことは残念である。

十八試陸上戦闘機　陣風　KX－1　K－20　J3K1
設計：川西　型式：低翼、単葉、引込脚　乗員：一　発動機：中島「誉」改二〇一（誉四二）型、空冷星型複列一八気筒　公称出力：二〇三〇HP／一〇〇〇m、一速一八〇〇HP／六〇〇〇m、二速一六〇〇HP／一万m　最大出力：二二〇〇HP／一　プロペラ：定速四翅、直径三・五〇m　全幅：一二・五〇〇m　全長：一〇・一一八m　全高：四・一三〇m　主翼面積：二六㎡　自重：三五〇〇kg　搭載量：八七三kg　全備重量：四三七三kg　最大速度：六八五km／h／一万m　着陸速度：一三〇km／h　上昇時間：一万mまで一三分二〇秒　上昇限度：一万三六〇〇m　航続距離：五時間　武装：二〇㎜固×四または三〇㎜固×二（主翼）、一三㎜×二（機首）　開発開始：昭和十八年中期　初号機完成：昭和十九年六月モックアップ審査　生産機数：〇　製作会社：川西

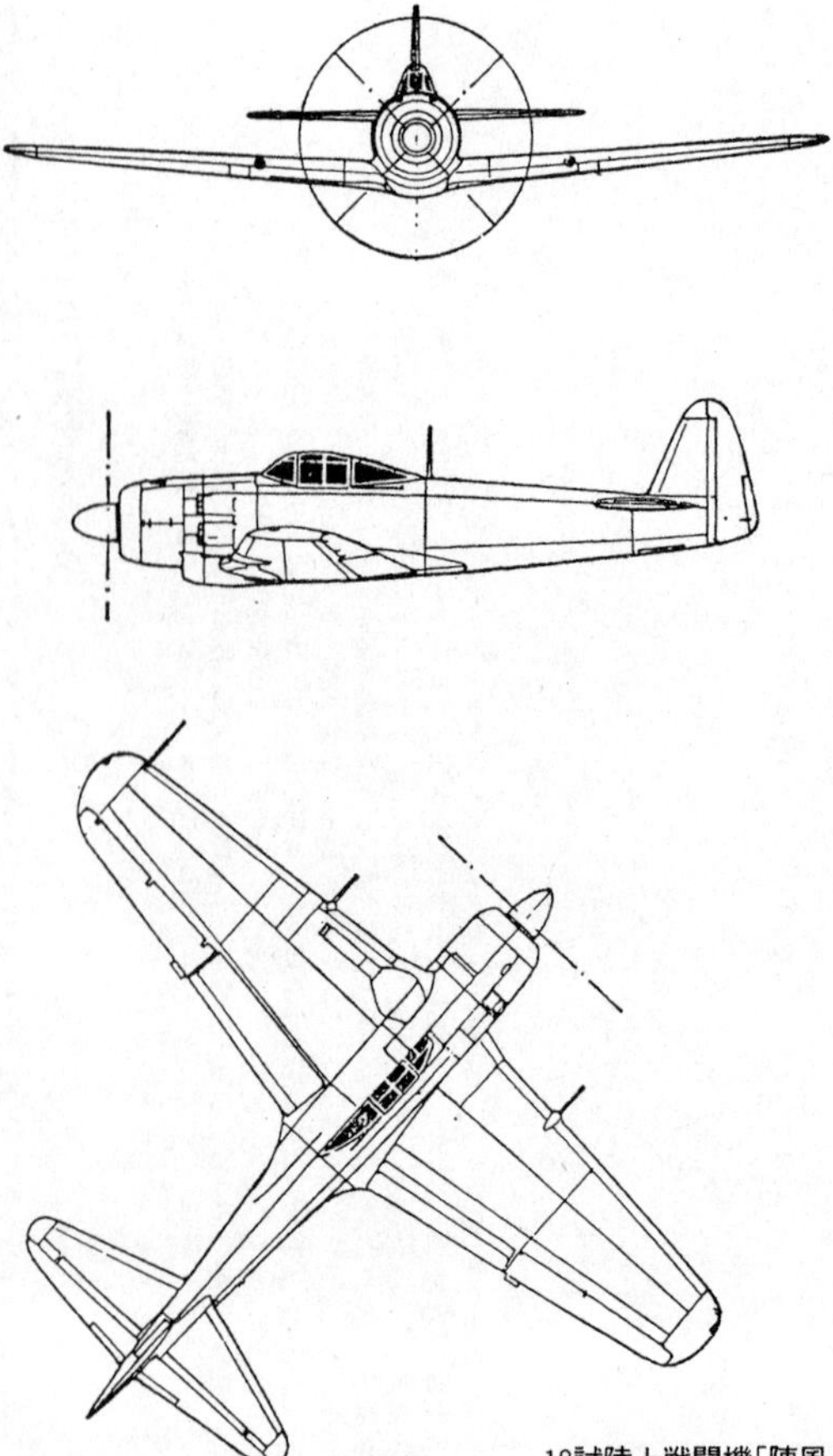

18試陸上戦闘機「陣風」

17　最高速と重武装、唯一の先尾翼迎撃機

十八試局地戦闘機「震電」〈海軍・九州〉

　昭和十四年八月にメッサーシュミットMe109R高速度研究機が七五五・一一キロ／時という世界速度記録を樹立して以来、この記録はプロペラ式陸上機の最高速度として今日でも燦然《さんぜん》とかがやいている。

　そのころから速度の向上を最大の目標として進歩してきた実用戦闘機は、それまでに固定化してしまった低翼・単葉・牽引式・引込脚の型式から何とか脱出しなければ七〇〇キロ／時以上の高速を獲得するのはむずかしいという意見が強く、各国では期せずして同時期に新型式の戦闘機の構想をもつようになった。

　わが国でも、この点については同様で、双胴推進式機と先尾翼（エンテ型）機について開発を進めることになった。

昭和十九年六月に、空技廠と九州飛行機の共同設計で開発されることになった「震電」は、時速七〇〇キロの壁に挑戦すべく、その設計は大胆なもので、中央に座席のある紡錘型《ぼうすいけい》の胴体の後部に推進式六枚プロペラをもつ空冷式エンジンを装着、主翼は二〇度の後退角をもつ超薄型の層流翼で、先細の機首に小さな水平安定板、尾輪つきの双垂直尾翼は左右主翼の後縁中央に位置、操縦席の火薬発射による脱出装置など、どれをとり上げても斬新な試みであった。

　エンテ型の飛行特性はさきに昭和十八年、モーター・グライダーによる実験ですべての利点がうらづけされていたが、従来の前方牽引式にくらべ、

一、胴体の大きさが約半分ですむ、
二、推進式プロペラで高速をだせることと、後流による翼表面への影響がまったくない、
三、失速特性もよく、とくに縦方向にすぐれている、
四、大口径火器の装備が容易であるなどである。
しいて欠点といえばプロペラの大トルク（回転慣性）による横流れ（補助翼の自動修正で解決）、離着陸時の機首上げの際、プロペラが地面と接触（双垂直尾翼に引込式尾輪を装着）などであったが、いずれも実用として大問題ではなく、二〇〇キロ／平方メートルをこえる高翼面荷重のため離着陸速度の増加もエンテ型のもつ良好な失速特性、長い三車輪式の降着装置でカバーするなど技術陣の苦心が実を結び、戦局の急迫した昭和二十年、開発は最優先で強行された。

中島の「誉」四二型（二〇三〇馬力）を装着した一号機は、昭和二十年七月完成し、八月十二日、試験飛行に成功、増加試作の計画もすすめられていたが、三日後に終戦となった。二、三回の飛行では性能も確認できず、この特異な形をした戦闘機の真価を問うすべもなかった。

海外ではアメリカで一九四三年、カーチス社がＸＰ55アセンダー先尾翼戦闘機を試

作している。
これは「震電」とおなじような型式だったが、失速特性がわるく、翼端を延長するなどの大きな改造をおこなったが、かえって性能が低下して開発が中止されている。「震電」は基本設計では、先行していたカーチス社のXP55よりはるかにすぐれていたと思われる。

十八試局地戦闘機　震電　J7W1

（カーチスXP55アセンダー〔米空軍〕）

註：（　）はXP55

設計：九州飛行機　型式：低翼、単葉、前尾翼式、推進式、三車輪、引込脚、双方向舵（同）　乗員：一　発動機：三菱ハ四三－四二〔MK9D〕空冷星型複列一八気筒、延長軸、強制空冷、（アリゾンV1710－95液冷V型一二気筒×一）公称出力：一速一九〇〇HP／二〇〇〇m、二速一六〇〇HP／八七〇〇m（一二七五HP）　最大出力：二一三〇HP／一　プロペラ：VDM定速六翅、直径三・四m　全幅：一一・一四m（一三・四一m）　全長：九・七六〇m〔九・六六〇m〕（九・〇二m）　全高：三・五五五m（三・〇五m）　脚間隔：四・五六〇m　主翼面積：二〇・五㎡（二一・八㎡）　自重：三四六五kg～三五二五kg（二八七八kg）　搭載量：四九二八kg～四九五〇kg　全備重量：五二二八kg（三三二〇kg）　翼面荷重：二一五～二一〇kg／㎡　馬力荷重：二・七七～三・一〇kg／HP　燃料：八〇〇ℓ＋四〇〇ℓ　最大速度：七五〇km／h／八七〇〇m（六二八km／h／六八〇〇m）　巡航速度：四二五km／h／四〇〇〇m（四八三km／h）　着陸速度：一七二km／h　上昇時間：八〇〇〇mまで一〇分四〇秒（六〇〇〇mまで七分〇〇秒）　上昇限度：一万二〇〇〇m（一万五〇〇〇m）　航続距離：一〇〇〇～二〇〇〇km＋三〇分（一〇三二km）　武装：三〇㎜固×四〔機首〕、爆弾六〇kg×四または三〇kg×四（一二・七㎜固×四）　その他の装備：無線三式空電話×一　開発開始：昭和十九年六月　初号機完成：昭和二十年八月　生産機数：二（二）　製作会社：九州飛行機　その他：第三号機以降予定発動機中島「誉」四二型、空冷星型複列一八気筒、離昇出力：二二〇〇HP、公称出力：二〇三〇HP／一〇〇〇m、一六〇〇HP／一万m（初号機、改造二号機試験飛行後開発中止）

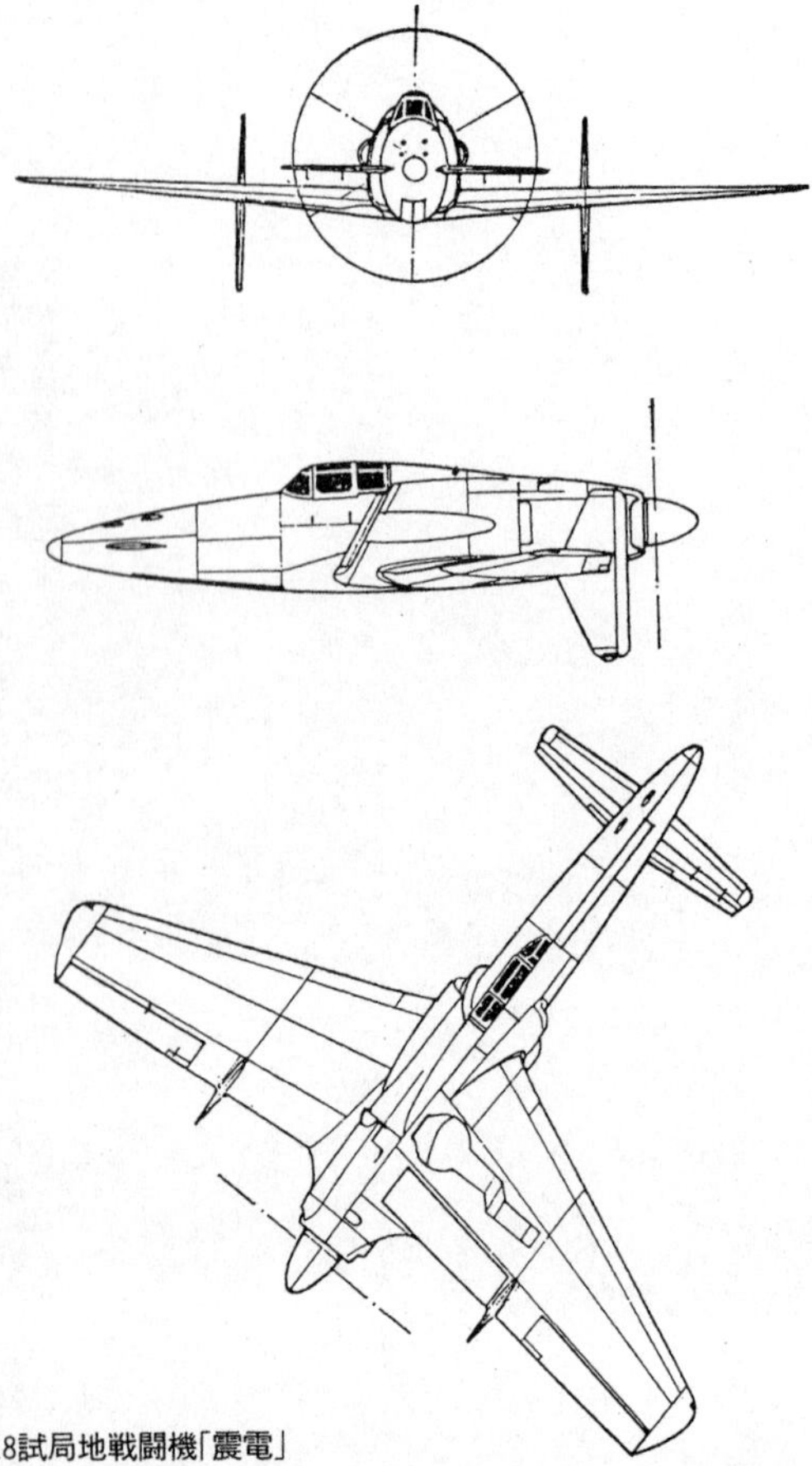

18試局地戦闘機「震電」

18　一年余で完成。余剰馬力に強力武装

十八試局地戦闘機「天雷」〈海軍・中島〉

太平洋戦争に突入しアメリカのＢ17、Ｂ24、そして当時開発中のＢ29など、大型爆撃機に対抗するために海軍は、強力な武装と高速をもつ単座双発の重戦闘機（乙戦）の必要性を認識した。

そこで海軍は早急にこれを実現化するために中島にたいして昭和十八年一月、十八試局戦「天雷」〈海軍では「十八試乙戦」〈Ｎ20〉〉の開発を指令した。中島は、できるだけ使用目的一本に目標をしぼった。

「天雷」にたいする要求は最大速度六六七キロ／時（六〇〇〇～六五〇〇メートル）、上昇力六〇〇〇メートルまで六分以内、上昇限度一万一〇〇〇メートル、武装二〇ミリ、三〇ミリ各二、操縦席や燃料タンクなどのガラス、鋼板による防弾装備、軽快な

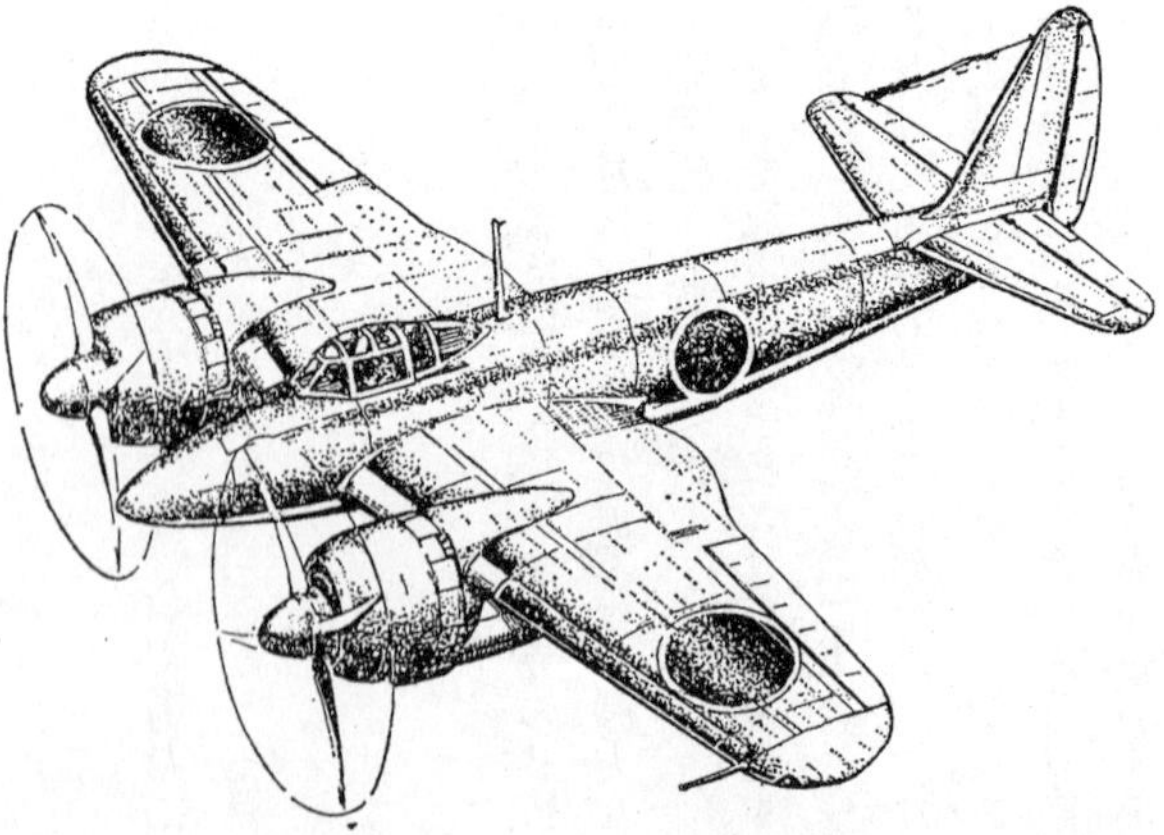

操縦性、装備エンジン「誉」二一型一九九〇馬力二基などで、中島は過去の経験によって小型、軽量、高翼面荷重の双発型式で短期完成を目標に、同年四月に開発に入った。
その結果「天雷」は、翼面積三二平方メートル、翼面荷重二二〇キロ/平方メートル、馬力荷重一・九五キロ/馬力で、翼面馬力もきわめて大きなものになり、日本機としてはめずらしく、余剰馬力の大きな高性能機として期待された。
このように、「天雷」は試作中に武装関係を中心に海軍側の要求が過大になったにもかかわらず、試作要求以来わずか一年二ヵ月で第一号機が昭和十九年七月に完成した。
しかし試験飛行に入ると「誉」エンジンに振動、油漏れなどがおこり、額面どおりの出

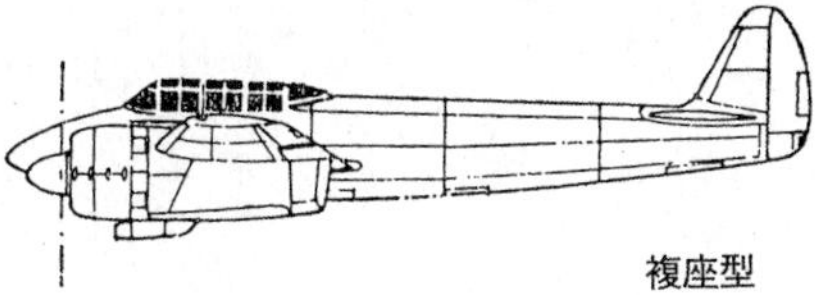

複座型

力が出ないために最大速度は五九〇キロ／時、上昇力六〇〇〇メートルまで八分、実用上昇限度九〇〇〇メートルと所期の要求性能をはるかに下まわった。

また、フラップとエンジン・ナセルとの相関形態から発生するナセル・ストールの発生と、その干渉抗力が最大速度をにぶらせる大きな原因となったことなどから、この部分の整形改修を行なったが思わしい結果が得られなかった。

これらのトラブルの上に、設計初期の徹底した重量軽減の基本方針にもかかわらず、やはり結果的には重量過大となってしまった。

だが、空戦フラップをはじめ、ファウラー式の親子フラップと前縁スラットとの組み合わせスプリング式の昇降舵操作法などの採用によって、単発戦闘機にもおとらない空戦性能がえられたという報告だけが、本機の期待を裏づけるものとなった。

このように、他の試作機と同様にエンジン不調と重量の過大、さらに油圧装置、高空用装備の技術水準のわずかなおくれからくる不具合などがかさなり失敗作におわった。

「天雷」は六機が試作され、うち一機が完成間際で終戦となった。

なかでも五号、六号機は夜戦用に複座機として製作し、三機が二〇ミリ機関砲四門または三〇ミリ二門の斜銃（射角七〇度）に武装が変更されたという。「天雷」は戦局の上からも、当時のB29用迎撃局地重戦闘機として実戦化への最先端に位置していた高性能機だけに、まったく活躍を見ずにおわってしまったことは、強く惜しまれる。

十八試局地戦闘機　天雷　J5N1

設計：中島　型式：双発、中翼、単葉、引込脚　乗員：一～二　発動機：中島「誉」二一型、空冷星型複列一八気筒　最大出力：一速一八〇〇HP／一九五〇m、二速一六二五HP／六一〇〇m　最大出力：一九九〇HP×二　プロペラ：VDM定速四翅、直径三・一m　全幅：一四・五〇〇m　全長：一一・五〇〇m（水平）　全高：三・五一〇m（三点）　主翼面積：三二㎡　自重：五〇〇〇～五三九〇kg　全備重量：七二〇〇～七三〇〇kg　過荷重：八二〇〇kg　翼面荷重：二二九・五kg／㎡　馬力荷重：二・二六kg／HP　最大速度：五九七km／h／五六〇〇m（実測）、六二〇km／h／六五〇〇m（計算）　巡航速度：三七〇km／h／四〇〇〇m（実測）　着陸速度：一四八～一七五km／h　上昇時間：六〇〇〇mまで八分（八〇〇〇mまで八分四五秒（計算）　上昇限度：一万八〇〇～一万一三〇〇m（計算）　航続距離：一四八一～二七四〇km　武装：三〇㎜固×二、二〇㎜固×二（機首）、三〇㎜固×二（斜銃（第一号機）もあり）　その他の装備：三式電話×一　開発開始：昭和十七年九月　初号機完成：昭和十九年三月　生産機数：六　製作会社：中島　その他：主翼弦長、最大三・一八〇m～翼端一・四三〇m、五・六号機は複座に改設計

一年余で完成。余剰馬力に強力武装

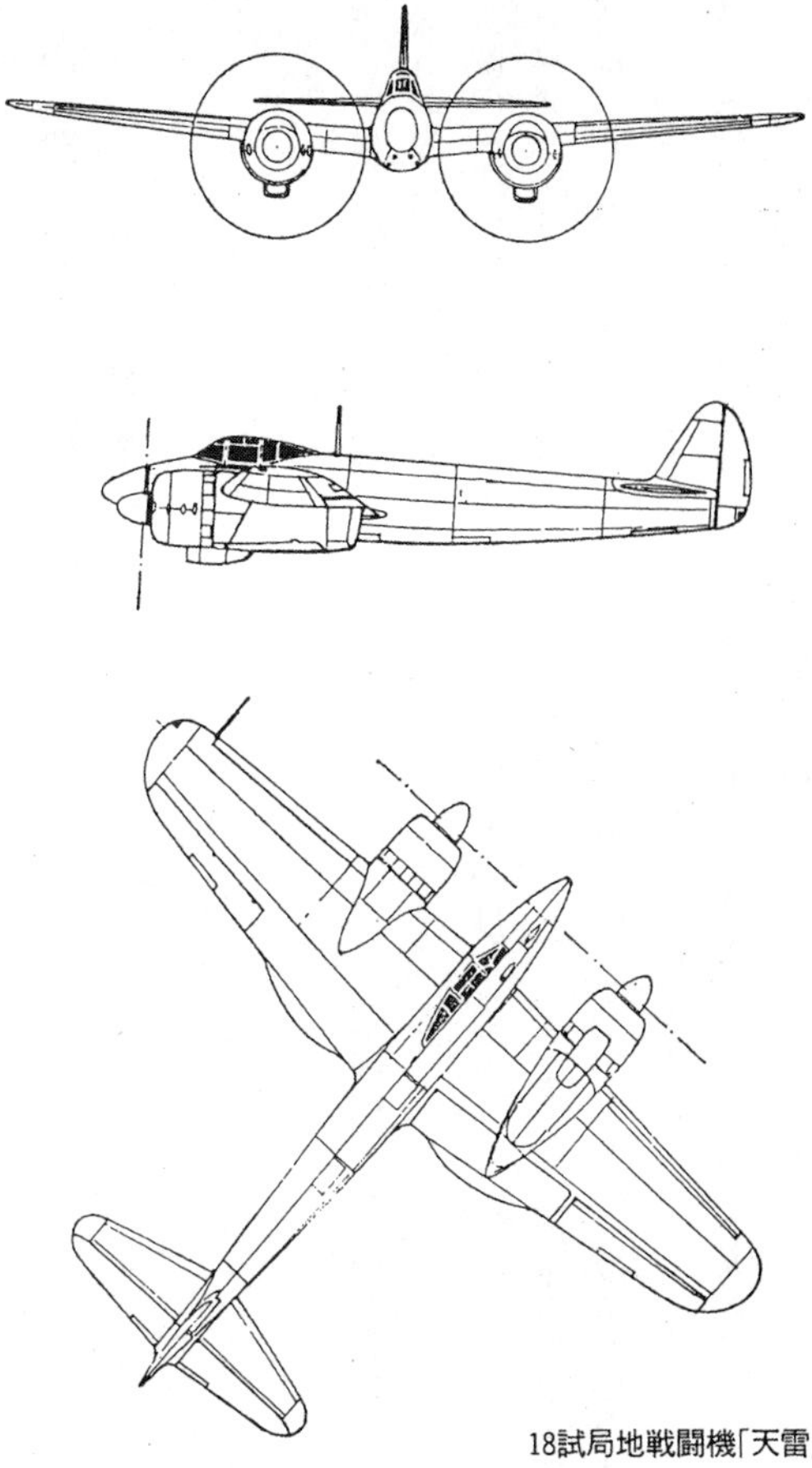

18試局地戦闘機「天雷」

19 例を見ない純・夜戦用に新機軸

十八試夜間戦闘機「電光」〈海軍・愛知〉

「電光」は、〝艦爆屋の愛知〟が前項の「天雷」とほとんど同時に試作開始をはじめた対Ｂ29用夜間戦闘機（丙戦）である。

当時の夜間戦闘機は従来の甲戦、乙戦の改良型がほとんどで、「月光」は中島の十三試双発三座戦―二式陸偵を複座、斜銃装備に改装したものであり、陸軍のキ102試作夜戦は二式双発複座戦「屠龍」の発展改良型であったように、いずれも最初から夜戦として開発されたものではなかった。

愛知航空機は、太平洋戦争前から優秀な艦上急降下爆撃機（九四式、九六式、九九式）を開発製作、とくに九九艦爆は真珠湾攻撃の花形として、その後もながく優秀な急降下性能を誇っていた。

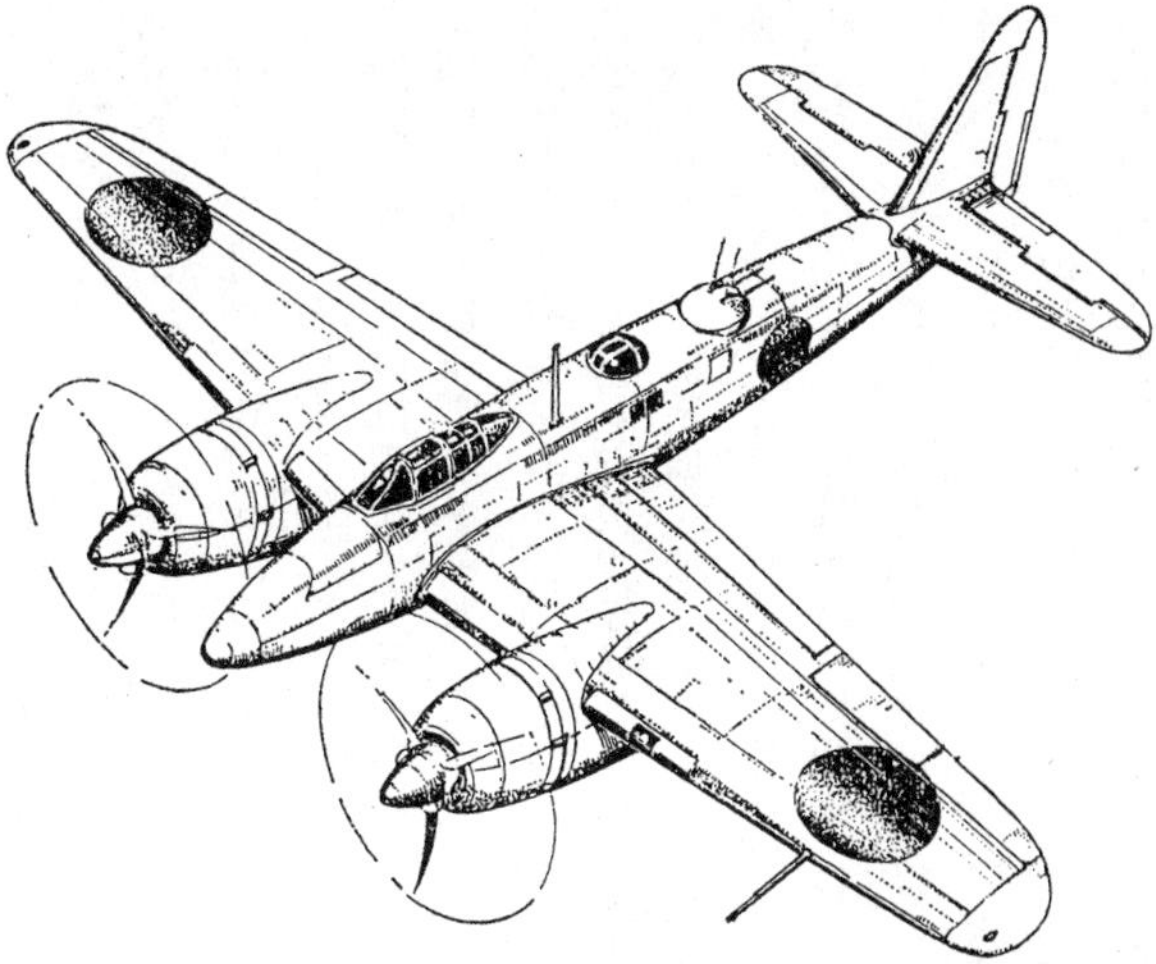

戦闘機の経験のない愛知が、しかも、わが国ではじめて夜間戦闘機として最初から設計開発を手がけた十八試丙戦「電光」の要求性能は、最大速度六八五キロ／時（高度九〇〇〇メートル）、上昇力六〇〇〇メートルまで八分以内、三〇ミリ砲、電探装備、航続五時間、エンジンは中島の「誉」二二型一八六〇馬力二基というもので、おなじ「誉」装備の陸上爆撃機「銀河」なみの大型戦闘機になってしまった。

この機は、主翼、尾翼の型までが「銀河」とよく似ており、機首と胴体断面（角型）を除けば、全幅で二・五メートル短く全長で一メートル長いが、シルエットは瓜二つであった。最初から、「銀河」の製作治具や部品が共用できるように考慮されたためであろう。

主な装備は、機首にレーダーを装備、武装三〇ミリ、二〇ミリ各二門、後上方に遠隔操作による二〇ミリ連装砲塔、射手兼偵察員は操縦席から独立して遠隔操作を容易にするなど独創的なアイディアもあり、親子二重式フラップ、ドロップ式補助翼のフラップ兼用、敵機との併行飛行を容易にして射撃の命中精度を向上するため胴体下部に空気制動板を設けるなど、各部門に苦心のあとが見られた。

本機も軍の追加要求が過大になり、さらに装備予定の排気タービンつき「誉」エンジンが他の試作機同様、故障つづきで所期の性能にたっせず、代替プランとして液体酸素のボンベを搭載し高々度時にシリンダー内に酸素を噴射し、馬力の低下を防ぐ特液噴射装置の増加装備、加えて武装の強化要求で全備重量は所期の予定をはるかにこえる一〇トン強となり、自重は「銀河」を上まわった。

これでは陸軍のキ109試作防空戦闘機（双発爆撃機「飛龍」の改装型）の重量とあまりかわらない代物となり、完成後の実用性に多くの問題を残したまま昭和十九年八月、モックアップが完成、つづいて一号機の試作生産に入り、完成寸前にB29の空襲によって被爆、焼失、この〝肥満児〟戦闘機はついに完成にいたらなかった。

本機は専用の夜間戦闘機として開発された日本唯一の機体で、外国にもアメリカ以外にその例を見ない。

ドイツ、イギリスなどでは他機種を改造転用しており、日本でも前述の十三試陸上戦闘機（中島）を転用した「月光」の例があるが、戦局の急迫したおりに新しく夜間戦闘機を開発しようとしたこと自体、ムリだったのではないかと思われる。

註：（ ）は実測値

十八試丙夜間戦闘機　電光　S1A1

設計：愛知　型式：双発、中翼、単葉、引込脚　乗員：二　発動機：中島「誉」二二（NK9K－S）、空冷星型複列一八気筒（強制冷却）　公称出力：一速一八六〇HP／一七五〇m、二速一七〇〇HP／六〇〇〇m　最大出力：一九九〇HP×二　プロペラ：VDM定速四翅、直径三・五m　全幅：一七・五〇m　全長：一五・一〇m（一四・二五m）　全高：四・六一m（四・二五m）　主翼面積：四七㎡　自重：七三二〇kg（六九〇〇kg）　搭載量：二九六〇kg　全備重量：一万一八〇kg（九七〇〇kg）　過荷重：一万一五一〇kg（一万九〇〇kg）　翼面荷重：二一九kg（二〇六kg）／㎡　馬力荷重：三・三八kg（二・八六kg）／HP　燃料：三四〇〇ℓ、滑油二五ℓ　最大速度：五九〇km／h／八〇〇〇m　巡航速度：四四五km／h／四〇〇〇m　着陸速度：一五〇km／h　上昇時間：六〇〇〇mまで九分三〇秒、九〇〇〇mまで一四分四五秒　上昇限度：一万二〇〇〇m（一万一〇〇〇m）　航続距離：一六〇〇km　武装：三〇mm×二（機首）、二〇mm×二（機首）、二〇mm×二（後上方旋）、爆弾六〇kg×四または二五〇kg×一　開発開始：昭和十八年　初号機完成：昭和二十年完成寸前被爆　生産機数：二　製作会社：愛知　無線：二式空三無線、一式空三帰設各一

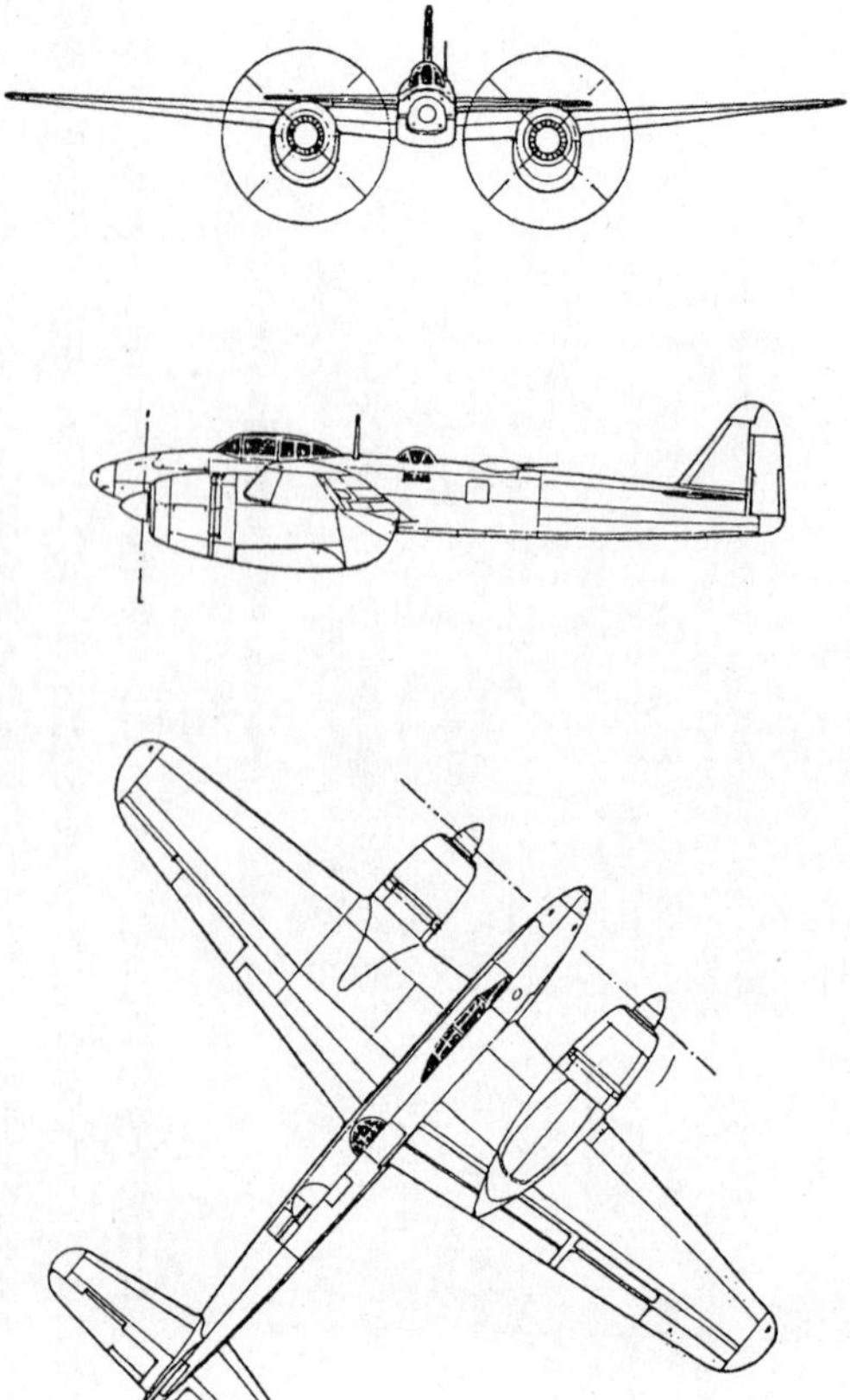

18試夜間戦闘機「電光」

20　初の空戦フラップでハンデを克服

水上戦闘機「強風」一一型〈海軍・川西〉

本機は制式機として太平洋戦争に使用されたものだが、はじめから水上戦闘機としてつくられた唯一の機体であり、「紫電」「紫電改」という優秀な陸上戦闘機へ発展した特殊な機体なのでここに収録した。

日本海軍は太平洋における作戦にあたって、制空権確保のため陸上基地が整備されるまでの間、水上戦闘機を使用することを考えており、専用の水上戦闘機を開発することについてつよい関心をもち、昭和十五年九月に川西にたいして十五試高速水上戦闘機の試作を指示した。

本機はフロートつき戦闘機という点で、陸上機にたいして大きなハンデをもっているので、陸上機と同等の高速と運動性能を得るために採用可能な新技術を積極的にと

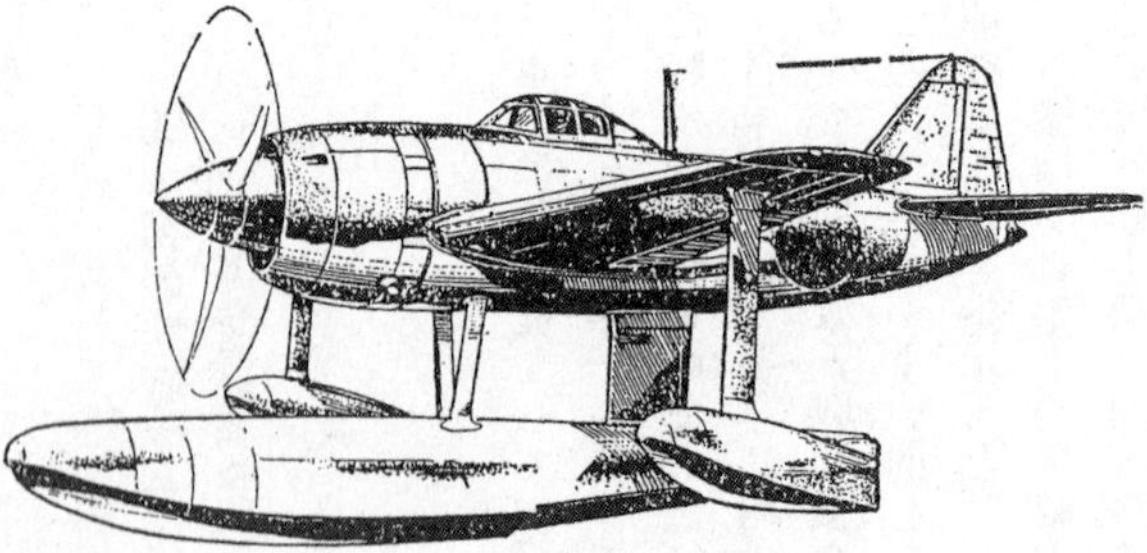

りいれることにした。設計上の特徴は、つぎのとおりであった。

一、エンジンは当時使用可能なものの中で最大出力をもつ三菱「火星」を選定した結果、戦闘機用としては直径が大きすぎるため延長軸を採用して、機首の整形をはかった。またトルクを解消するために、当時「紫雲」水偵でも採用された二重反転式プロペラを装備することにした。しかし、この機構は戦闘機としては不向きであることがわかり、試作二号機からは普通の三翅プロペラに改められた。

二、主翼は水面から翼を遠ざけることと、抗力の低減のために中翼とし、翼型はLB層流翼型をいちはやく採用して高速化をはかった。

三、主フロートの取り付けは、もっとも簡単で抵抗の少ない支持方式を採用した。

四、格闘性を良くするために、日本独特の考案になる空戦フラップをはじめて採用した。

五、武装も当時としては強力なもので、主翼内に二〇ミリ二、機首に七・七ミリ二を装備した。

本機は、昭和十八年十二月から十九年三月にかけて合計九七機が生産され、実施部隊にひきわたされたが、戦局の推移から活躍の場をえられずにおわった。

十五試水上戦闘機　強風　一一型　K－20　N1K1　〔海軍〕
設計：川西　型式：単発、低翼、単葉、単フロート　乗員：一　発動機：三菱「火星」一三型、空冷星型複列一四気筒　公称出力：一四二〇HP／二六〇〇m、一三二〇HP／六〇〇〇m　最大出力：一四六〇HP×一　プロペラ：ハミルトン定速三翅、直径三・二m　全幅：一二m　全長：一〇・五八五m（フロート含）　胴体全長：九・一二m　主浮舟全長：八・五五九m　主翼面積：二三・五㎡　自重：二七〇〇kg　搭載量：八〇〇kg　全備重量：三五〇〇kg　翼面荷重：一四八・九kg／㎡　馬力荷重：二・四六kg／HP　燃料／滑油：六六〇＋一六〇／三〇ℓ　最大速度：四八五km／h／六〇〇〇m　巡航速度：三七〇km／h／四〇〇〇m　着陸速度：一三一km／h　上昇時間：三〇〇〇mまで三分五秒、五〇〇〇mまで五分三一秒　上昇限度：一万五六〇〇m　航続距離：一九八〇km　武装：二〇㎜固×二、七・七㎜固×二、爆弾三〇kg×二　開発開始：昭和十五年九月　初号機完成：昭和十七年五月　生産機数：九七　製作会社：川西

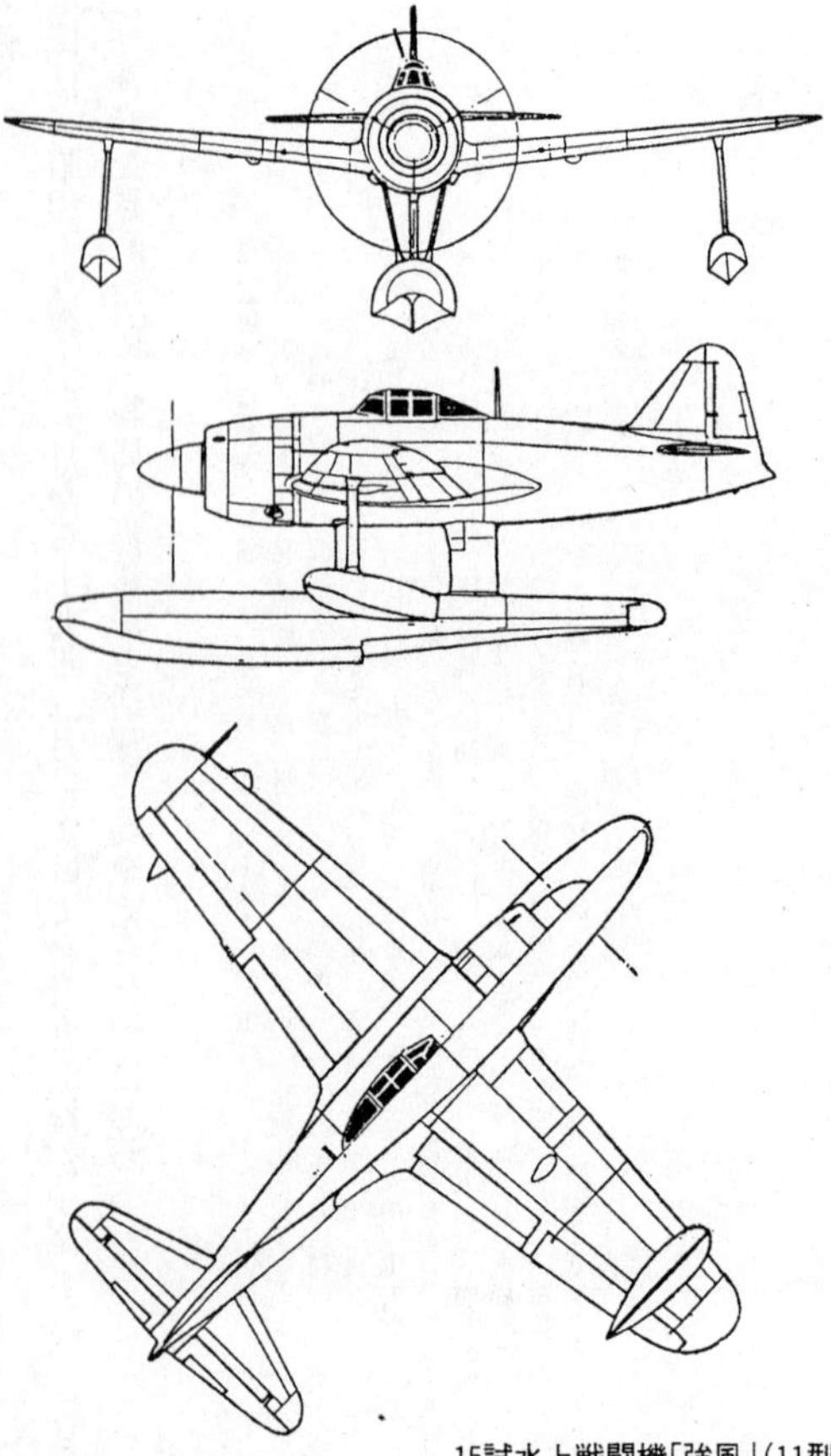

15試水上戦闘機「強風」(11型)

第二章　爆撃機

基本的に爆撃機に要求されるのは、爆弾を目標上空に運び、これを目標に的確に命中させることである。この条件をみたすために爆撃機は、ほかの軍用機と同様に進化し、しだいに分化してきた。

初期には爆撃機は、戦場で地上部隊に協力することが任務で、たとえば敵の砲兵を空からたたいたり、頑強な陣地を破壊するというように、もっぱら「戦術」的に使用されている。そして飛行機自体が進歩してくるにしたがって、しだいに「戦略」的にも使用されるようになる。

一例をあげれば、飛行機の航続力が大きくなると、敵戦線の後方はるかに足をのばし敵の司令部を攻撃して指揮系統を混乱させたり、軍需物資の集積所を炎上させる、さらには交通機関や道路、橋などを破壊し補給を妨害するといったことが可能になったのである。これはさらに敵の本国の大都会や工業地帯にたいする絨毯《じゅうたん》爆撃をするまでに発展し、相手国の戦力そのものを崩壊させる戦略爆撃攻撃が行なわれることになる。

〝戦術爆撃機〟のもっともよい例は、ドイツ空軍のユンカースＪｕ87急降下爆撃機、俗にいう「スツーカ」である。ちなみにスツーカとは、シュトルツ・カンプ・フルークツォイク（Sturzkampfflugzeug）の略である。

Ｊｕ87は、第二次大戦の初期、地上の装甲師団とともに「電撃戦《ブリッツクーリーク》」の主役を演じ大成功をおさめた。戦史に類をみない高速度で突進する装甲師団の勝利を可能にしたのは、じつに、〝空飛ぶ砲兵〟ともいうべき、このＪｕ87の支援に負うところ大であった。Ｊｕ87は後の独ソ戦後期には、三七ミリ砲二門を主翼下面にとりつけ、対戦車攻撃に威力を発揮している。

Ｊｕ87と同種の機を日本にもとめれば、海軍の九九式艦上爆撃機である。

さて〝戦略爆撃機〟となれば、いうまでもなくその代表はＢ29「超空の要塞《スーパー・フォートレス》」である。一万メートルの高空を九トンの爆弾を積み、五〇〇キロ以上の高速で飛ぶ。航続距離は九三五〇キロである。まさに理想の重爆撃機だ。このＢ29の前駆となったＢ17

「空の要塞《フライング・フォートレス》」の一〇〇〇機大編隊によるドイツ本国にたいする爆撃大攻勢と、B29による日本全土にたいする無差別爆撃は、それぞれドイツと日本の基本的戦力を根こそぎ破壊し、第二次大戦の勝敗を決する大きな要素となった。

しかし、こうした戦略爆撃に先鞭をつけたのは、日本海軍であったことは忘れられない事実である。九六式陸上攻撃機による北九州から中国の首都南京にたいする渡洋爆撃などがそれである。

爆撃機の進歩は、これをむかえ撃つ戦闘機との性能競争にほかならないのは言うまでもないことだが、新型機の開発の流れは、戦局の推移によって大きく左右される。

日本の爆撃機開発の流れをみると一時期、戦略爆撃機（海軍の中攻）をもち、さらに大型の米本土攻撃用の巨人機すら計画されたが、戦局不利になると戦術爆撃機が必要となり、さらには戦闘機を爆装して敵艦に突っこむという特攻が出現した。これは戦闘爆撃機の極限的なものとみるべきだろう。

飛行機の生産面でも戦局の切迫にしたがって、生産の容易な戦闘機などを優先せざるをえなくなり、大型機まで手がまわらなくなったのが実状である。

21　急降下に威力、簀子《すのこ》形エア・ブレーキ

キ66試作急降下爆撃機〈陸軍・川崎〉

一九三〇年代の中ごろからアメリカ、ドイツなどを中心に急降下爆撃機の開発が急速にすすめられていたが、日本陸軍では緩降下爆撃（降下角三〇度程度）の戦術にとどまっていた。ところが一九三九年のポーランド戦役、一九四〇年の対フランス戦役においてドイツ空軍のスツーカＪｕ87が陸上部隊の支援兵器として、さらに対艦船攻撃にも決定的な威力を発揮したことに刺激され（昭和十六年の山下奉文中将視察団の報告による）、陸軍もいそいで本格的急降下爆撃機の開発に乗り出した。

昭和十六年九月、川崎にたいしてその試作指示が出され、キ66として開発に入ったのである。

キ66は、それまで川崎で生産中の二式複座戦闘機（キ45改）と九九式双発軽爆撃機

135　急降下に威力、簀子形エア・ブレーキ

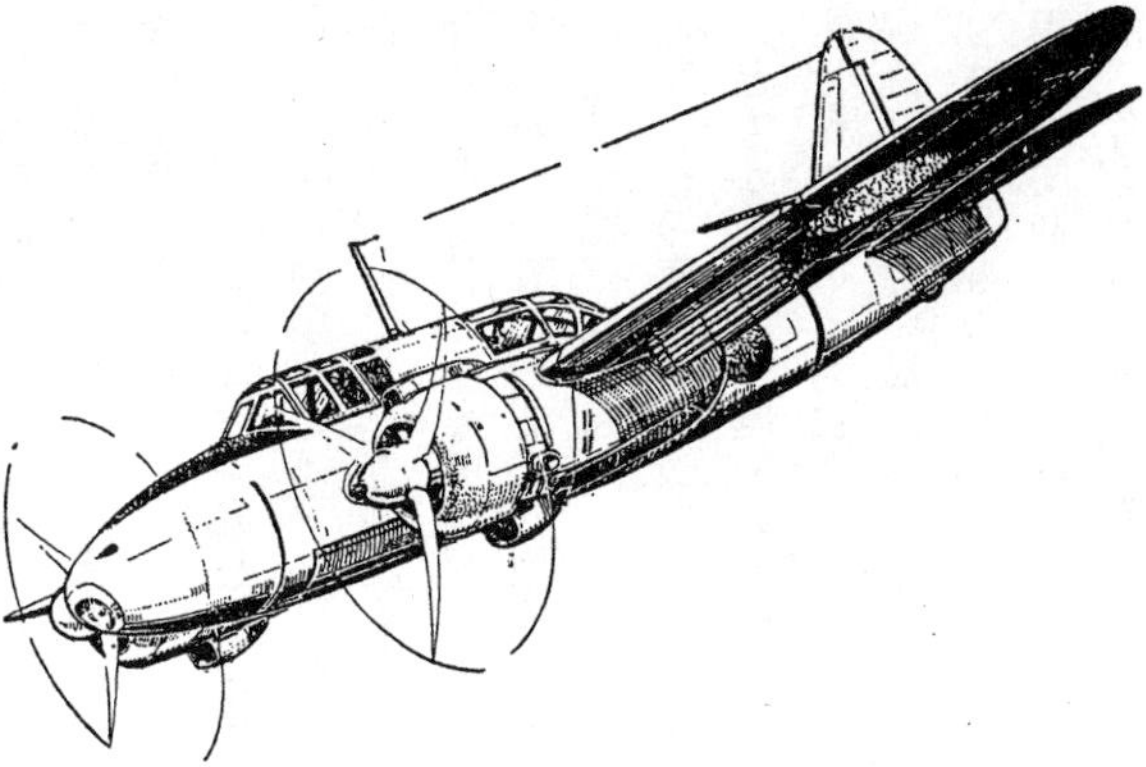

（キ48）の経験を生かし、ドイツのユンカースJu87とJu88の中間をゆく規模の複座双発型となった。構造的には九九双軽を基本とし、重量、寸法では二式複戦と九九双軽の中間、外形的にも両者をミックスしたような機体となった。

　急降下角度は最大六〇度で、日本の双発機としてははじめて空気制動装置《エア・ブレーキ》をとりつけた。この制動板は図のようにJu88と同様の簀子《すのこ》形で、主翼下面のエンジン・ナセルのすぐ外がわにあり、なお降下中の方向安定をたもつために垂直尾翼に背鰭《せびれ》がつけられた。

　爆弾は胴体内部の爆弾倉に標準三〇〇キロ、最大五〇〇キロを搭載し、機首には、対地攻撃用として一二・七ミリ固定機関砲二、後部座席に防御用として七・七ミリ旋回機関銃二（連装）を装備した。

本機の試作第一号機は昭和十七年十一月に完成、つづいて完成した第二、第三号機とともにテストがくりかえされ、急降下爆撃機としてはとくに大きな欠点もなく良好な成績をおさめた。

しかし、このころ完成したキ48二型(九九双軽のエンジンを換装した性能向上型)に、キ66と同型式のエア・ブレーキをつけた二型乙が最大速度五一五キロ(キ66は五三五キロ)を出し、五〇度くらいの急降下爆撃につかえることがわかった。このため軍の新型急降下爆撃機開発の熱意がうすれ、キ66とキ66二型(エンジンを一一五〇馬力のハ一一五に換装した性能向上型)の量産計画は中止された。結局、試作機三機、増加試作機三機のみでおわったのである。急降下爆撃機については後発だった日本陸軍に、その使用法について定見がなかったことが原因だったともいえよう。

ともかく、陸軍唯一の本格的な急降下爆撃機キ66が、大きな期待をかけられながらもウヤムヤのうちにおわってしまったことは、飛行機の開発の方が先進し、航空戦術が確立されていなかったという当時の実情をしめす、よい例である。

また、キ45改、キ48改などに代表される川崎のすぐれた双発機シリーズが、他社の場合も同様であったが、その用途によって、新規開発をこころみたものの、結果的には、各機の特性を生かすのに必要な大出力エンジンの開発と生産のおくれが足をひっぱった形になっている。エンジンだけではなく、その他の部品の進歩のおくれなどが、新型機実現をさまたげた根本的な原因となっていたことが、残念ながらこの本の一つの大きな主題といわざるをえない。

　これは、陸海軍ともに大戦突入後の最優先重点生産機種を決定する時期がおくれ、また外国にくらべて似たような飛行機の試作がじつに多く、結局〝アブハチとらず〟におわったことの大きな原因となっている。

キ66　急降下爆撃機

設計：川崎　形式：双発、中翼、単葉、乗員：二　発動機：中島ハ一一五、空冷星型複列一四気筒　公称出力：一一〇〇HP／二八五〇m、九四〇HP／五六〇〇m　最大出力：一一三〇HP×二　プロペラ：ハミルトン定速三翅、直径二・九m　全幅：一五・五m　全長：一一・二m　全高：三・七m　主翼面積：三四㎡　自重：四一〇〇kg　全備重量：五七五〇kg　翼面荷重：一六六・二kg／㎡　馬力荷重／五・二三kg／HP　最大速度：五三五km／五六〇〇m　上昇時間：五〇〇〇mまで七分三〇秒　上昇限度：一万m　航続距離：二〇〇〇km　武装：ホ一〇三、一二・七mm固×二（機首）、七・七mm旋×二（後上方）　開発開始：昭和十六年九月　初号機完成：昭和十七年十一月　製作機数：六　製作会社：川崎

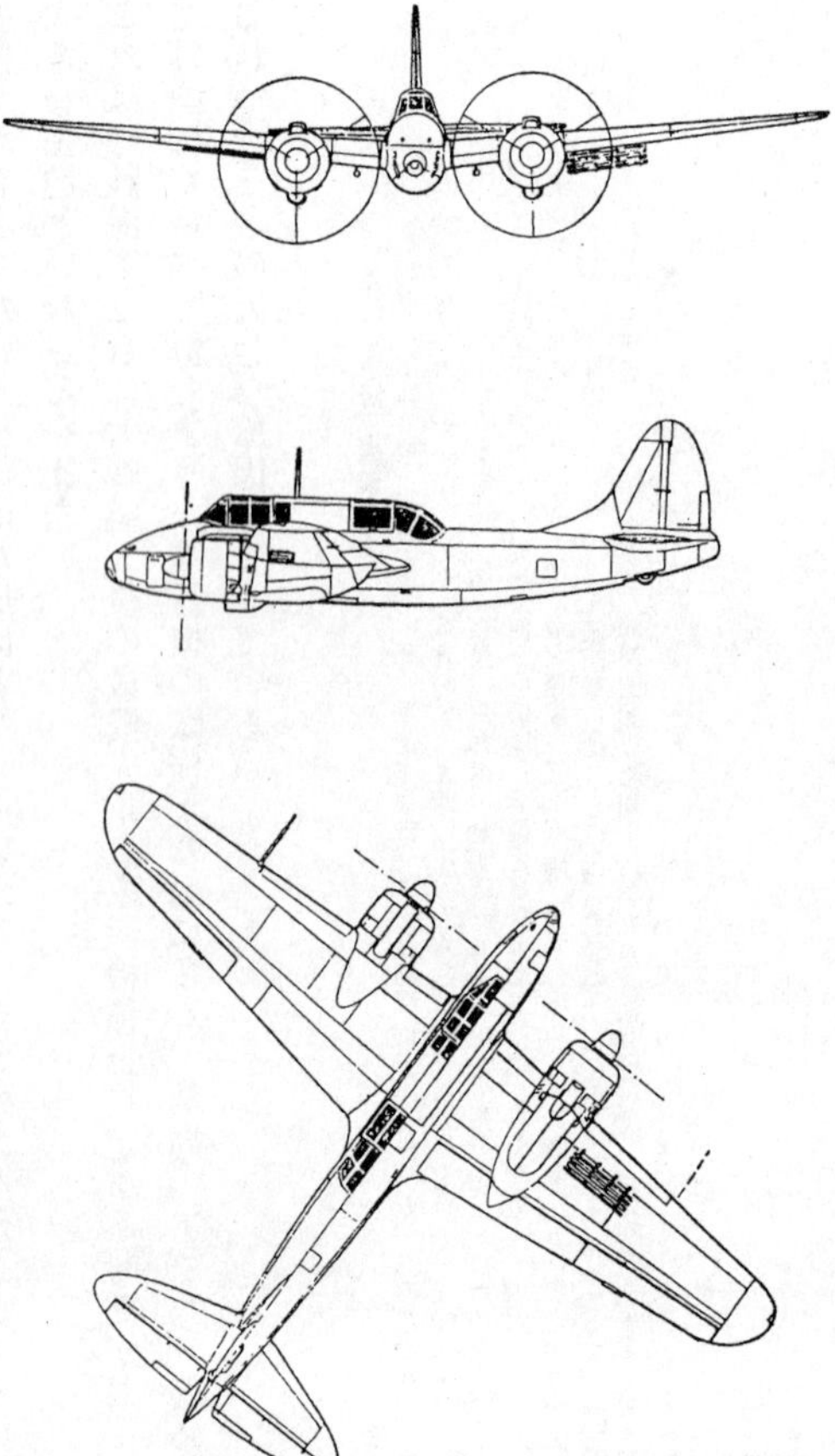

キ66 急降下爆撃機

22　若い設計陣の錬成を目的
キ71試作軍偵・襲撃機〈陸軍・満州飛行機〉

　太平洋戦争のはじまる前、とくに昭和十四年のノモンハン事件をピークとして、満州は対ソ戦の策源地として重要な土地となり、陸軍はこの方面の作戦にそなえて軍需工業の整備に力をそそいでいた。

　キ71はノモンハン以後、現地で使用する飛行機の自給自足をめざして設立され、九七式戦闘機の生産をはじめた満州飛行機の開発した機体である。奉天に工場が建設され、また飛行機搭乗員の養成地として満州にしだいに錬成部隊が増強されたので、これら部隊の使用機の自給をめざしていた。

　しかし新型機の開発については、進歩のはやい航空界にあって、とおく満州に孤立しているのは不利だったので、設計部門は東京で作業することになった。

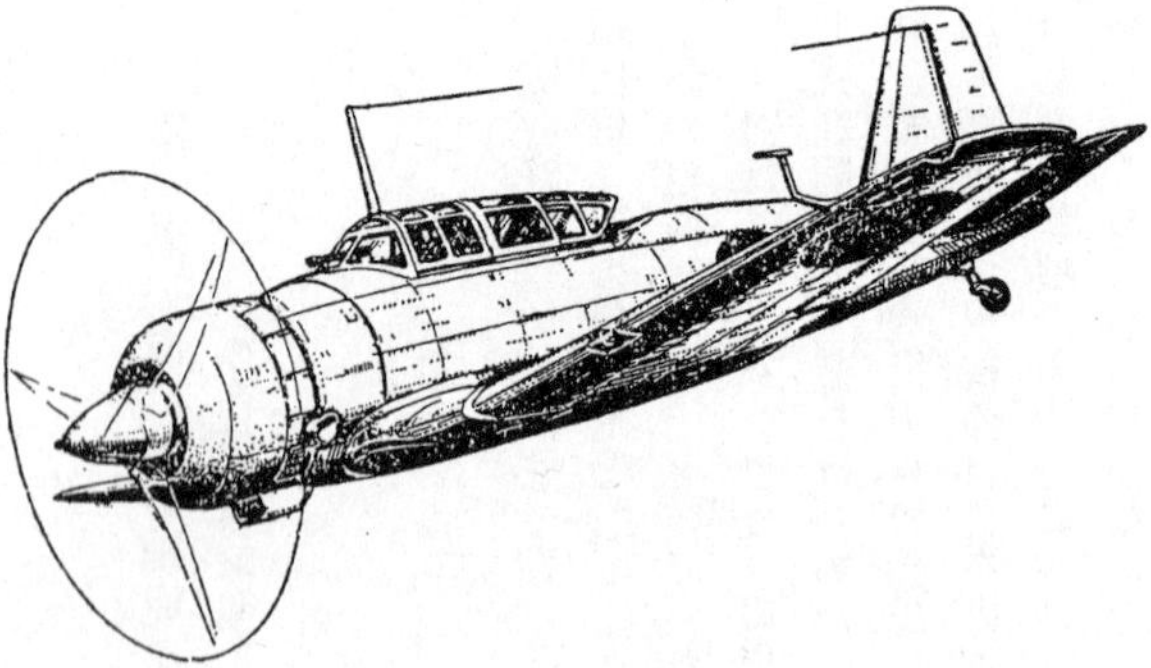

この設計陣にたいする最初の開発指示となったキ71は、当時たかい実用性で好評だった三菱のキ51（九九式軍偵察・襲撃機）を基礎にした性能向上型で、構造上の大幅な変更はしないというものだった。
これは新設の満州飛行機の若い設計陣を錬成しようという意図によるものであり、機体そのものもキ71は新機種というよりもむしろキ51二型というべきものだった。
キ71とキ51との大きな差異は、エンジンを九五〇馬力のハ二六－二型から一三五〇馬力のハ一一二に強化し、脚を主車輪、尾輪ともに完全引込式にしたことだった。
キ71は脚引き込みのため主翼中央部の付け根をふくらませたため、主翼面積がやや増している。また主翼下面の爆弾架が一〇個に増え、各所に性能向上にともなう構造強化がおこなわれた。

試作機は昭和十七年に三機が立川で完成したが、あまりよい結果はえられなかった。脚引込機構をはじめ、予定された性能向上にともなう構造強化のため重量が増加したからだった。

最大速度もキ51にくらべてそれほど向上せず、離着陸性能はかえってわるくなり、主車輪を主翼内におさめるようにしたため翼内燃料タンクの容量も小さくなって航続力も低下した。

そして結局、総合的にはキ71は、キ51の性能向上型とはみとめられず、試作だけで中止された。

もともとキ51が固定脚を採用していたのは、性能上も実用上も引込脚よりも有利であるという結論をえていたからである。その基本型をあらためないでも馬力強化と引込脚を採用すれば、それがすぐに性能向上につながるとした安易な構想が、失敗をまねいたといえるだろう。

なおキ51は、はじめは襲撃機（対地攻撃機）、として計画され、のちに写真撮影装置を搭載した機体がつくられ、それぞれ九九式襲撃機、九九式軍偵察機として制式になったものである。

軍偵察機、司令部偵察機など偵察機の分類については後述する。

またキ51については、キ71以外にも構造型の計画があり、水上機化も考えられていたという。これは海軍が、零戦を水上機化して二式水上戦闘機として成功していたことにならったものと思われる。

しかし、キ51の改造型はどれもものにならず、キ51は原設計のままで太平洋戦争の全期間を通じて使用された。

キ71　試作偵察・襲撃機
設計：満州飛行機　形式：低翼　単葉、引込脚　乗員：二　発動機：三菱八一一二、空冷星型複列一四気筒　公称出力：一速一三五〇HP／二〇〇〇m、二速一二五〇HP／五八〇〇m　最大出力：一五〇〇HP×一　プロペラ：HS定速三翅、直径三・〇m　全幅：一二・一〇m　全長：九・二一三m　全高：二・七八m（三点）、三・七二五m（水平）　取付角：二度～〇度（翼端）　上反角：七度　アスペクト比：五・九　主翼面積：二四・八一m²　自重：二二二五kg　搭載量：九四三kg～九七〇kg　全備重量：三一六八kg～三一九五kg　最大速度：四四〇～四七〇km／h　武装：ホ一〇三、一二・七mm固×二（翼内）、九八式七・七mm旋×一（後方上）、爆弾二五〇kg　開発開始：昭和十六年　初号機完成：昭和十七年　製作機数：三　製作会社：満州飛行機

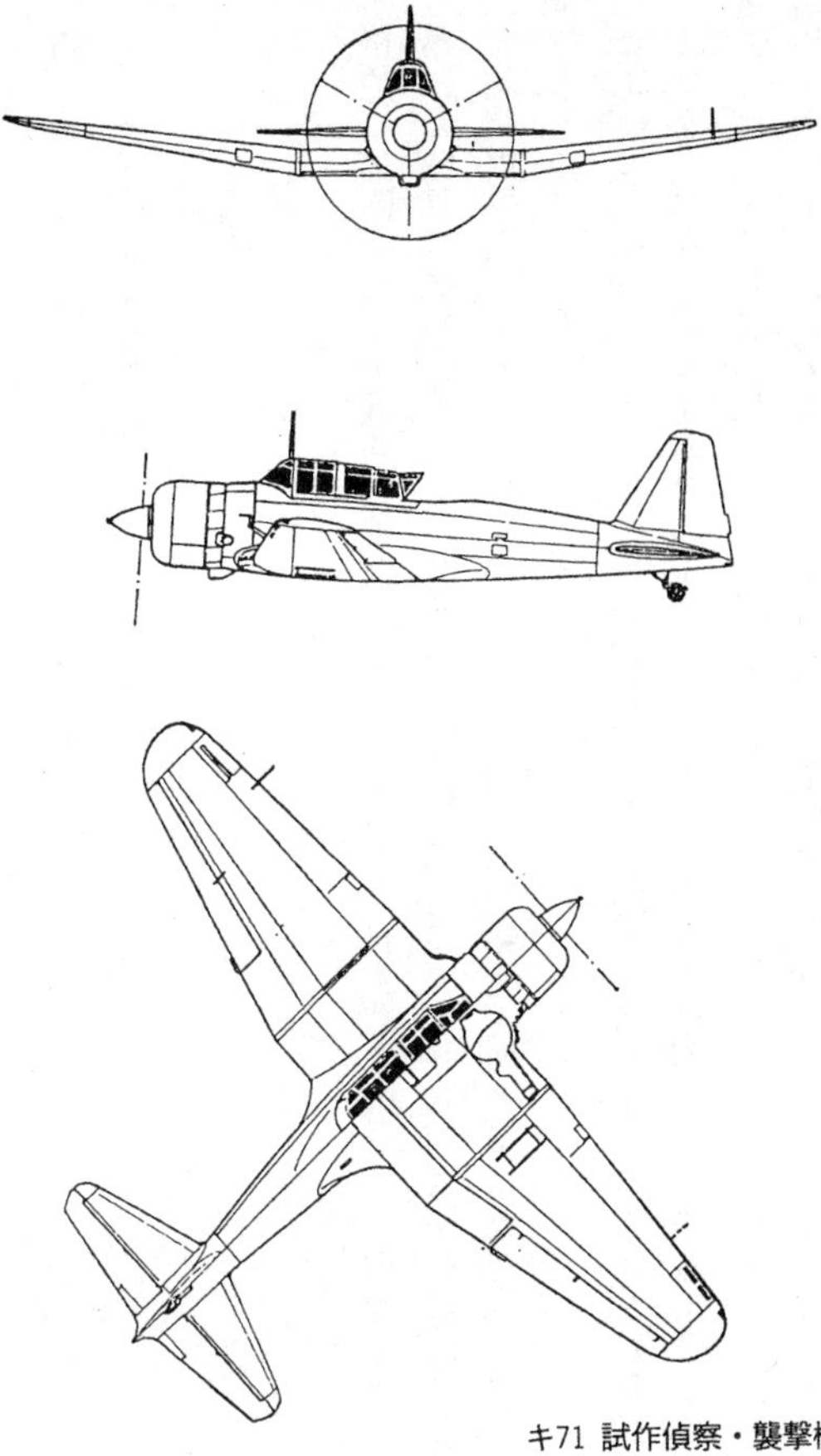

キ71 試作偵察・襲撃機

23 サイパンおよび米本土爆撃の期待担う

キ74試作遠距離偵察爆撃機〈陸軍・立川〉

本格的な遠距離偵察・戦略爆撃機として開発された日本陸軍唯一のものである。昭和五年に、陸軍は戦略爆撃の構想を持ち、台湾を基地にフィリピン爆撃を目的として九二式超重爆撃機（ドイツのユンカースG38超大型四発輸送機の軍用改造型）を輸入、六機生産したことがあった。

しかし、支那事変以後、日本の戦域は拡大する一方で、各種軍用機も用途別機種がますます必要になってきた。このような情勢下でキ74は、初期には遠距離司令部偵察機として昭和十四年ころに計画が開始された。

昭和十六年十二月に大戦が勃発すると、別項の超重爆撃機「富嶽」とともに米本土爆撃用の遠距離爆撃機の第一候補にあげられたが、「富嶽」巨人機の実用化のみとお

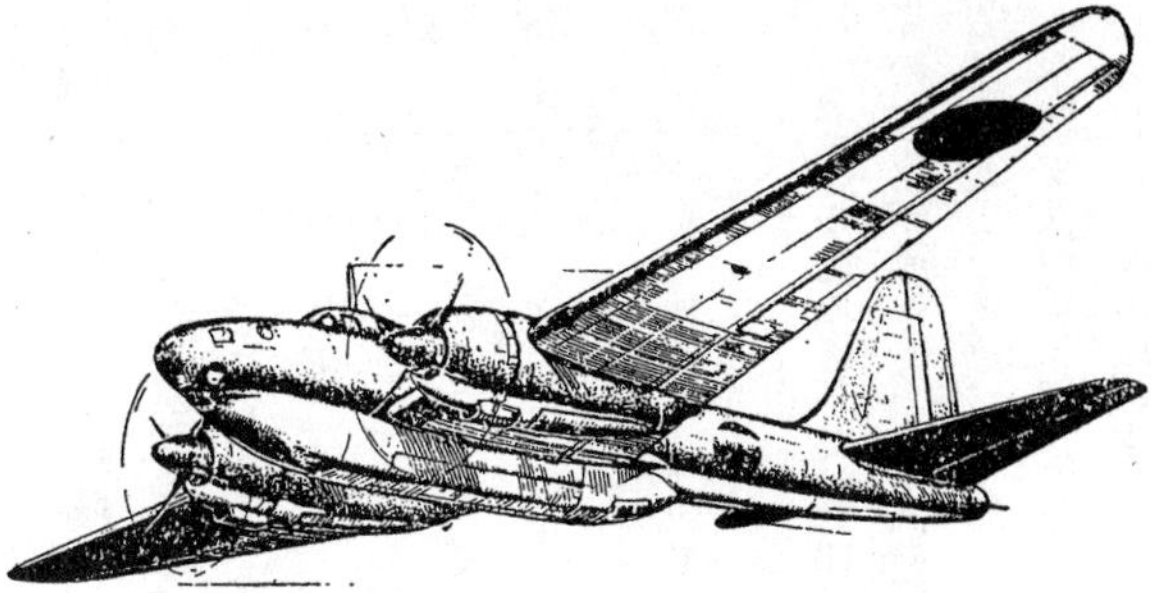

しがはるかに遠かったために本機にたいする期待は一層ふかまり、その後の戦局の急変によって、目標をB29の大基地であるサイパン攻撃用に変更したものの、戦略爆撃機としての構想は一貫していた。

キ74は、はじめノモンハン事件いらい日本の当面の仮想敵国であるソ連の奥地偵察のために行動半径五〇〇〇キロ、最大速度四五〇キロ／時の遠距離偵察機として昭和十六年夏に第一号機の完成を目標にしていた。

その後、国際情勢の変化にともない本格的な開発に入ったキ74の任務の第一は米本土爆撃だったが、本来の目標はアメリカ大西洋艦船の太平洋への増強を抑止するためにパナマ運河を破壊することにあった。

しかし、本機の完成時の戦局から、数十機の部隊で前述のサイパン爆撃と、米本土西岸の爆撃とパラシュート降下兵によるゲリラ作戦という、一種の特攻作戦さえ計画されていた。

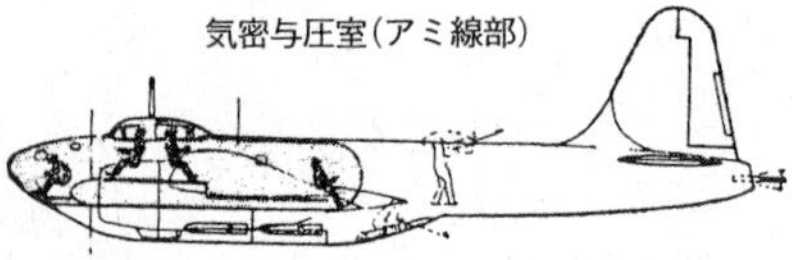

ちょうどこの時期に朝日新聞社が長距離世界記録と東京―ベルリン間の無着陸飛行などをめざしてA26長距離機を計画した。

そこで陸軍は、この計画に参加し、キ77の試作名で、それまであつめたキ74の資料をキ77によって実際にテストをする形をとり、製作会社も同じ立川で、並行して研究をすすめることになった。

また、その間に長距離機は高々度巡航が得策であるという結論が出て、とくにキ74では機密室装備の高々度高速偵察爆撃機として開発をすすめることになった。

キ74の第一号機は昭和十九年三月にやっと完成し、ただちに審査に入り、つづいて第二、三号機も完成したが、第一～三号機に装備されたハ二一一ル・エンジンは排気タービンが不調だった。そこで、エンジンをハ一〇四ルに換装した第四号機が昭和二十年一月に完成し、基礎性能の測定、艤装関係の審査がすすみ、一四機が完成したが実用審査の段階になって惜しくも終戦を迎える結果となった。

本機で採用した与圧キャビンは実験段階のもので、実用上きわめて評判がわるかったらしい。機首爆撃手席、操縦士席、通信士席のそれぞれの窓は小さく、居住性も視界もきわめて不良だった。

キ74については、用途の特殊性のために、排気タービンつきエンジンや気密室をはじめ、各所に独創的な技術を採用したことと、基本型の決定までに長期間を要したことなどから、すぐれた構想であったにもかかわらず、実用化寸前にまでいきながら、日本の航空戦略戦の夢は実現するにいたらなかった。

キ74　試作高々度遠距離偵察爆撃機
設計：帝航研、立川　形式：双発、中翼　単葉、引込脚　気密室　乗員：五　発動機：三菱ハ一〇四ル（四号～一六号機）、空冷星型複列一八気筒、延長軸、強制冷却、排気タービン付　公称出力：一九〇〇HP／二〇〇〇m、一七五〇HP／六〇〇〇m　最大出力：二〇〇〇HP×二　プロペラ：VDM定速四翅、直径三・八m　全幅：二七・〇〇m　全長：一七・六五m　全高：五・一〇m（三点）、六・八〇m（水平）　脚間隔：六・一五七m　取付角：三度　上反角：五度　主翼面積：八〇㎡　自重：一万〇二〇〇kg　搭載量：九二〇〇kg　全備重量：一万九四〇〇kg　翼面荷重：二四二kg／㎡　馬力荷重：五・五五kg／HP　最大速度：五七〇km／h／八五〇〇m　巡航速度：四〇〇km／h／八〇〇〇m　着陸速度：一五〇km／h　上昇時間：八〇〇〇mまで一七分〇〇秒　上昇限度：一万二〇〇〇m　航続距離：七二〇〇km+Vc二時間　武装：一二・七mm旋×一　爆弾五〇〇kg×一、一〇〇kg×四、または一〇〇kg×九、または二五〇kg×四　開発開始：昭和十四年　初号機完成：昭和十九年三月　製作機数：一四～一六　製作会社：立川　その他：発動機（一号～三号）三菱ハ二一一ル、空冷星型複列一八気筒、二二〇〇HP（最大）×二　アスペクト比九・一　水平尾翼幅一〇・〇〇m　翼弦長四・六二〇m（中心線）～一・三八〇m（翼端）

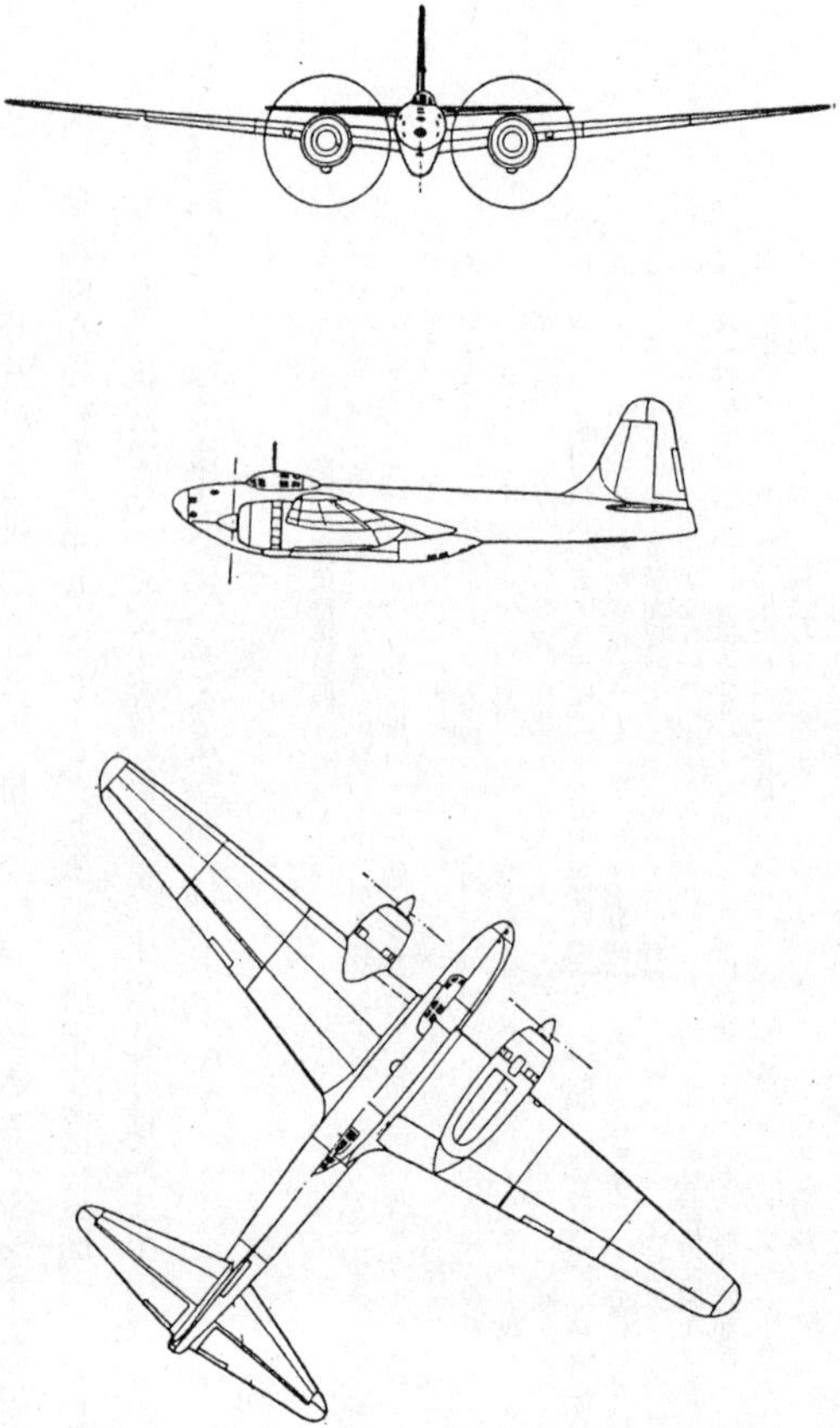

キ74 試作高々度遠距離偵察爆撃機

24 空飛ぶ対戦車砲

キ93試作襲撃機〈陸軍技術研究所・立川陸軍工廠〉

昭和十四年のノモンハン事件でソ連軍と戦った日本陸軍は、はじめて近代戦というものを体験した。この戦闘において航空戦では九七式戦闘機が世界の最高水準をゆく「軽戦」の威力を充分に発揮してソ連のイ15、イ16を圧倒したものの、地上部隊はソ連の機械化部隊と死闘をくりひろげ、惨憺《さんたん》たる敗北を喫《きっ》したのだった。とくにソ連戦車にたいして日本軍の対戦車砲や戦車はまったく対抗できず、大きな損害をだした。

このにがい戦訓から、対戦車攻撃には、空中から装甲の比較的よわい車体後部にたいして高初速の火砲を使用するのがもっとも効果的であるという結論をえて、新機種として「地上襲撃機」の構想が生まれ、キ93、キ102乙などが開発されていった。

昭和十五年五月、陸軍は襲撃機についてつぎのように示している。

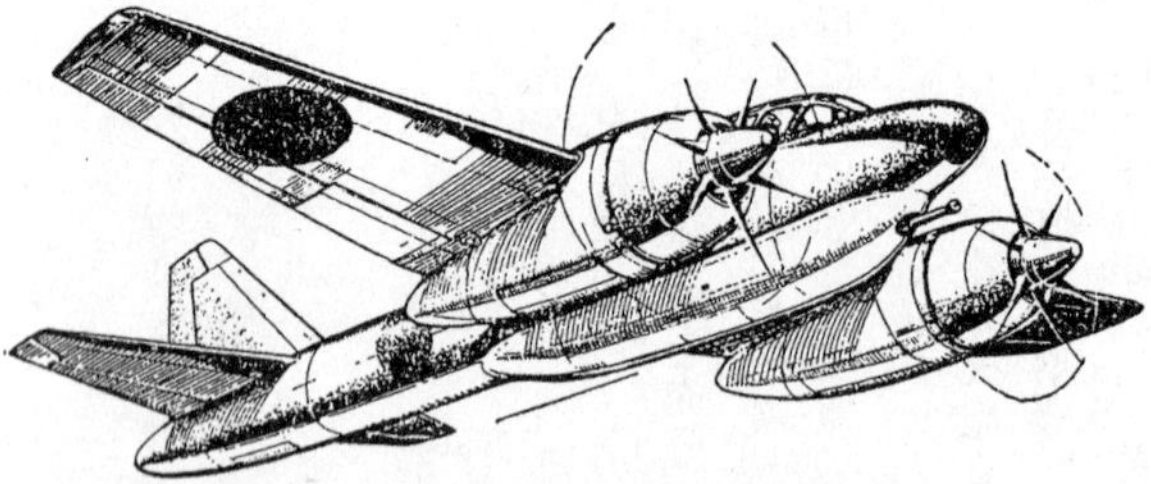

一、敵飛行場の飛行機および地上部隊の襲撃。
二、単座で超低空爆撃が可能なこと。
三、敵の重戦闘機にたいして優位をたもつこと。
四、武装、装備は、最低七・七ミリ固定機銃二、二〇ミリ固定機関砲二とし、戦車および砲兵陣地の攻撃用とする。
五、爆弾は一〇〇キロまで。
六、最大速度は五三〇キロ／時（高度二〇〇〇メートル）以上とする。
七、主要部分に装甲を必要とする。
八、単座機の場合は掩護《えんご》機を必要とする。

この方針にしたがって、三菱にたいして最大速度五三〇キロ、行動半径四〇〇キロ（標準状態で）、単座、対地火力の強化などに重点をおいた開発指示があたえられた。三菱はさっそく、対戦闘機性能を犠牲にして速度に重点をおいた双発型の構想を提示した。

これがキ65であるが、陸軍は当時、はなやかな活躍をしていた単発型のＪｕ87スツーカに異常な興味をもっていたので三菱案に気乗りがせず開発の決定がおくれた。さらにこのころは、第二次大戦に突入する直前で、三菱としても他の機種の開発生産で手いっぱいだったため、このキ65は一時たな上げされ、のちに中止となった。

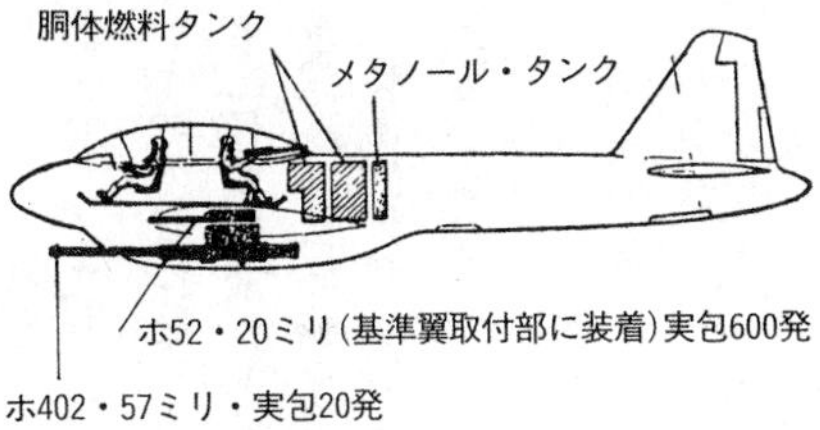

その後しばらく本格的な襲撃機の計画はなかったが、昭和十八年二月に川崎の双発重戦闘機の襲撃機型キ102乙とともにキ93として陸軍航空技術研究所と航空工廠の協同のもとに開発が決定した。

第二次大戦に入ってから戦車の装甲は急速に進歩し、キ65当時の二〇ミリ砲では物の用にたたなくなっていたので、キ93では機首胴体下部に五七ミリ砲一門と二〇ミリ砲二門を装備することになった。しかも最新戦闘機なみの高速を要求されたため双発型となり、また掩護戦闘機なしで敵戦闘機に対抗する必要から後部銃席をつけた複座型式となった。

さらに高速と離着陸性能のよさを同時に要求されたので、列国にもほとんど例のない、日本最初の六枚羽根プロペラを採用したが、これがうまく作動しないのでテスト段階に入ってから難航をかさねることになった。

キ93の試作第一号機は昭和二十年四月に初飛行をおこなったがB29の爆撃で焼失、第二号機は飛行準備中に終戦（のちアメリカに運ばれたが消息不明）、第三号機は荷重試験中に終戦を迎えた。

本機が実用となっていれば、つぎの時代への一つの新しいスタイルとなり、各国の追随をまねいたと思われる。

キ93　試作地上襲撃機　〔陸軍〕　　　註：（　）は同型式機ヘンシェルHS129B対戦車攻撃機〔ドイツ〕

設計：陸軍航空技術研究所　型式：双発、中翼、単葉、引込脚　乗員：二（一）　発動機：ハ二一四、空冷星型複列一八気筒（ノームローン14MO4、空冷星型複列一四気筒×二）　公称出力：一九七〇HP／一五〇〇m〔一速〕、一七三〇HP／八三〇〇m　最大出力：一九七〇HP（一六九〇HP）×二　プロペラ：VDM定速〔ペ二二〕六翅、直径三・八〇m　全幅：一九・〇〇m（一三・五〇m）　全長：一四・二二五〜一四・二二〇m（一〇・一m）　全高：四・八五m（三・二八m）　主翼面積：五四・七五㎡（二八・三㎡）　自重：七六八六kg（四〇六〇kg）　搭載量：二九八〇kg　全備重量：一万六六六kg（五一一〇kg）　翼面荷重：一九四・五kg／㎡　馬力荷重：三・〇八kg／HP　最大速度：六二四km／h／八三〇〇m（四〇〇km／h／三八〇〇m）　巡航速度：三五〇km／h　着陸速度：一五六km／h　上昇時間：三〇〇〇mまで四分一八秒、六〇〇〇mまで一九分三〇秒（三〇〇〇mまで七分〇〇秒）　上昇限度：一万二〇五〇m（九〇〇〇m）　航続距離：三〇〇〇km〔六時間〕（五六〇km）　武装：甲型＝五七㎜ホ四〇一×一〔胴〕、二〇㎜ホ五×二〔翼〕、一二・七

㎜ホ一〇三旋×一〔後上〕、乙型＝七五㎜×一〔胴〕、爆弾二五〇kg×二（二〇㎜固×二、七・七～二〇㎜固×二）　開発開始：昭和二十年三月　生産機数：一　製作：立川陸軍航空技研・工廠　無線：飛一×一、飛四×一、飛二方向探×一　翼弦長：三・六〇m〔付根〕、一・七〇m〔翼端〕　垂直尾翼高：二・七〇m〔中心線より〕

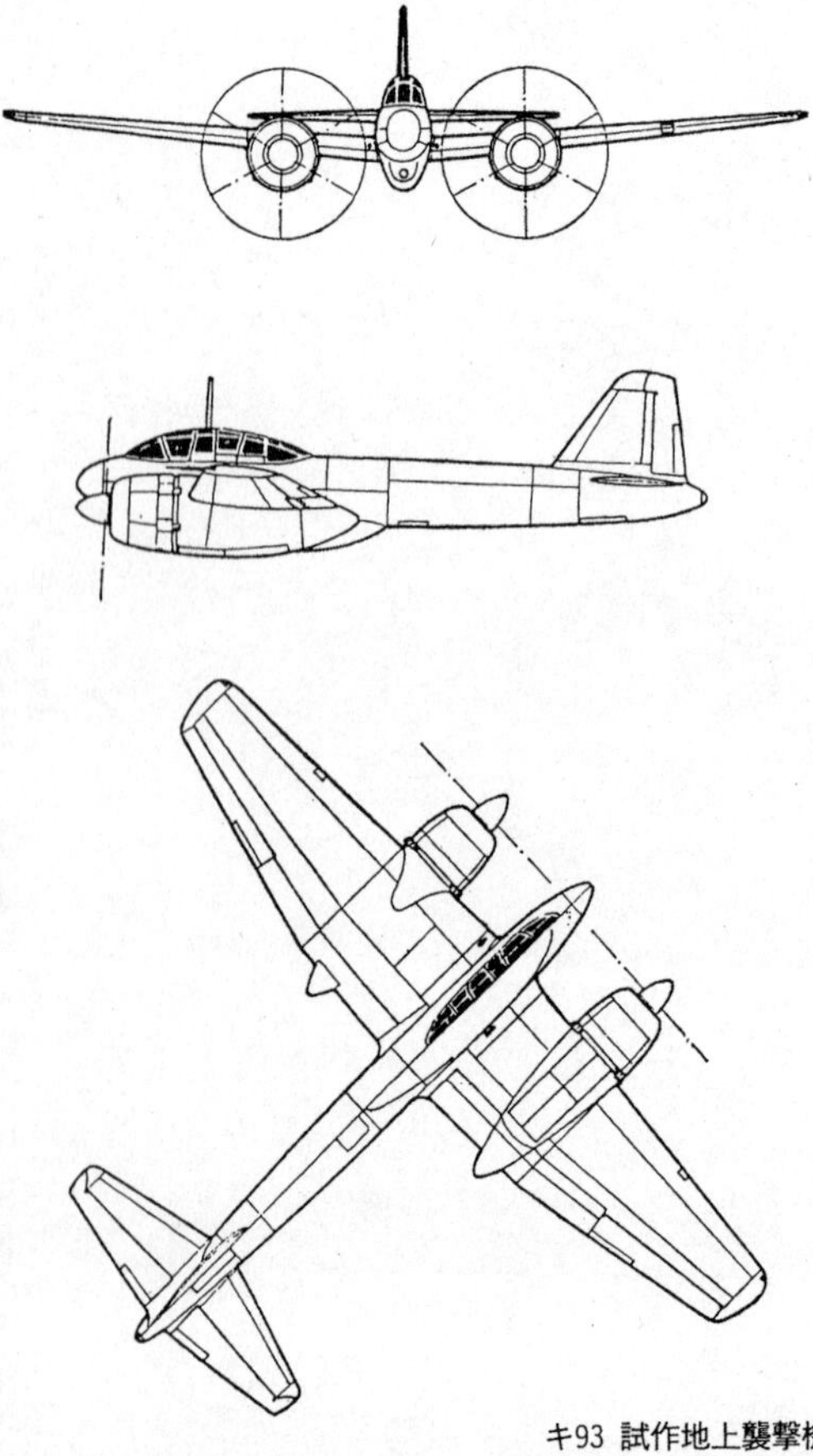

キ93 試作地上襲撃機

25　終戦まぎわに光る設計技術

キ119試作戦闘爆撃機〈陸軍・川崎〉

昭和十九年に入りB29のたびかさなる大空襲にくわえ、空母機動部隊の艦載機による小地域にたいする直接攻撃も激化し、本土の制空権までその大半を失うような情勢となり、日本の航空機生産工場の多くは破壊されたり生産の縮小を余儀なくされた。そして急遽、地方に疎開工場をもとめて生産を続行せざるをえないほど、急速に航空機生産態勢はおとろえていた。

とくに爆撃機の主要製作会社の三菱、川崎で重点生産中であったキ67四式重爆撃機、キ102などの双発機も主要工場がつぎつぎに破壊され、その生産はほとんど停止にちかい状態になった。

このため爆撃部隊への補給はしだいにほそり、既存完成機を改造した特攻機を中心

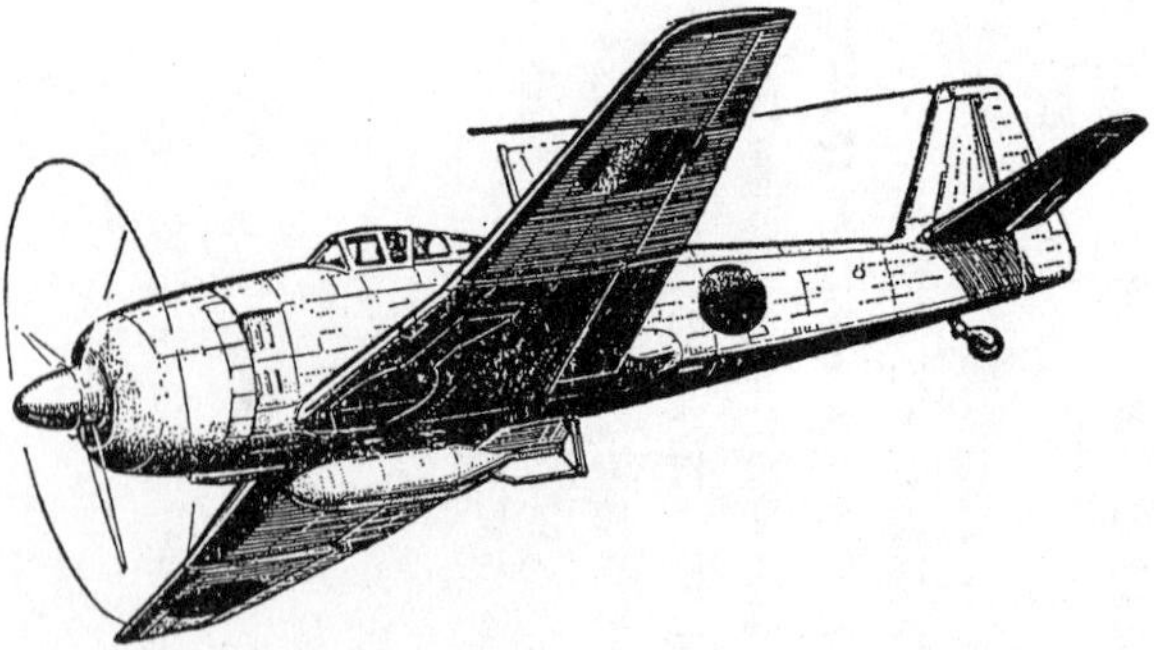

に、攻撃兵力の蓄積をしていた。

しかし、特攻機でない実用性第一主義の新型爆撃機の量産もまた、戦局の挽回に欠くことのできないものとして計画され、川崎に試作が指令されたのが、キ119単発単座戦闘爆撃機である。

本機は戦闘機と双発中型爆撃機などにながい経験をもつ川崎が、新局面を迎えての戦訓をじゅうぶんにとり入れて試作し、大出力エンジンの単発単座で、爆弾は五〇〇〜八〇〇キロを胴体下に懸吊し、急降下爆撃によって主に対艦船攻撃をねらった。

また敵戦闘機の攻撃にたいしても応戦できる能力をもち、量産性にも多くの配慮がなされた新型式機だった。

これとおなじような用途で完成したアメリカ機としてはボーイングXF8Bがある。

これはキ119に比較して重量・寸法ともいくらか大型

で、戦闘機としての軽快性に欠け、その点ではキ119は戦闘爆撃機としての用途をじゅうぶんにこなせる設計だったといえる。

キ119の設計上の主な条件として、

一、エンジンは実用中のハ一〇四（一七五〇〜二〇〇〇馬力）一。

二、単座で急降下爆撃（六〇度、最大降下速度八〇〇キロ／時）と空戦に必要な強度をもっていること。

三、航続力は爆弾八〇〇キロ搭載で六〇〇キロ、特別装備で一二〇〇キロ。

四、最低限度の武装として二〇ミリ砲二門以上とする。

五、可動率を最大にするため離着陸の容易さ、整備の簡便さをとくに重視する。

六、急速量産の必要から機械部品、鋳造部品を極力さけ、地下工場における生産を考慮する。

などがあげられる。

昭和二十年三月から設計が開始され、六月には実大モックアップ審査を終了、試作第一号機は九〜十月に完成、試作機三機、増加試作機二〇機という急ピッチの開発計画がたてられたが、実際には図面の半分程度が完成した段階でおわった。

キ119は、このような急迫の状況下で開発されたが、その設計は用途、実用性をじゅうぶんに考慮し、エンジンも乗員も不足していた当時、単発単座という小型機ながら大きな爆弾搭載量と急降下爆撃可能、夜間作戦の装備もあり、性能もキ100（五式戦闘機）に匹敵するという高性能傑作機として、設計技術の優秀性を示した。

本土決戦にそなえる航空戦力となるべき本機は、その堂々たる計画意図と設計方針を正統的に具体化しようとした機体であった。未完成におわったことが、まことに惜しまれる。

キ119　試作戦闘爆撃機　　註：（　）はボーイングXF8B試作長距離掩護侵攻戦闘機〔アメリカ海軍〕

設計：川崎　型式：低翼、単葉、引込脚（低翼、単葉、引込脚）　乗員：一（二）　発動機：ハ一〇四、空冷星型複列一八気筒（P&W、XR4360-10、空冷星型四列二八気筒）　公称出力：一八一〇HP／二〇〇〇m（一速）、一七五〇HP／六〇〇〇m（離昇三〇〇〇HP）×一　最大出力：二〇〇〇HP　プロペラ：三翅、直径三・六m　全幅：一四m（一六・五m）　全長：一一・八五m（一三・二m）　全高：四・五m（五m）　主翼面積：三一・九㎡（四五・四㎡）　自重：三六七〇kg（六一二〇kg）　搭載量：二三一〇kg　全備重量：五九八〇kg（九三五〇～九八五〇kg）　翼面荷重：一二四kg／㎡　最大速度：五八〇km／h／六〇〇〇m（五四七km／h）　巡航速度：（六九五km／h／八二〇〇m）　上昇時間：六〇〇〇mまで六分一〇秒　上昇限度：一万五〇〇〇m（一万一五〇〇〇m）　航続距離：二〇〇〇km（爆弾なし）（三二〇〇～四四五〇km）　武装：二〇㎜固×二、爆弾八〇〇kgまたは魚雷一（一二・七～二〇㎜固×六、爆弾二九〇〇kgまたは九〇〇kg魚雷×二）　開発開始：昭和二十年三月　初号機完成：昭和二十年秋予定　生産機数：一　製作会社：川崎　その他：昭和二十年六月モックアップ完成（一九九四年十二月初飛行、開発中止）

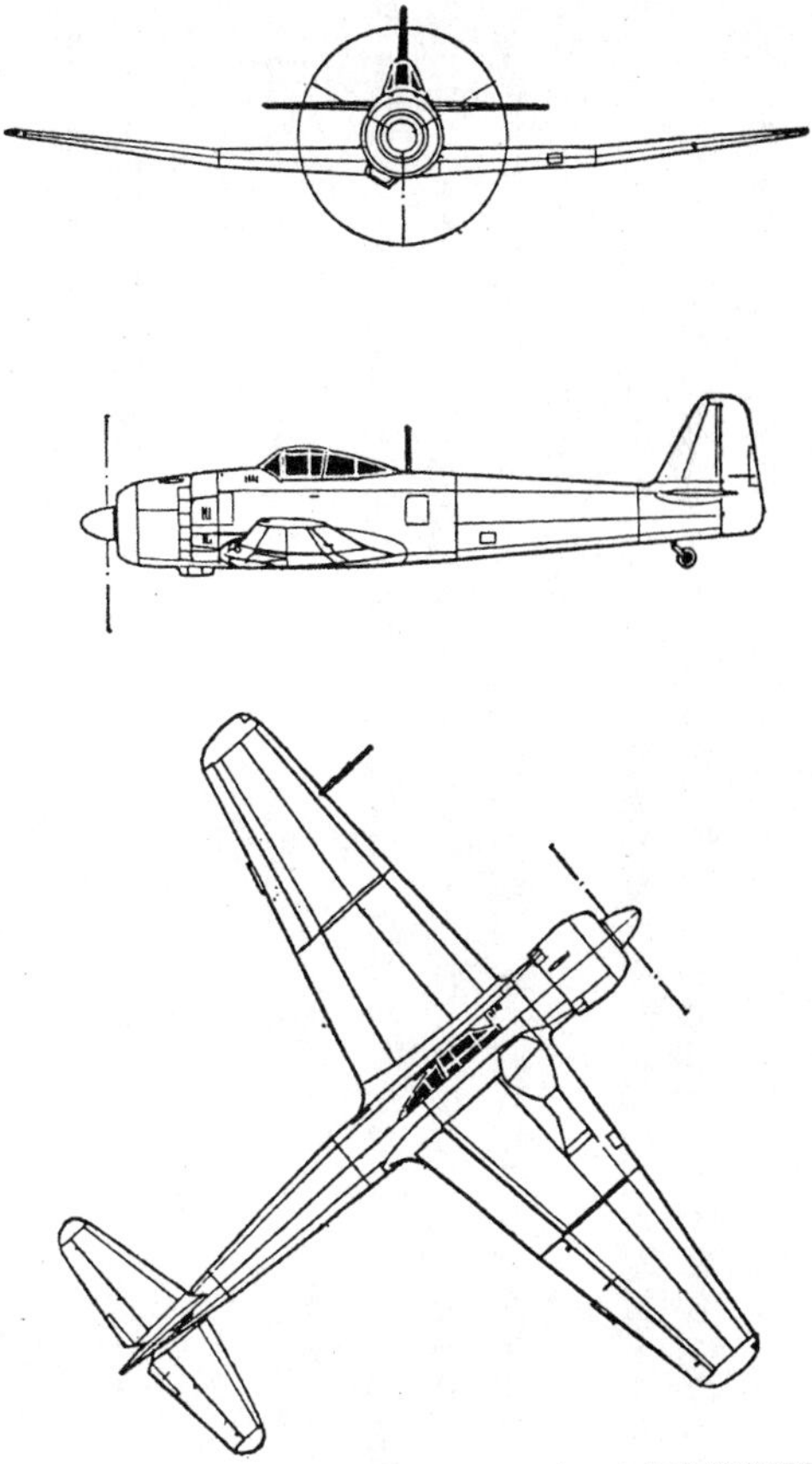

キ119 試作戦闘爆撃機

26 B29をしのぐ超重爆

キ91試作遠距離爆撃機〈陸軍・川崎〉

第二次大戦において日本の四発戦略爆撃機はついに登場しなかったが、この章のはじめに述べたように戦略爆撃というものをはじめて実行したのは日本軍であり、一九三〇年前後には陸軍の九二式超重爆撃機（四発）が開発、制式化され、海軍では九五式大型陸上攻撃機を製作している。

この大攻は後の九六式と一式陸攻という優秀な双発の長距離中型攻撃機を生むきっかけとなったが、陸軍の方は支那事変での航空作戦が主として戦術的なものだったので、四発爆撃機は九二式以後たち消えのようなことになっていた。

しかし陸軍も開戦直前の昭和十六年十一月になって、キ85遠距離爆撃機の開発を川崎に指示した。

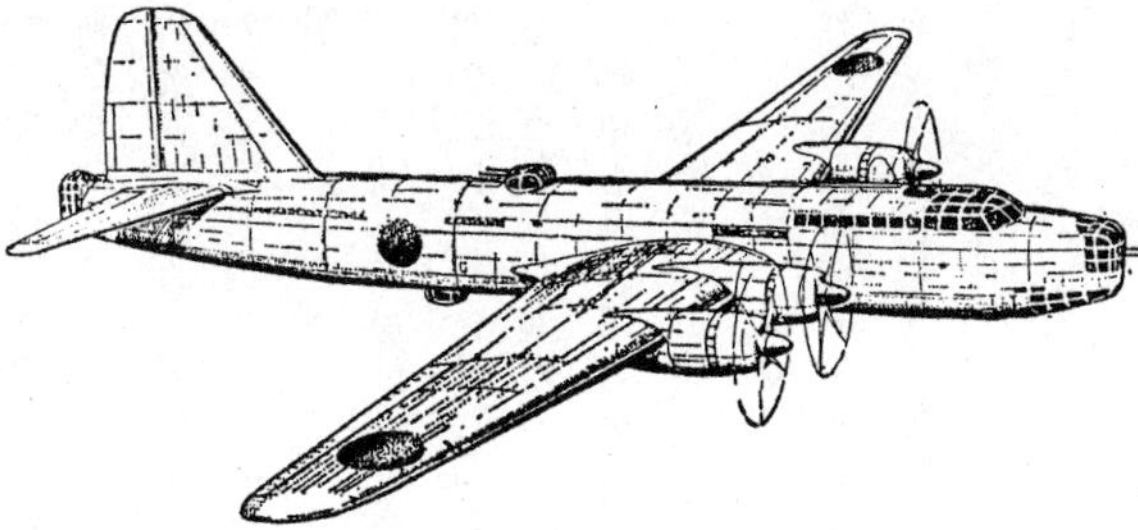

これは海軍が陸軍に一歩先んじて手がけていた大型陸攻「深山《しんざん》」を陸軍用に改造しようというものだった。これが、昭和十七年十一月には木型審査まで開発がすすんだが、この時期になると現用機の補給生産におわれて工場のゆとりがなかったことと、軍の都合もあって昭和十八年五月に試作は一時中止された。

しかし、軍はあらためてアメリカ本土を爆撃できる巨人爆撃機をキ91として正式に試作を命じた。

川崎はただちに設計陣を総動員して十月に設計を開始、この飛行機によって戦局をたてなおそうと早期完成をめざして開発は急ピッチにすすめられた。キ91はキ85とはまったくことなった構造の本格的な高々度遠距離爆撃機で、B29を寸法、性能ともに上まわる日本航空史上最大のものだった。

この爆撃機は、戦闘高度が一万メートルだったので気密室が必要だった。これについては、このころ川崎で計画中だったキ108高々度戦闘機（前出）で研究実験をおこない、これをもとに実用化する計画だった。

そこで試作一号機は、とりあえず気密室なしの機体として昭和二十一年六月に完成の予定で準備がすすめられ、気密室をそなえた機体は二十二年三月完成を予定して設計にかかった。

いっぽう主要材料も当時の慢性的不足のなかであつめられ、昭和十九年の四月と五月の二回にわたり、これまでにない精密な実大木型（モックアップ）の審査をうけるという順調な進捗《しんちょく》ぶりだった。

陸軍もこれに力をえて、当時の戦局の見とおしから、試作期間の短縮と第一号機から気密室を装備するよう方針を変更した。

ところが、この十九年末から日本本土にたいするＢ29の戦略爆撃が急にはげしくなり、超大型機の生産はむずかしくなった。

そして例によって、高々度用エンジンの完成のおくれ、工員の技術低下、材料不足などにたたられ、昭和二十年二月に、この巨人爆撃機キ91はついに中止のやむなきにいたったのである。

のちに述べる「富嶽《ふがく》」は、この時期に開発をつづけることになっていたが、まだ未解決の難問が多く、実用化は望みうすになっていた。

そこで一部では「富嶽」の計画を中止し、開発がずっとすすんでいたキ91の計画を強行すべきだという意見もつよかったという。

いずれにせよ、戦略爆撃機の面でも日本はアメリカにおくれをとり、それぞれにすぐれた用兵思想、技術構想をはやくからもっていたにもかかわらず同種の計画が分散していたことは、日本の軍用機全般の問題としても、大きなマイナスだったと言わざるをえない。

註：（　）は連合国同級機ボーイングB29〔米空軍〕

キ91〈キ85〉試作遠距離爆撃機

設計：川崎（ボーイング）　型式：四発、中翼、単葉、三車輪、引込脚　乗員：八（一〇）　発動機：二一四ル空冷星型複列一八気筒　公称出力：二三一〇HP／七六〇〇m（二二〇〇HP）　最大出力：二五〇〇HP×四　プロペラ：ペ三三定速四翅、直径四・四〇m　全幅：四八・〇〇m（四三・〇m）　全長：三三・三五m（三〇・二〇m）　全高：一〇m　脚間隔：八・〇〇m　主翼面積：二二四・〇㎡　自重：三万四〇〇〇kg　搭載量：二万四〇〇〇kg　全備重量：五万八〇〇〇kg（六万二九〇〇kg）　翼面荷重：約二六〇kg／㎡　馬力荷重：五・八kg／HP　燃料：二万七五〇〇ℓ　最大速度：五八〇km／h／一万m（五七六km／h／七六二五m、五八〇km／h／一万m）　上昇限度：一万三五〇〇m　航続距離：九〇〇〇～一万km　武装：二〇㎜双旋×四、二〇㎜旋×一（四連）、爆弾四〇〇〇（正規）～八〇〇〇kg（最大）（一二・七ミリ×一二、二〇ミリ×一三、爆弾七二五〇kg）　開発開始：昭和十六年十一月（キ85）、昭和十八年五月（キ91）　初号機完成：昭和二十一年六月　製作会社：川崎

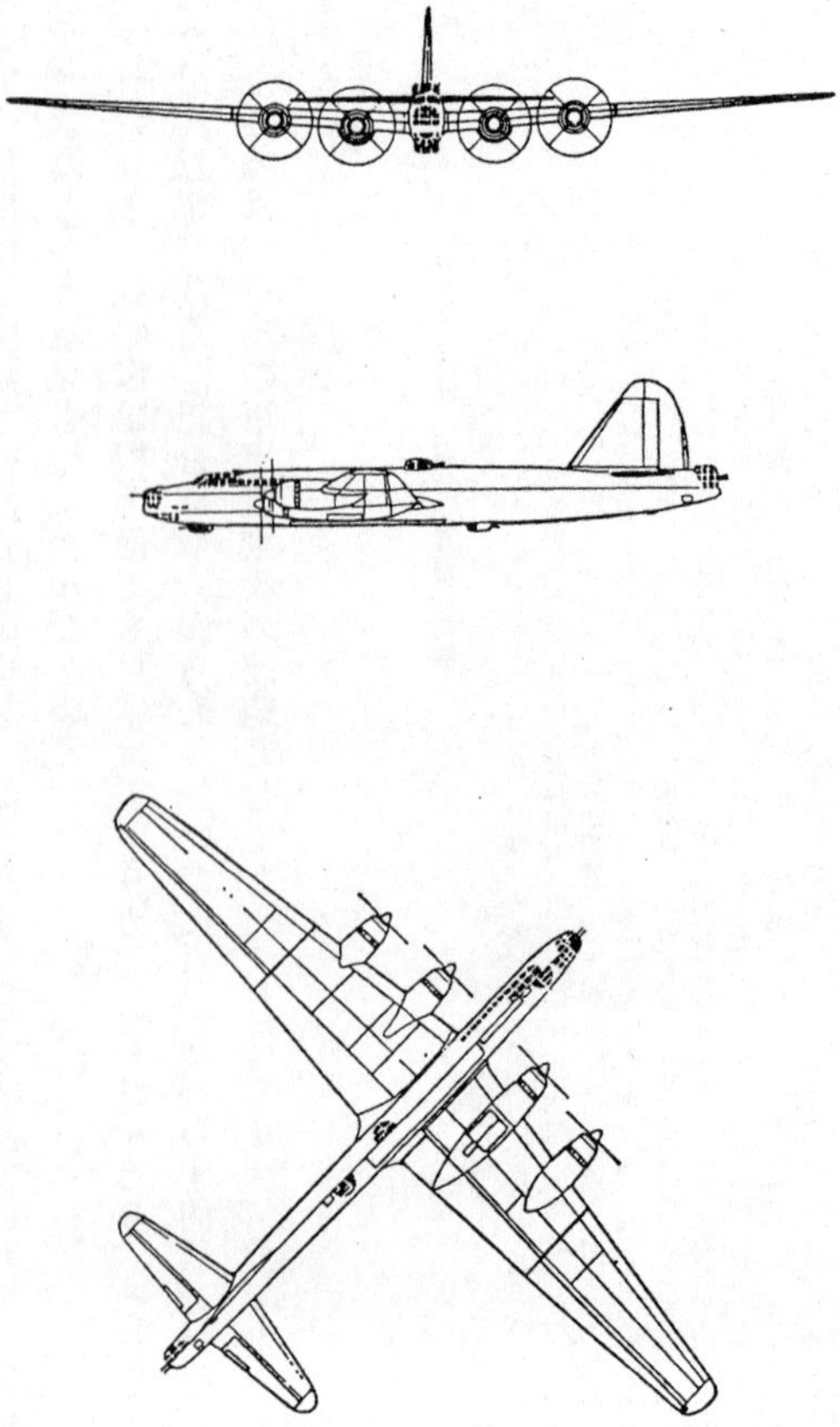

キ91 試作遠距離爆撃機

27　敵戦闘機を振り切る高速四発機

十八試陸上攻撃機「連山」〈海軍・中島〉

海軍は九六式、一式というすぐれた航続力をもつ一連の陸上中型攻撃機をもち、これを世界にさきがけて戦略的に使用して成果をあげてきたことはすでに述べたが、大型攻撃機（爆撃機）についても陸軍より一歩先んじていた。

陸軍のキ91の項でふれたように、海軍は昭和十四年に四発の十三試陸上攻撃機「深《しん》山《ざん》」を完成させていたのである。

昭和十八年になり、戦局の変化にともなって作戦上の必要から陸上攻撃機の更新について、つぎのような方針が打ち出された。

《敵戦闘機の攻撃をふりきれる高速の中近距離用の双発機（十五試陸上爆撃機「銀河」）と新鋭四発機を開発して、この二機種を海軍陸上攻撃機の中心勢力とする》

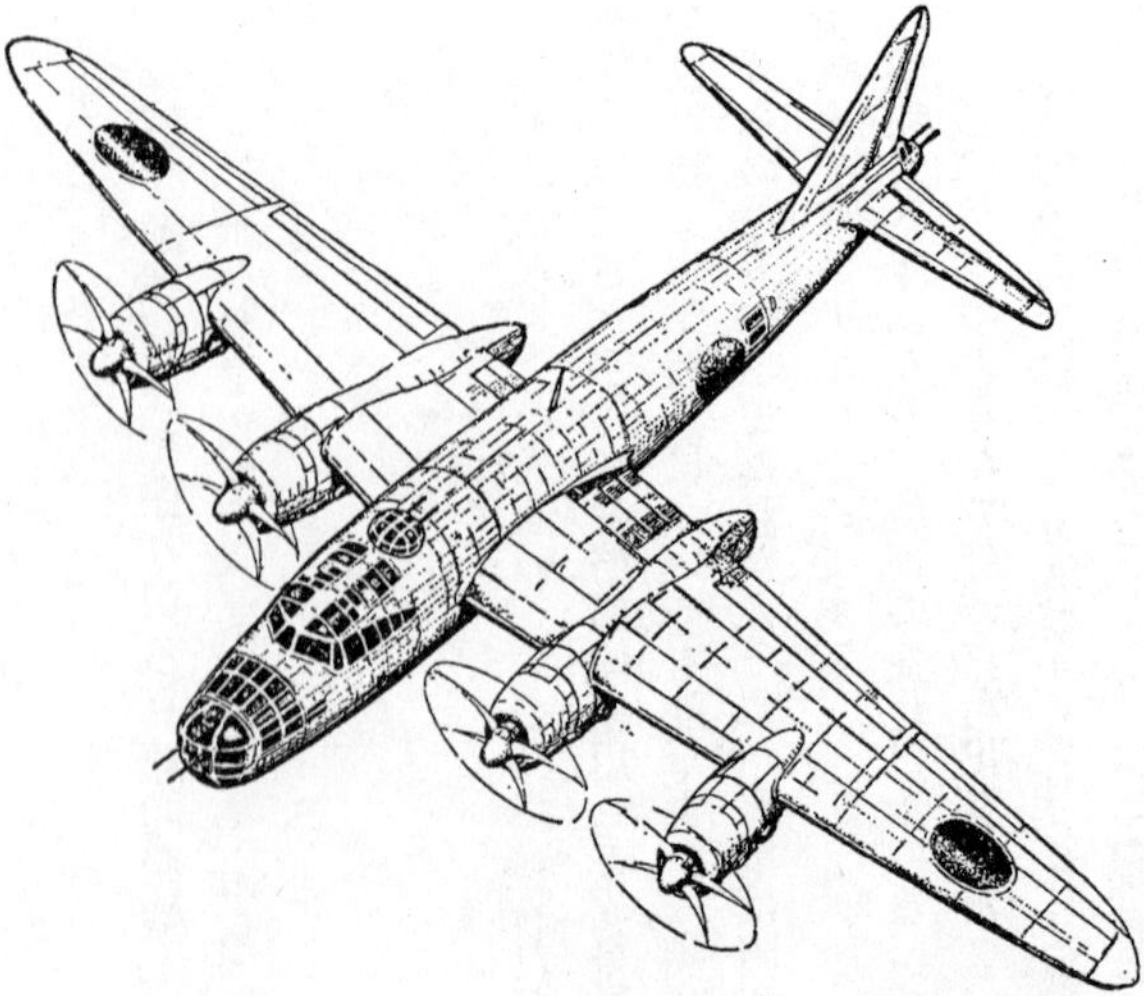

そこで海軍は、すでに「深山」の製作経過をもつ中島にたいし、十八試「連山《れんざん》」の試作を一社特命で指令した。「連山」にたいする海軍の要求は最大速度六〇〇キロ／時以上、上昇力八〇〇〇メートルまで二〇分以内、航続力は最大七五〇〇キロ以上、防弾装甲と強力な防御火力をもつこと、などだった。

中島はこれにたいして、つぎのような構想をまとめた。

一、エンジンは「誉《ほまれ》」二四型ル排気タービン過給器つき、常用高度を八〇〇〇メートル。

二、高速化のため翼面積を小さくし、着陸速度をひくくするため高揚力二重

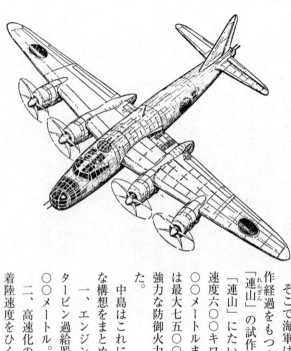

スロテッド・フラップを採用。
三、はじめから強力な防御火器を装備し、途中からの追加要求には応じない。
四、資材不足をカバーするため、入手しやすい材料をもちい、量産しやすい構造とする。
五、燃料タンクの防弾装置を重視する。

生産計画は昭和十九年中に試作三機、二十年はじめに試作三機、五月までに増加試作一〇機、量産機は二十年四月から九月までに三二機、合計四八機という急ピッチだった。

これで強力なパンチ力をもつ部隊を編成し、戦局をたてなおそうと具体的な準備がすすめられたが、空襲の激化で生産がすすまず、十九年十月に第一号機が完成し、二十年一月に海軍にひきわたされた。

エンジンと排気タービンの故障になやまされ、以後六月までに第四号機までが完成したが、戦局の急迫のあおりをうけ生産は中止された。

「連山」も他の新鋭機と同様に不運な道をあゆんだが、技術的にはすぐれた機体だった。視界と射界はきわめて良好で、空力的にもすぐれた形状をもち、高速に重武装という面でも当時の世界の四発爆撃機の水準をぬくものであった。降着装備もはじめて前車輪式を採用している。

そして構造的にすぐれていたことの成果として、予定された自重一万九〇〇〇キロを一六〇〇キロも軽量に仕上げたことは特筆に値することである。日本の航空技術は、経験のあさい大型機においても、きわめてすぐれた飛行機をつくりあげたのだった。

十八試陸上大型攻撃機　連山　N-40　G8N1

設計：中島　型式：四発、中翼、単葉、引込脚　乗員：七　発動機：中島「誉」二四ル「NK9K-L」、空冷星型複列一八気筒、タービン付、強制ファン、延長軸　公称出力：一八五〇HP／一〇〇〇m（一速）、一八五〇HP／八〇〇〇m（二速）　最大出力：二〇〇〇HP×四　プロペラ：VDM定速四翅、直径四～四・一m　全幅：三二・五四m　全長：二二・九三五m　全高：七・二〇m（三点）、七・七七m（水平）　主翼弦長：五・四〇九m（中央）、一・五一八m（翼端）　主翼面積：一一二m²　フラップ面積：七・四〇四m²×二　補助翼面積：三・七八m²×二　水平尾翼面積：二一・三二四m²　昇降舵面積：二・五六二m²×二　垂直尾翼面積：九・一二五m²　方向舵面積：三・一一八m²　自重：一万七四〇〇kg　全備重量：二万六八〇〇～二万七一九八kg　過荷：三万一八五〇～三万二六五〇kg　翼面荷重：約二四三kg／m²　馬力荷重：三・六九kg／HP　燃料／滑油：一万三四五〇（正）＋三〇〇～三〇〇〇ℓ／八八〇＋メタノール四〇〇ℓ　最大速度：五九三km／h／八〇〇〇m　巡航速度：三七〇km／h／四〇〇〇m　着陸速度：一五〇km／h　上昇時間：八〇〇〇mまで一七分三四秒　上昇限度：一万二〇〇〇m　航続距離：三九五〇～六四八〇km　偵察距離：七四七〇km　武装：二〇mm×六（胴体上部、下部、尾部各二）、一三mm×四（機首×二、胴体、側面各一）、爆弾二五〇kg×八または八〇〇kg×三、一五〇〇kg×二または六〇kg×一八または二〇〇〇kg×二　開発開始：昭和十八年初～九月　初号機完成：昭和十九年九月　製作機数：四機製作会社：中島　その他＝取付角：三・五度　上反角：四度　アスペクト比：九・四四　脚間隔：七・一八二m　無線：二式空三、九八式空四電話、零式空四、帰投各一　離陸滑走距離：四五二m（正規）、六五二m（攻撃過荷）　着陸滑走距離：五五〇m　フラップ幅：九・六一六m　補助翼幅：六・二五m　水平尾翼幅：一二・〇〇m　胴体直径：二・五m

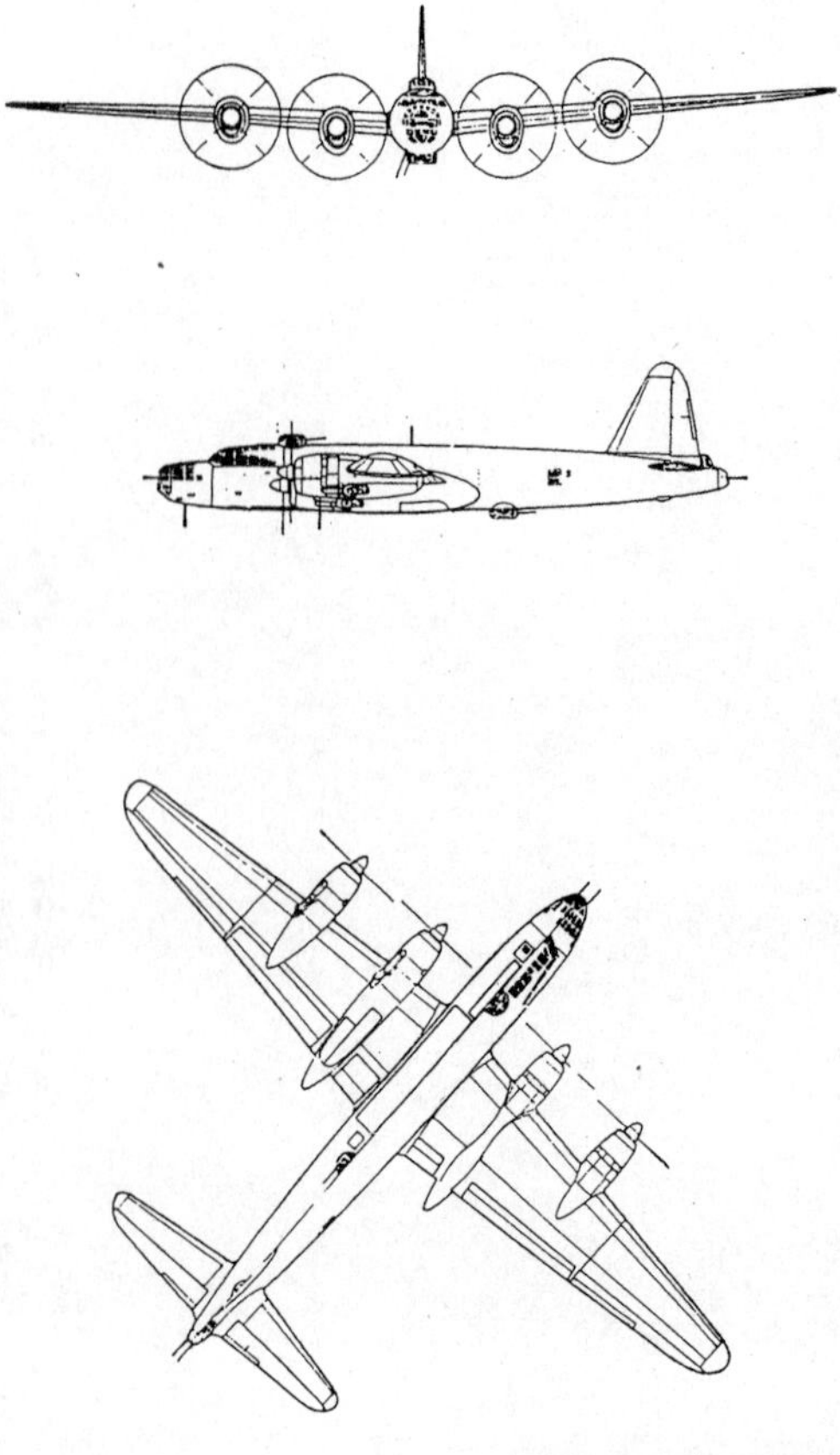

18試陸上大型攻撃機「連山」

28　世界最大、六発の巨人爆撃機

試作超重爆撃機「富嶽」〈陸海軍・中島〉

陸海軍が大型の戦略爆撃機の開発に手をつけたころ、民間会社独自の構想で巨人爆撃機の計画がすすめられていた。

昭和十七年末、日本軍が攻勢から防勢にうつろうとしていたころ、アメリカの反攻の矛先《ほこさき》をにぶらすには、どうしてもアメリカ本土に直接打撃をあたえるほかにないとして、中島は独自で敵基地撃滅用の六発長距離爆撃機の開発案を軍に示した。そして昭和十八年春には陸海軍合同の計画委員会をつくり、さらに軍需省まで参加して本格的な開発に乗りだした。中島はこの計画に「Z計画」という秘匿名《コード・ネーム》をつけ、計画の発案者である中島知久平（社主）みずから陣頭指揮に立ち、急速に開発がすすめられた。

巨人機の作戦コースについては、太平洋往復よりも、日本本土の基地から太平洋を

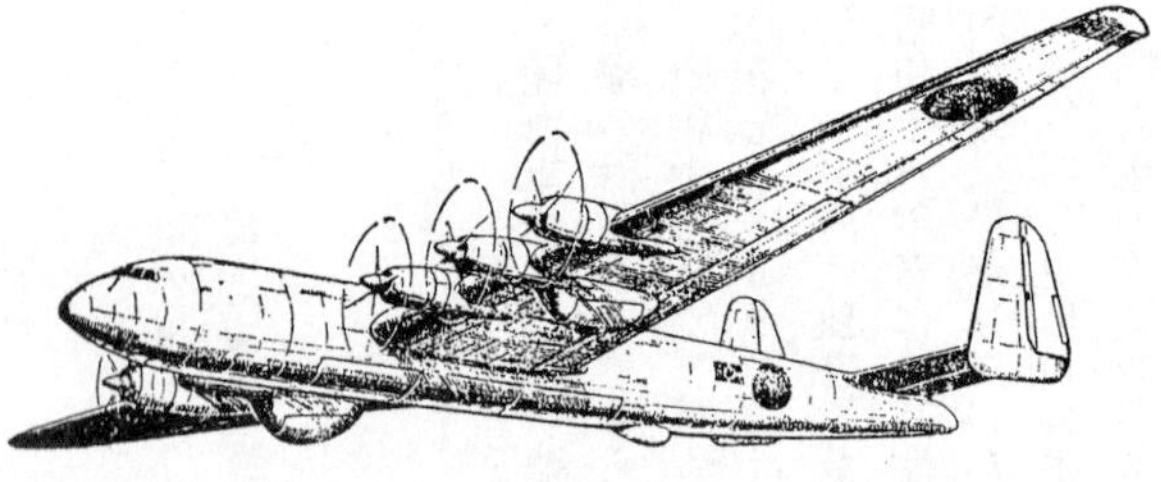

横断してアメリカ本土上空で作戦し、さらに大西洋を横断、ドイツの基地に着陸する方法が実用的だと判断された。

そこで航続距離一万六〇〇〇キロ、爆弾二〇トン、最大速度六八〇キロ／時、常用高度一万メートル以上という性能をもち、全幅六五メートル、主翼面積三五〇平方メートル、総重量一六〇トンの六発巨人爆撃機の案がまとめられた。

この性能諸元をB29と比較してみるとおもしろい。B29は航続距離約一万キロ、爆弾九トン（最大）、最大速度五八〇キロ／時、全幅四八メートル、主翼面積二二四平方メートル、総重量約六三トンで四発だから、「Z計画」がいかに雄大なものだったかがわかる。

また中島案では雷撃用として魚雷二〇本搭載、対地攻撃用としては七・七ミリ機銃を四〇梃装備するという転用を計画していたという。

中島は、すでに「深山」「連山」で四発機を手がけており、これに航研、技研などの最新技術をくわえ、本格的な陸海軍の共同計画として推進すれば〝夢の巨人爆撃機〟実現は可能と思われた。

しかし、ここでもエンジンの問題が大きな難関として立ちはだかっていた。

当時、開発中の最強力エンジンとして、中島のハ五四－四重星型三六気筒（ハ四四－一八気筒二五〇〇馬力を二基串型に結合した型式）五〇〇〇馬力と、四枚羽根の二重反転プロペラ採用の問題だった。

さしあたって、空冷星型エンジンを二つかさね合わせた場合の冷却法をどうするかを解決しなければ、計画全体がすすまないし、第二の難問として、例によって陸海軍の対立があり、これに軍需省までくわわったので収拾《しゅうしゅう》のつかない混乱がおこったらしい。主として常用高度と武装の点で対立があったようだが、ついには軍需省がZ計画とは別に川西に六発爆撃機の研究を指示するというさわぎになった。

こうして、最後には妥協案として基本的には中島案を生かし、常用高度一万五〇〇〇メートル、航続距離一万八〇〇〇キロ（爆弾五トン）、軽武装などの線に決定した。

この案にそって機体の設計は順調にすすんだのだが、なにしろ日本航空界はじまって以来の巨人機のこととて、解決しなければならない、こまかい問題が山のようにあった。そのうえに、何といってもかんじんなエンジン「ハ五四」の冷却法が解決しないのでZ計画は難航した。

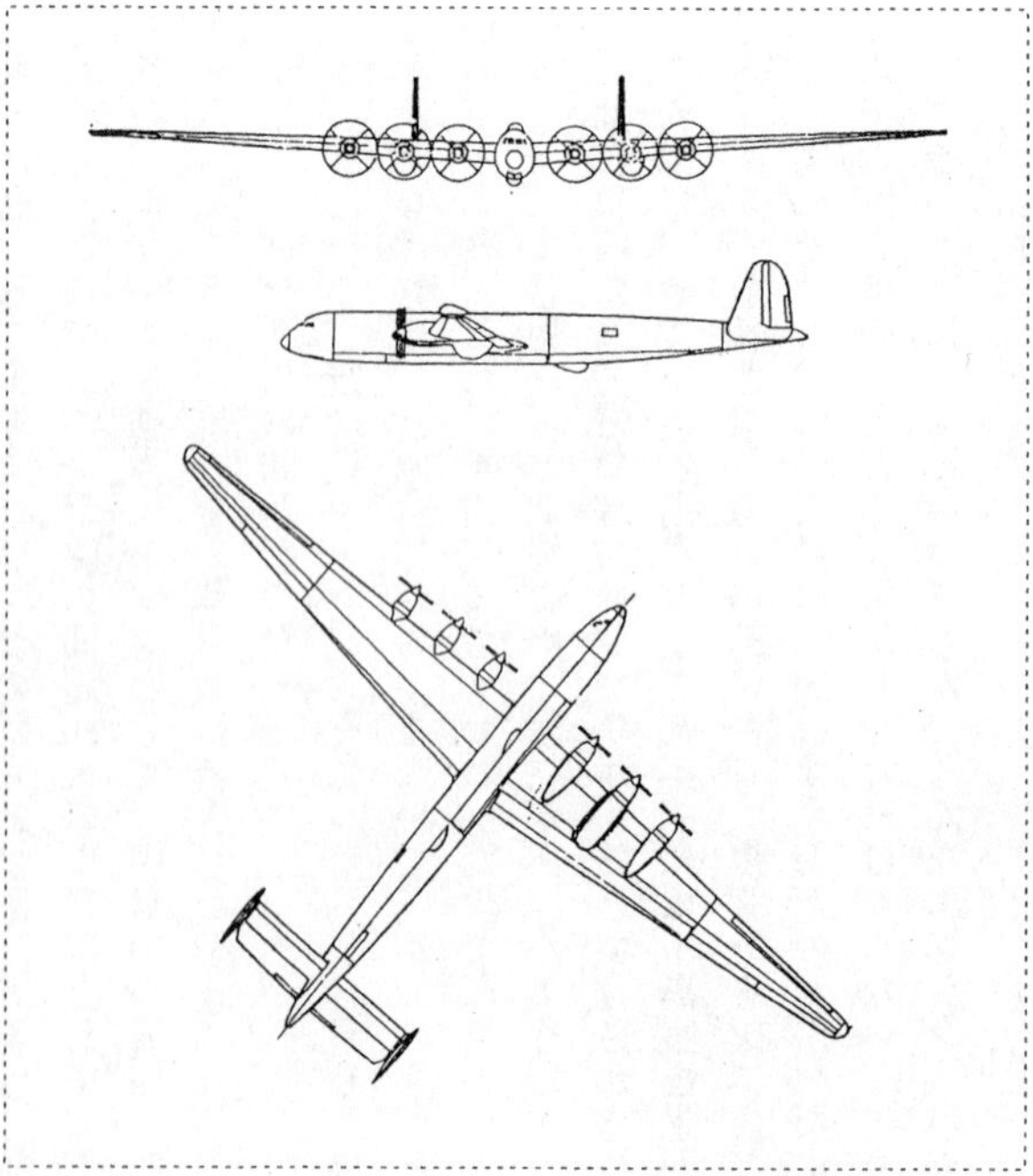

ここで、やむをえず「ハ四四」二五〇〇馬力六基の装備（総出力は予定の二分の一になった）で設計だけはすすめることになったが、最終的には「ハ五四」をあきらめて、三菱の「ハ五〇」二二気筒三〇〇〇馬力を装備することになった。

そして総出力低下を承知のうえで試作が強行されたが、軽量構造の研究、気密室、排気タービン過給器、特殊

な降着装置（主脚は大直径の二重車輪で、飛行中の機体重量をへらすために離陸後、外側の車輪を放棄する）など、当時の技術ではなお解決に時間を必要とする問題が多かった。
　そうこうするうちに戦局は急迫し、巨人機を量産してアメリカ本土を直撃するといった大きなプランは、資料、技術、人員などの面で実行できなくなり、ついにZ計画「富嶽」の

壮大な構想は全面的に中止する以外に道はなくなった。

アメリカが巨大な生産力にモノを言わせてB29を量産し、日本本土を完膚《かんぷ》なきまでにタタキのめしたのにくらべ、Z計画は、B29にたいして翼面積二倍以上、重量約三倍、爆弾搭載量三倍以上、航続距離も約二倍という壮大さはみとめるとしても、なにか国力にくらべむなしいものが感じられる。

Z計画においても陸海軍が要求性能をめぐってはげしく対立したといわれるが、一国の存亡をかけた戦争の間にこうしたことがしばしばおこり、結局敗戦につながったことは、今にして思えば不可解であり、残念でもある。

航空というものは科学であり、感情をまじえることのできない、冷厳な世界であったはずだ。

試作遠距離爆撃機　富嶽　G10N1〔陸、海軍共同〕

註：（　）はZ案、原計画

設計：中島　型式：六発、中翼、単葉、引込脚　乗員：六以上　発動機：三菱ハ五四、空冷星型、四列三六気筒（中島ハ五四、空冷星型、四列三六気筒）　公称出力：四七〇〇HP／二〇〇〇m、四二〇〇HP／六〇〇〇m、四一〇〇HP／七〇〇〇〜一万五〇〇〇m（同）　最大出力：五〇〇〇HP×六　プロペラ：VDMまたはユンカース定速六または八翅、四または六翅、反転型式（同）、直径四・五〜四・八m（同）　全幅：六三m（六五m）　全長：四六m（四五m）　全高：八・八m（一二m）　主翼面積：三三〇㎡（三五〇㎡）　自重：三万三八〇〇〜四万二〇〇〇kg（六万七三〇〇

kg）　全備重量：七万kg（六万kg）　過荷：一二万二〇〇〇kg　翼面荷重：三七〇kg／㎡　馬力荷重：六・一kg／HP　最大速度：七八〇km／h（六八〇km／h）　上昇限度：一万五〇〇〇m（一万六〇〇〇m）　航続距離：爆弾五〇〇〇kgで一万九四〇〇km、一万kgで一万八〇〇〇km、一万五〇〇〇kgで一万六五〇〇km　離陸距離：（一〇二〇m）　武装：二〇㎜旋×四、爆弾最大二万kg　開発開始：昭和十七年末　製作会社：中島

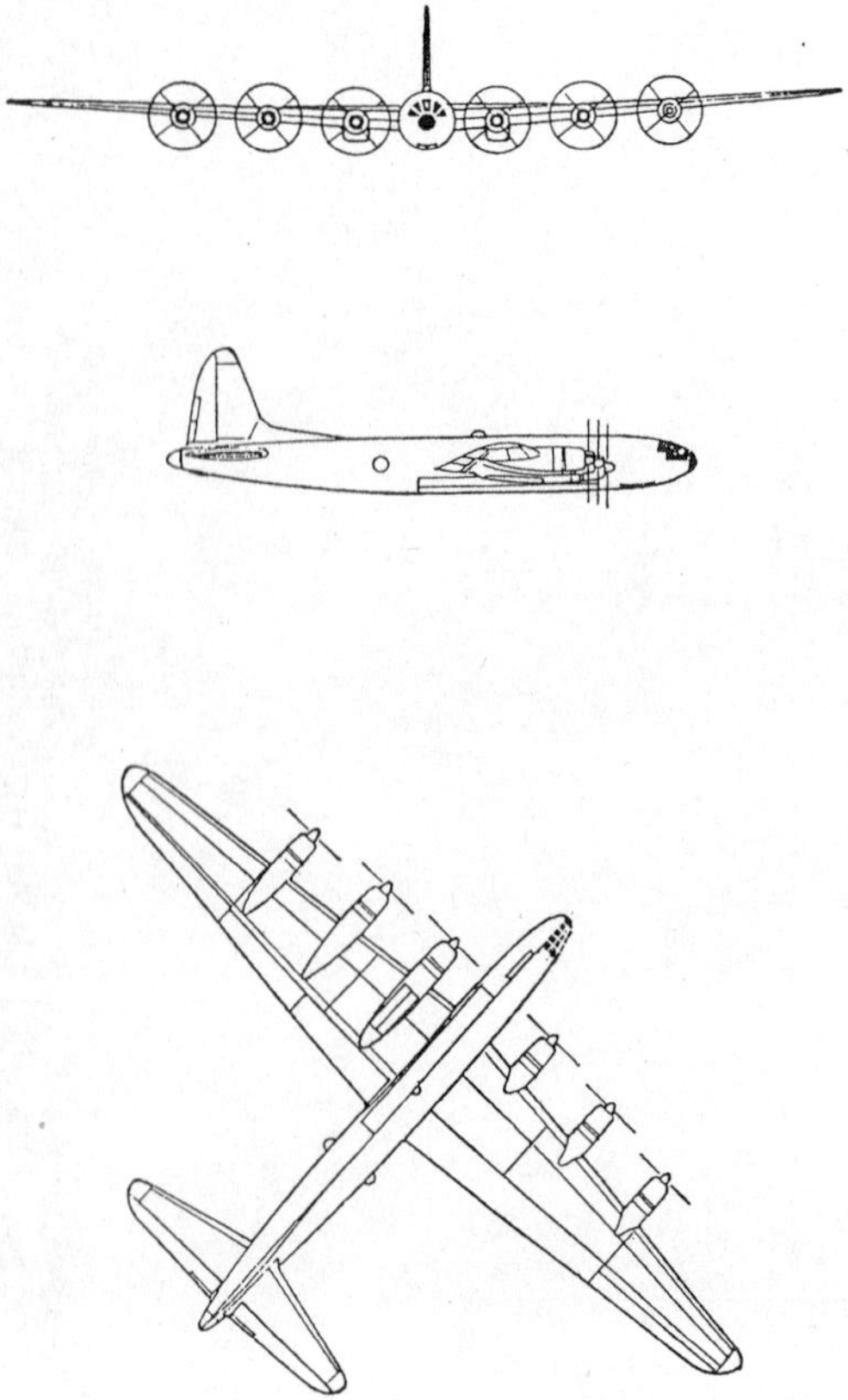

試作遠距離爆撃機「富嶽」

29 万能機としての能力秘める

十九試陸上哨戒機「大洋」〈海軍・三菱〉

日本海軍が、はやくから戦略爆撃機として、いわゆる中攻を開発していたことはこれまで述べたとおりだが、これは昭和七年からのことである。

当時、ロンドン軍縮条約により空母の保有量が制限されており、対米戦力として海上航空兵力が不足していたので、これをおぎなうため陸上基地からの航空兵力を持とうというものだった。

昭和四年から三菱で開発中だった双発の艦上攻撃機を九三式陸攻として採用し、双発陸上機の操縦・取り扱いの練習用の機材とした。そして、おなじ昭和七年試作発注の一連の試作機「七試」の一つとして、七試陸上攻撃機（のちの九五式陸攻、いわゆる大攻）の開発をスタートさせた。

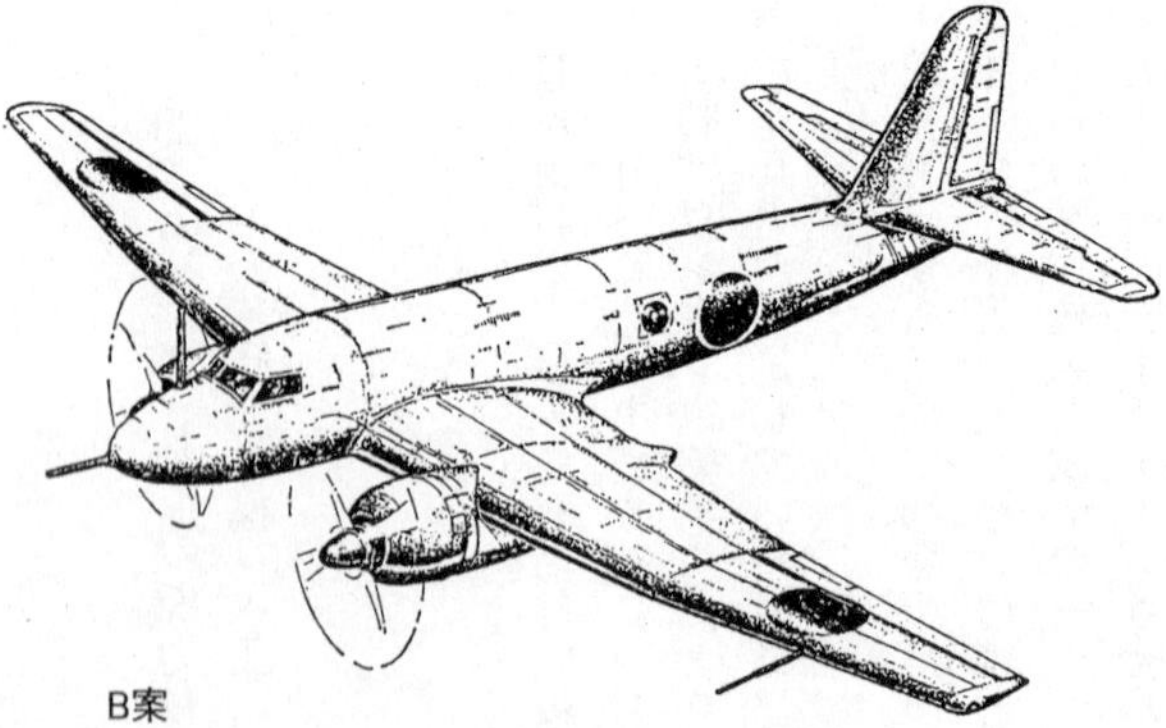

B案

これは当時、航空本部技術部長だった山本五十六少将がつよく提唱したもので、この機は前の九三陸攻とはことなり、はじめから大航続距離を要求された双発の大型陸上機だった。以下は、その性能諸元である。

全金属製、片持式中翼単葉、垂直尾翼は二枚、固定脚、水冷九〇〇馬力エンジン二基、全備重量一一トン（爆弾または魚雷二トン搭載で）、主翼面積一三〇平方メートル、最大速度二四四キロ／時、航続距離三七〇〇キロ他。

さて、七試大攻は昭和十年に九五式陸上攻撃機として制式採用になったが、七試につぐ昭和八年の八試の中に、三菱が手がけていた特殊偵察機があった。この機は陸攻と同様に海上航空兵力の不足をカバーする目的で高速・長距離をねらった戦略的偵察機だった。

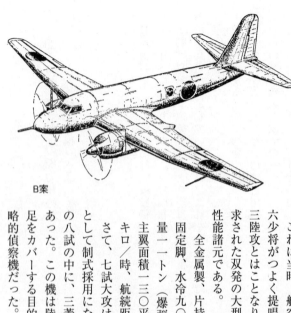

この八試特偵は引込脚の採用など新しい技術をとりいれた秀作で、昭和九年四月に完成し、テスト飛行で良好な成果をえた。

海軍は、これまでの九五式大攻などの経験をもりこみ、この八試特偵を昭和九年度試作機に九試中型攻撃機として加えることになった。これがかの渡洋爆撃で名をあげた九六式中攻となる。

そしてさらに一式陸攻へつながり、日本海軍独特の戦略陸上攻撃機の系列がはじまったのである。

一式陸攻、すなわち十二試陸上攻撃機が制式採用され量産が開始された時点（昭和十五年）で海軍は、三菱に次期陸攻の開発を指示したが、これは双発型を要求する海軍と四発を主張する三菱の対立でごたつき中止された。

昭和十六年十二月の開戦で、攻撃力の中心となった一式陸攻について、つぎつぎと戦訓による改装が要求されるようになったため、後継機の開発が急務となり、中断した試案がとりあげられ十六試として復活した。

しかし今度も武装、防弾の強化などで意見がまとまらず、最終的な設計案がまとまったのは昭和十八年八月だった。また装備する予定のエンジンもまだ実用化の見こみがたたず、結局、本機の計算性能は一式陸攻の防弾装備型とくらべてさして向上しな

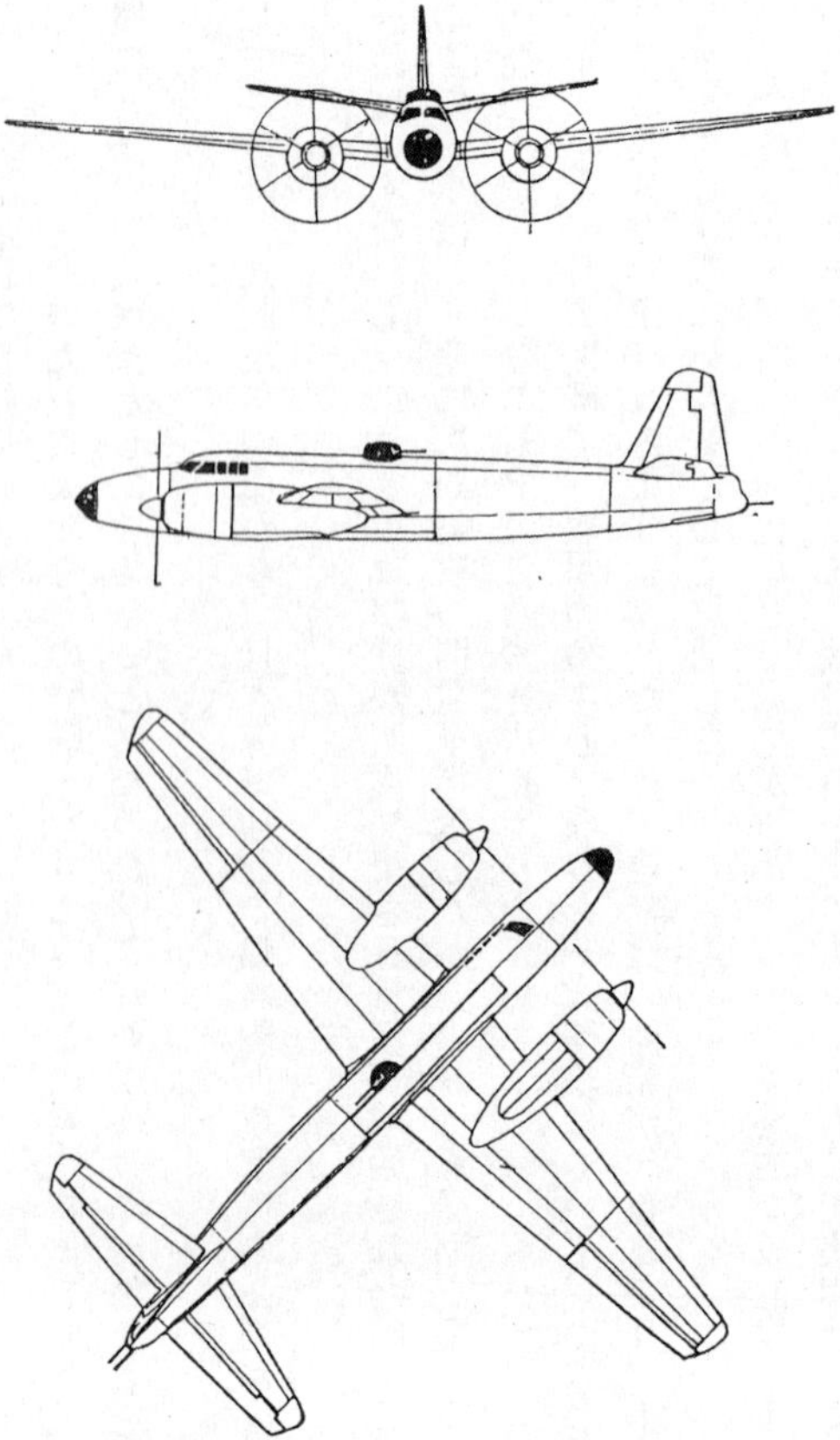

19試陸上哨戒機「大洋」(A案)

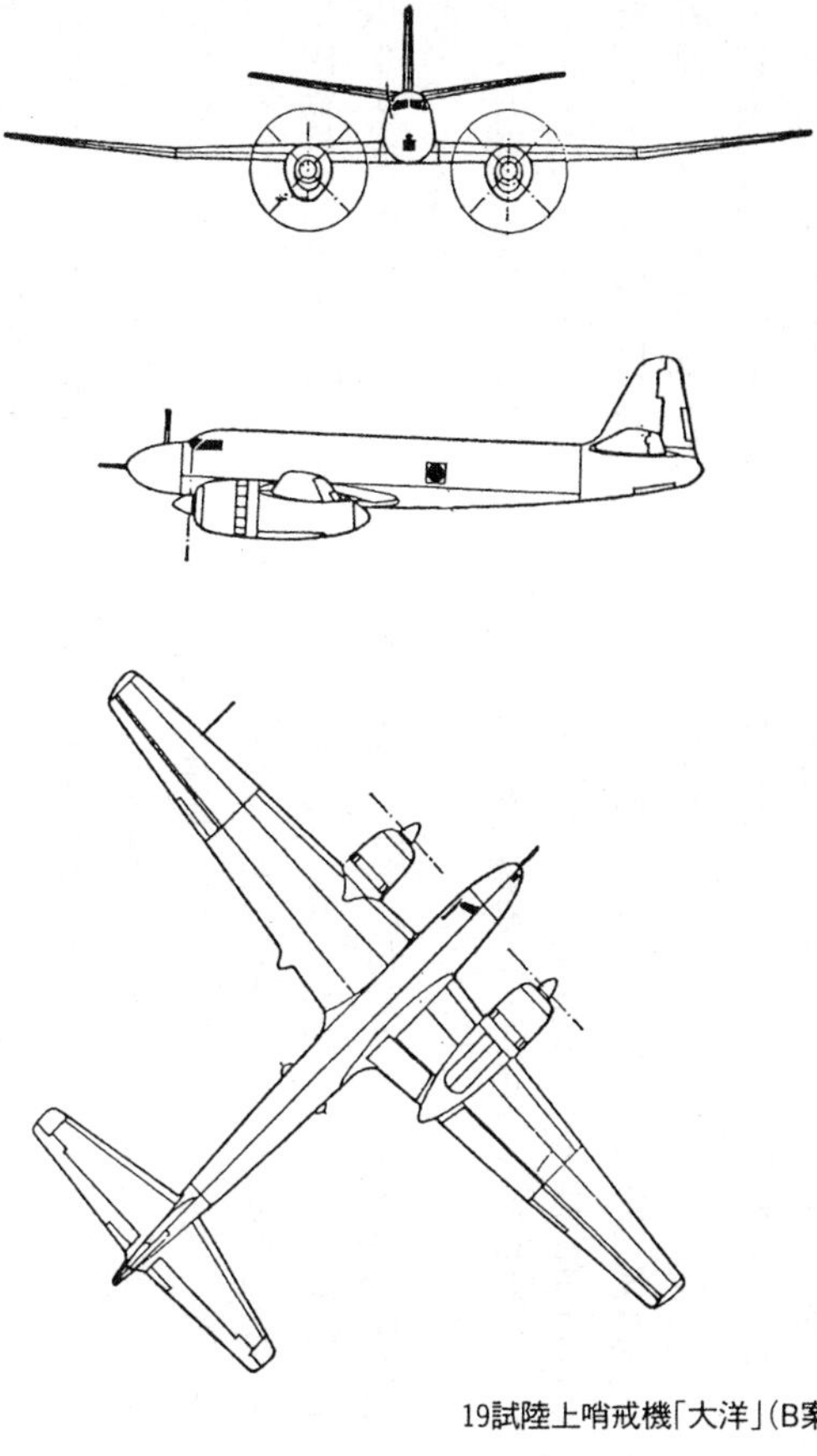

19試陸上哨戒機「大洋」(B案)

いので、当時の情勢から一式陸攻三四型の量産を強化することにし、本機の開発は昭和十九年六月で打ち切られた。

強力なエンジン完成の見とおしのない状況下で双発型を軍が主張し、そのため次期陸攻の開発が不発におわったのは、まことに愚劣なことだというべきだろう。

本機の試作中止と、昭和十九年後半から機種統一の方針によって、双発攻撃機が「銀河」一種にしぼられたことと、昭和十八年後半からアルミニウム資源の入手がしだいに困難になって軍用機の木製化が重要な課題となり、昭和二十年に二式飛行艇の生産中止が決定されたことなどから、夜間哨戒・攻撃の用途をもつ木製機の試作が決定して、三菱に試作指示が行なわれた。

本機は対潜哨戒のほか、陸上攻撃機（計画当初の要求で「東山」と呼ばれていたこともあったが、のちに中止されたようである）、さらに輸送機として使えることも要求され、とくに高速、高い航続性能のほか、夜間作戦装備の強化、安定、操縦性の良好、整備・生産の容易なことがつよく要求された。

その結果、基本設計はきわめて洗練された双発機で、とくに安定性については六度の外翼上反角、長いモーメントアームと大面積水平尾翼（主翼面積の二八パーセント）の採用で重心位置が後方に移動し、従来型よりもはるかに良好な結果を得るために、異色の配置型となった。

また、全木製化にともなう重量増大にたいしては、各部を極度に簡素化し、電波・磁気探知機などを完備したときの翼面荷重は二〇〇キロ／平方メートルをこえたが、性能的にはきわめてすぐれていた。終戦直前にモックアップが完成したが、審査の段階で中止せざるをえなくなった。

本機は最終的には哨戒機として「大洋」と称されたが、形体的には小改造により万能機としてひろい範囲で実用化がのぞめることを考え合わせると、もう少しはやく完成していれば、優秀機として戦力の一環を担えたにちがいないと思われる。

なお本機の設計案として図のようにA、B二種があった。

十九試陸上哨戒機　大洋　Q2M1

設計：三菱　型式：双発、低翼、単葉、引込脚　乗員：六　発動機：三菱「火星」二五乙、空冷星型複列一四気筒　公称出力：一六〇〇HP／一八〇〇m（一速）、一四五〇HP／四五〇〇m　最大出力：一八四〇HP×二　プロペラ：定速四翅、直径三・四m　全幅：二五m　全長：一八・七五m　全高：四・七五m（三点）　翼弦長：中央三・七五m～翼端一・二五m　取付角：四・五度　上反角：六度　水平尾翼幅：一〇m　垂直尾翼高：三・六五m（中心線より）　主脚間隔：六・二五m　主翼面積：六二・五㎡　補助翼面積：一・六四一㎡×二　下げ翼面積：四・七一三㎡×二　水平尾翼面積：一七・五㎡　自重：八八五〇kg　搭載量：正規四七五〇kg、過荷：五七〇〇kg　全備重量：正規一万三六〇〇kg、過荷：一万四五五〇kg　翼面荷重：二一八kg／㎡　馬力荷重：四六・四

kg／HP　最大速度：四九一km／h／四五〇〇m　巡航速度：三一五km／h　上昇時間：二〇〇〇m まで五分三三秒　航続距離：二四八二〜三七〇〇km　着陸滑走距離：五五五m　武装：一三mm旋×三（上、側×二）、爆弾二五〇kg×四または六〇kg×一二　開発開始：昭和十九年　生産機数：モックアップ段階　製作会社：三菱　その他：当初、陸上攻撃機「東山」と呼称されていた。

30　世界的水準のターボ・ジェット機

試作特殊攻撃機「橘花」〈海軍・中島〉

「橘花《きっか》」は日本が第二次大戦中に完成した唯一のターボ・ジェット機であり、ドイツ、イギリスなどとともに航空機界の新しいジェット機時代の先鞭をつけたことは、開発過程でドイツから技術導入があったにしろ、当時の日本の航空技術が世界的にも決して劣っていなかった証左ともいえよう。

一九四四年五月ころから、ヨーロッパ戦線でのメッサーシュミットＭｅ262をはじめとする一連のジェット機群の活躍が報じられた。ちょうどこの年の夏以降、Ｂ29による日本本土への空襲が開始されると、高速・強力武装の迎撃機として、また本土に接近する敵艦船を攻撃する強襲爆撃機としてジェット機の実現化は、陸海軍を通じて最大の関心事となった。

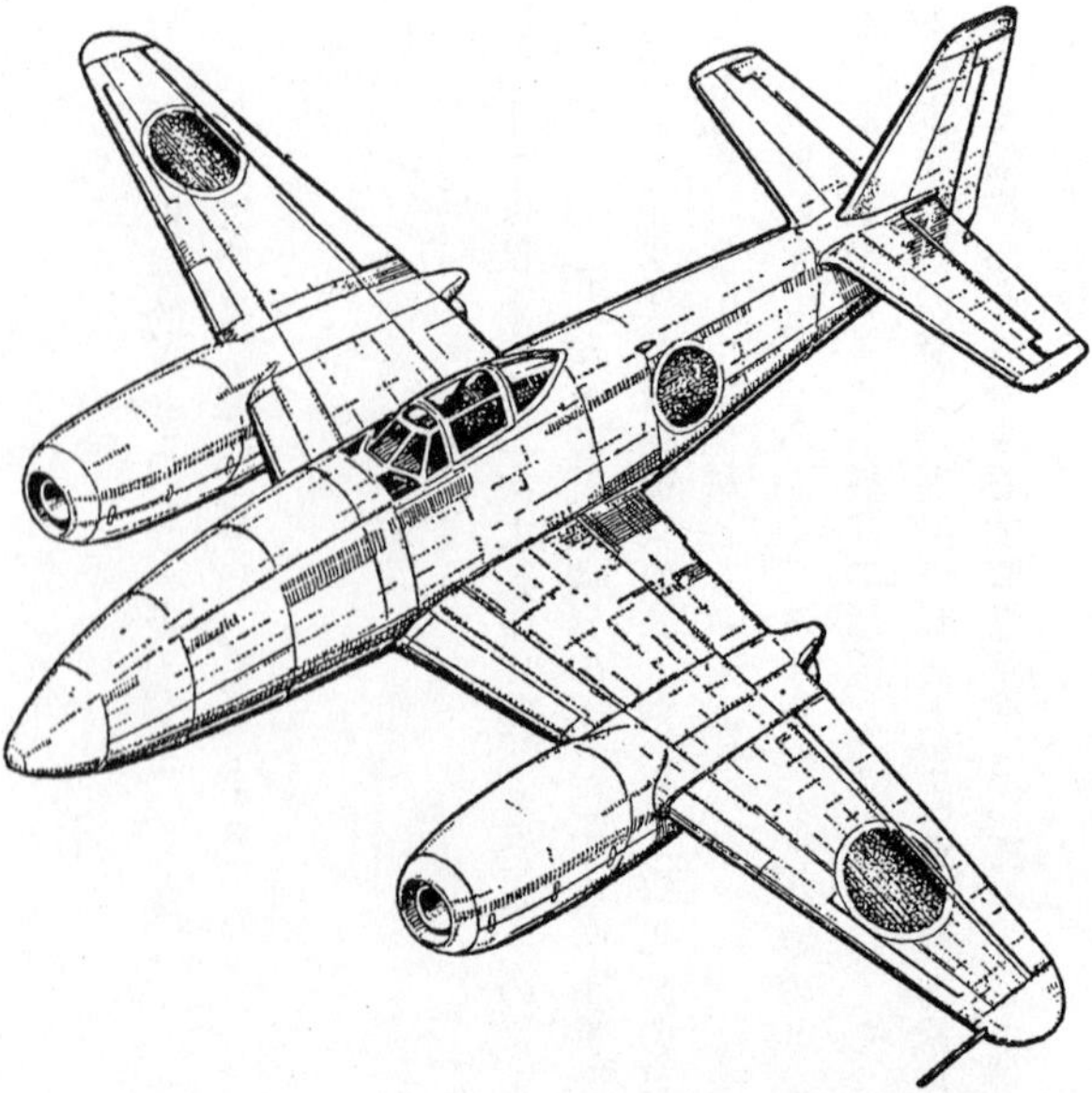

海軍はジェット推進の研究にはかなり以前から着手していたが、なにしろまったく初歩からの発想であったため成果は遅々としてすすまず、昭和十八年に入ってようやく空技廠でTR一〇エンジンの開発がすすんだ。これらは決して完成された発動機とはいえなかったが、当時の切迫した戦局と、漠然と燃料事情の暗い先行きの見とおしを合わせて、高級燃料を必要としないジェット機の構想は大いに期待を持たれたことは事実である。

ちょうどこの時期、昭和十九年九月、空技廠はドイツから潜水艦で持ち帰ることに成功したＭｅ262双発ジェット戦闘爆撃機の資料をもとに、十二月に中島に開発指示を行ない、生産の容易な方式に改修した新型機の開発を開始した。

とくにジェット・エンジンでは、Ｍｅ262の資料とともに入手したＢＭＷ003の図面とその他の意見などを参考にあらたに開発した、ネ二〇ジェット・エンジンが昭和二十年四月に完成したので、これを使用することになった。

昭和二十年に入ると戦局はますます急迫し、とくにＢ29による各都市および航空機製作工場への連続的な大爆撃により、もはや防空戦の完璧を期することは不可能になった。いっぽう、本土への上陸作戦の脅威も刻々に増大する情勢となり、「橘花」は本土に接近してくる敵艦船を陸上基地から攻撃する特殊攻撃機として開発する構想が決定した。

本機にたいする海軍側の期待はきわめて大きく、最優先生産機として開発は急ピッチですすめられ、試作第一号機の完成を待たず二五機の初期生産がすすめられた。

しかし、生産態勢をととのえた中島小泉工場は昭和二十年三月、Ｂ29の空襲により潰滅状態におちいり、群馬県下に散在する農家の養蚕《ようさん》小屋に分散疎開して生産をすすめるような状態にまでなった。

このような状況下でありながらも、六月末「橘花」第一号機が完成、七月には木更津基地で地上試験がはじめられ、八月七日には初飛行に成功したが、第二回の試験飛行で離陸事故をおこして破損した。いそいで第二号機の準備をすすめたが、四日後には終戦を迎える結果となった。

結局、「橘花」は終戦当時、約二〇機が組み立て中で、量産が数ヵ月おくれたためにまったく戦力にならなかった。日本最初のジェット機として、日本航空技術史の一ページをかざる存在だっただけに大いに惜しまれる機体である。

陸上特殊攻撃機　橘花

設計：中島　型式：双発ジェット、低翼、単葉、引込脚、三車輪　乗員：一　発動機：ネ二〇、軸流式八段圧縮機、単タービン・ターボジェット　公称出力：制止推力四七五kg×二　圧縮比三・〇、流量一四・八kg／scc、温度七〇〇℃　燃料消費率：一・四kg／h　燃料消費量八〇〇kg／h　プロペラ：離陸補助ロケット（RATO）推力四〇〇kg×九scc、火薬ロケット×二　全幅：一〇m（折り畳み時幅五・二六m）全長：九・二五m　全高：三・〇五m　主翼弦長：付根二・一五m、翼端〇・五m　上反角：内翼五度、外翼二度　取付角：二度　捩り下げ：二度　主翼面積：一三・二一㎡　水平尾翼面積：三・二三㎡　垂直尾翼面積：一・三七㎡　補助翼面積：一・〇八二㎡×二　昇降舵面積：一・〇二㎡　方向舵面積：〇・六二㎡　自重：二三〇〇kg　全備重量：三五五〇キロ　過荷：四三一二kg　翼面荷重：二六九～三〇九kg／㎡　燃料／滑油：七二五＋七二五／三〇～六〇ℓ　最大速度：六二一㎞／h、六七七㎞／h／八〇〇〇m、六七〇㎞／h／一万m　巡航速度：三七〇㎞／h、五五五㎞／h／六〇〇〇m　着陸速度：一五九㎞／h　上昇時間：六〇〇〇mまで一二分六秒、一万mまで三二分一二秒　上昇限度：一万七〇〇m　航続距離：五八四～八八九㎞　離陸滑走距離：五〇四m（重量四二〇〇kg、RATO使用）、一三六三m（重量三九五〇kg、RATOなし）武装：爆弾二五〇kg、五〇〇kg～八〇〇kg×一、（戦闘機型、三〇㎜×二、複座練習機型、偵察型計画中）初号機完成：昭和二十年七月　その他＝水平尾翼幅：三・二m　垂直尾翼高：胴体軸より一・五m　補助翼幅：二・四四二m　前縁スロット幅：〇・八m　脚間隔：三・〇一八m　エンジン間隔：四・二五m　地上静止角：〇度

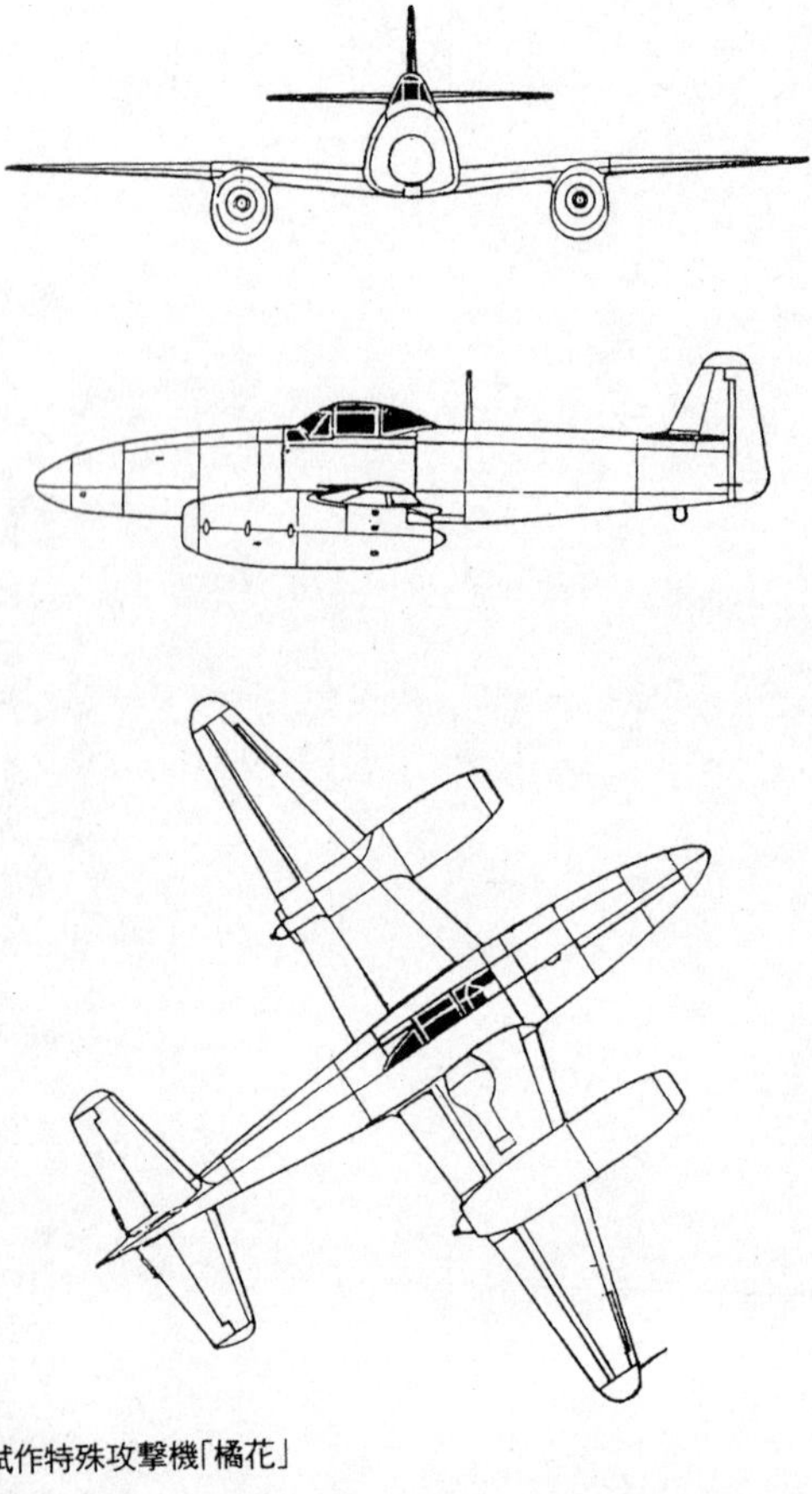

試作特殊攻撃機「橘花」

31 特攻！ 有人飛行爆弾

試作特殊攻撃機「梅花」〈海軍・中島〉

昭和十九年に入り、戦局はきわめて形勢不利になり、艦船、航空機の損失は直接戦闘による消耗もさることながら、基地などの被攻撃による間接消耗が甚大となり、資材・燃料の極度の不足とあわせて、生産と損失の差がますます大きくなった。

そこで、本土外郭の防衛戦をなんとか確保するためには、材料・燃料・動力・急速大量生産・戦法などを根本的に再編成した新型機を、特攻機として生産せざるをえない急迫の時期に突入していた。

ちょうどそのころ、ヨーロッパ戦線では、ドイツの新型戦略兵器として、とくにパルス・ジェット装備のV一号無人飛行爆弾によるロンドン攻撃が、精神的不安をおり込んでかなりの戦果を挙げていた。

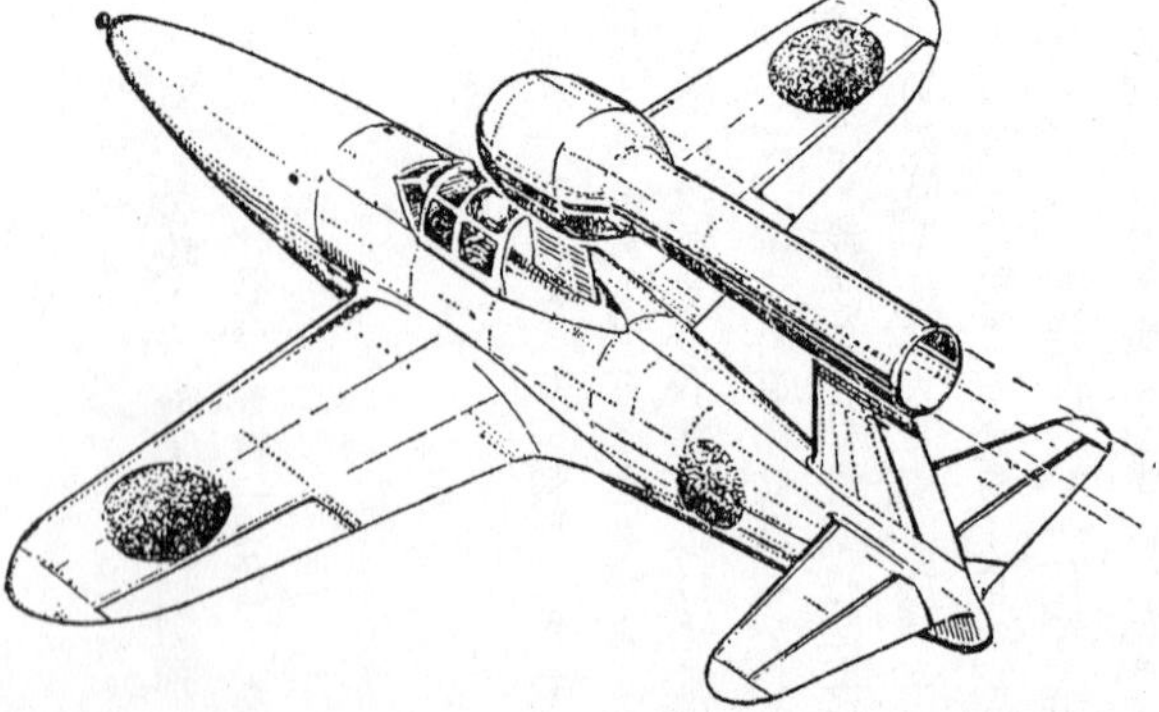

また日独軍事同盟の線で、これら極秘扱いの兵器類についての情報はすべて日本軍部に連絡されていたので、戦局の早急回復にかける新航空兵器の一つとして、パルス・ジェット特攻機の「梅花」が計画されたことは、当然の結果である。

昭和二十年七月、帝大航研によってこれの実現可能の見とおしがつき、計画されたパルス・ジェットの特殊攻撃機は陸海軍協同で開発することになり、機名を「試製梅花」として、機体は川西、動力のパルス・ジェットは航研、海軍の第一空技廠、陸軍の技研が協力開発することになった。

はからずも、この新型式パルス・ジェット機「梅花」は、海軍で試作命令を出した最後の飛行機となった。

「梅花」の基本構想は、ドイツの無人飛行爆弾V一号を有人機にしたもので、設計上の特質はつぎのとおりだった。

一、資材の欠乏や工場の疎開、工員の技倆低下などが総合的に考慮された結果根機体はできるだけ小型にして、工作の容易さをねらった簡単な構造にし、主要材料は木材と鋼材を用いること。

二、動力のパルス・ジェットは、構造が比較的簡単で製作、取り扱いも容易、また燃料も高級な揮発油でなく、当時唯一の国内産の燃料となった松根油も使用できる大きな利点があった。

機体型式は、図（一八八頁）のように、パルス・ジェットを胴体下に装着するものと、胴体上に操縦席直上から垂直尾翼上端にかけて背負式に装着するものの二種の、計三案が考えられたが、結局、ドイツのＶ一号およびハインケルＨｅ162ジェット戦闘機と同型式の背負型が採用された。

主翼翼型は航研のＬＢ系層流翼を採用、燃料は松根油六〇〇リットル、降着装置は尾輪式だったが、主車輪はキ115同様、特攻攻撃に際しては、離陸後、投棄する機構を採用する予定だった。

「梅花」の基本構想がまとまったのは、終戦の約半月前であったといわれ、まだ開発中の諸実験が本格的にすすむ段階ではなかった。

しかしドイツでも、敗戦前のごく短期間に大量の配備がある程度可能となったV一号やHe162の成功例があり、しかも急速大量生産の可能性をもつ航空機は従来の型式のものでは、大きさ、材料、動力、製作工程などの点で増産はまったく不可能視された状況と考えあわせ、やむをえない処理であった。

とはいえ、生産力と敗戦の関連性をもっとも具体的に証明した例として特筆されてよいであろう。

なお、ドイツでもV一号を有人化し、英本国周辺の基地、艦船に特攻をかける計画があった。これについては女性パイロットのハンナ・ライチュらを中心に訓練がすすめられたが、攻撃は実施されなかった。

試作特殊攻撃機　梅花
設計：東大航研、川西　型式：単発、パルス・ジェット推進式、低翼、単葉　乗員：一　発動機：カ一〇、パルス・ジェット、直五五〇m/m、全長三七五〇m/m、重量一五三kg　公称出力：静止推力三〇〇kg、七四〇km／hで三六〇kg×一　全幅：約六・六m　全長：約七m　主翼面積：約七・六㎡　自重：七五〇kg　搭載量：六八〇kg　全備重量：一四三〇kg　翼面荷重：一八八・二kg／㎡　燃料／滑油：松根油六〇〇ℓ　最大速度：五五六km／h／六〇〇〇m、四八一km／h／六〇〇〇m　着陸速度：一一一km／h　上昇時間：四〇〇〇mまで四分二八秒、六〇〇〇mまで二二分二三秒　航続距離：二八〇km　武装：爆弾（機首）一〇〇～二五〇kg　開発開始：昭和二十年七月　初号機完成：未完成　生産機数：〇　製作会社：川西

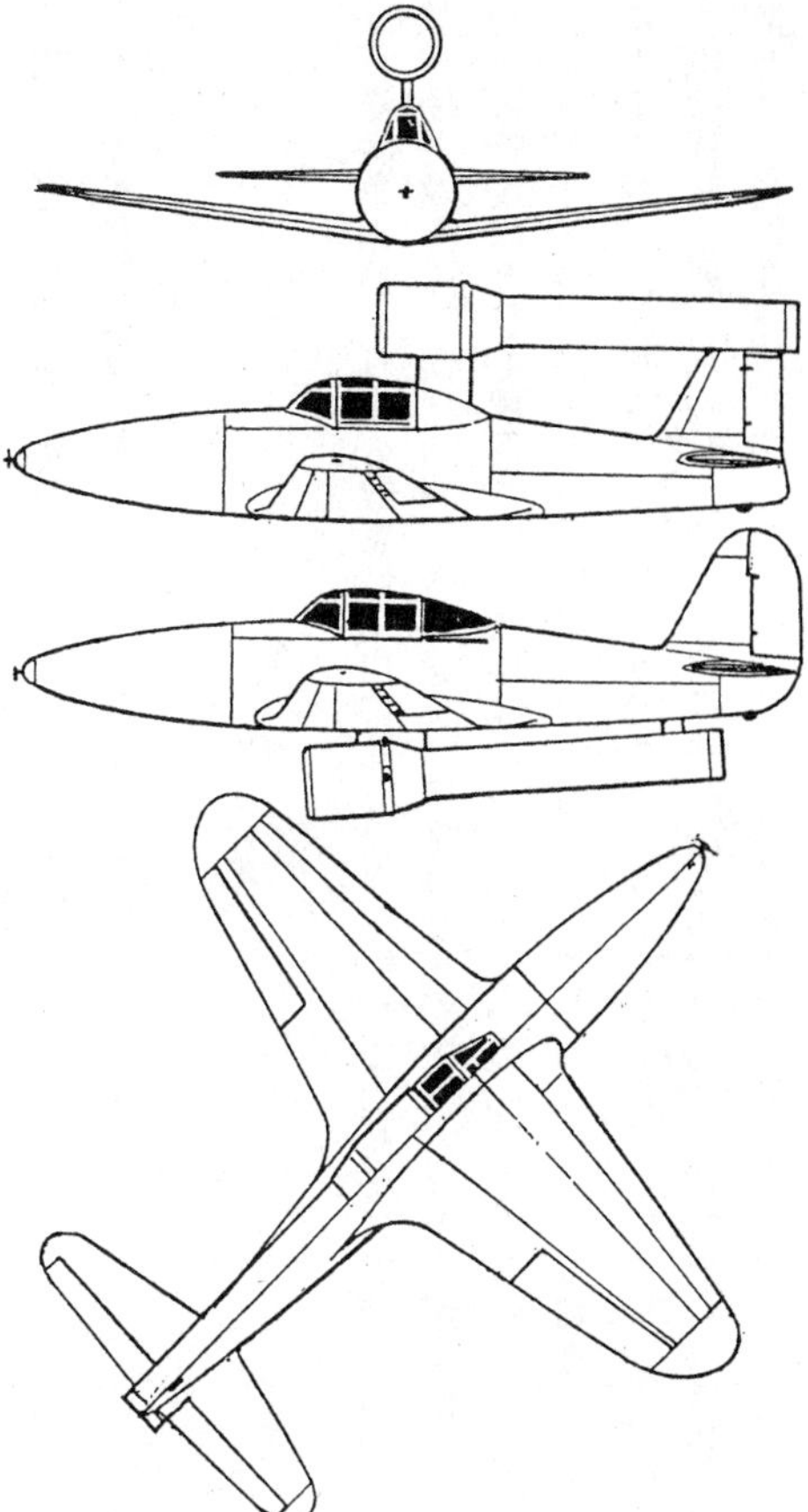

試作特殊攻撃機「梅花」

32 〝空飛ぶ棺桶〟特攻専用機

キ115特殊攻撃機「剣」〈陸軍・中島〉

太平洋戦争末期、日本の敗戦は明白になりながらも、なお防戦に懸命であった軍当局が、最少の資源、資材で消耗率の少ない特攻機として採りあげたのが本機である。最初から特攻用として試作された機体はこのキ115が唯一のものであるが、本機が量産に入りながら、ついに実戦の場に用いられることなくおわり、若い清純な生命の失われるのを少しでも防ぎ得たことは、せめてものなぐさめである。

キ115は極限状態で誕生した特攻専用機だったから、外形こそ飛行機らしいが、機材、構造とも生産促進を第一義としており、実質はきわめて安易なものであった。キ115は昭和二十年一月二十日に中島に試作指示が出され、その後わずか一ヵ月余で設計、製作を完了、試作第一号機が完成したのは三月五日という急速な開発経過をたどったが、

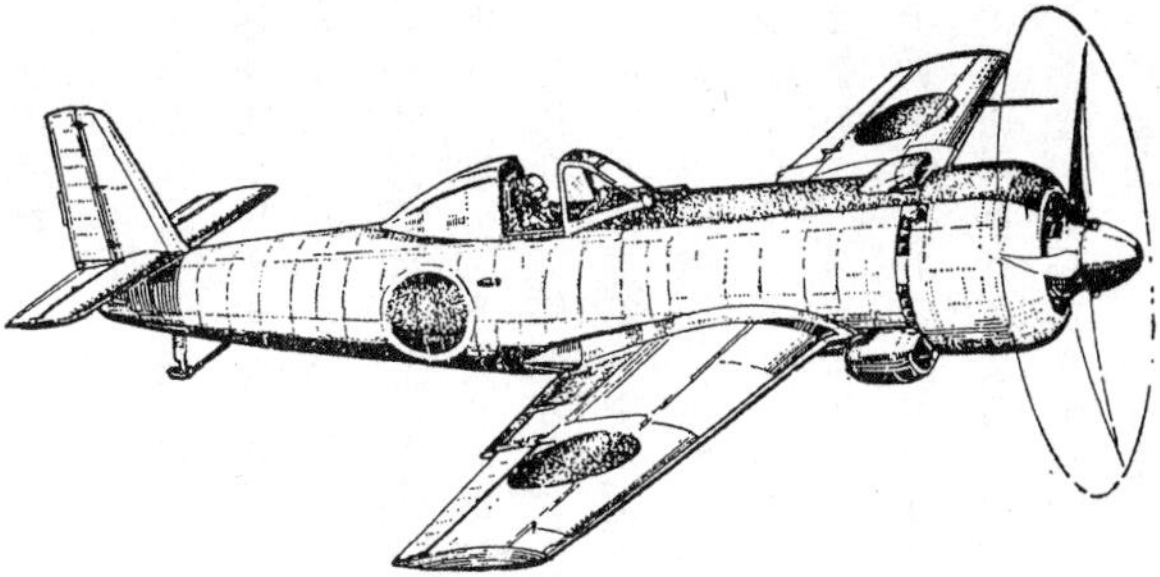

このことからみても当時の戦局がいかに切迫していたかがわかる。
キ115は「剣《つるぎ》」と命名され（海軍用として「藤花《とうか》」の名称もあった）、終戦時まで一〇五機が完成したといわれる。キ115には甲型と乙型があるが、生産機はすべてキ115甲である。本機は当時窮乏していたジュラルミン材をできるだけ使わず、また構造も極力簡略化し、生産の促進とコストの軽減をはかるとともに、小規模な工場でも製作できるよう考慮がはらわれた。
使用エンジンも、隼や零戦などに大量に使用され、当時すでに第二線機用エンジンとなっていたハ一一五（栄一一型）を装備した。主翼は、初期には簡単なアルミニウム合金製の単桁構造で三本のボルトで胴体に取り付けられた。また内翼後縁には、訓練時の着陸安全のため小翼を固定したが、実戦時には取り除かれるようになっていた。

胴体は鋼管骨組に鋼板外皮で、前半部は円筒、後半部は直線でしぼり、下面切欠部に二五〇～八〇〇キロ爆弾一個を半分埋込式に装着した。水平、垂直安定板は木製、舵面のみは木金混製羽布張りであった。主脚は鋼管溶接の脚柱に車輪をつけただけで、離陸後は投下するようになっていた。訓練などで緩衝装置のない主脚は不具合を生じ、後に「飛龍」の尾輪オレオを転用、屈折式緩衝装置に改めた。

キ115はこのように目的第一主義の設計であったため、速度は別としても運動性はきわめて悪く、とくに短期訓練によるパイロットには、これを乗りこなすのは容易なことではなく、簡略化の行き過ぎは実用面で大きなマイナスとなってあらわれた。

キ115乙は操縦席を前進させ、視界の向上をはかったほか、甲型の翼を全木製化する一方、重量増加にともない翼面積も一四・五平方メートルに増大された。また装備エンジンも甲型のハ一一五のほかに三菱の「金星」も予定されていたが、乙型の完成機はなかった。計画としては丙型（三型）まであり、座席位置をさらに前進させるほか、手動爆弾投下装置が取り付けられるようになっていたといわれるが詳細は不明である。

キ115は前述のように審査と生産が並行しておこなわれ一〇五機が完成しており、もし審査が順調にすすんでいたら、当然、実戦に使用される運命にあり、未使用のまま終戦を迎えたことはまことに幸運であったといえる。

キ115甲　特殊攻撃機　剣

設計：中島　型式：単発、低翼、単葉　乗員：一　発動機：中島ハ一一五、空冷星型複列一四気筒　公称出力：一一〇〇HP／二八〇〇m、九八〇HP／六〇〇〇m　最大出力：一一三〇HP×一　プロペラ：ハミルトン油圧式定速三翅、直径二・九m　全幅：八・五七二m　全長：八・五五m　全高：三点三・三m　主翼面積：一二・四㎡　自重：一六四〇kg　全備重量：二六三〇kg　過荷：二九三〇kg　燃料／滑油：四五〇／四〇～八〇ℓ　最大速度：五五〇km／h／二八〇〇m　航続距離：一二〇〇km　武装：爆弾二五〇～五〇〇～八〇〇kg×一　開発開始：昭和二十年一月　初号機完成：昭和二十年三月　生産機数：一〇五　製作会社：中島

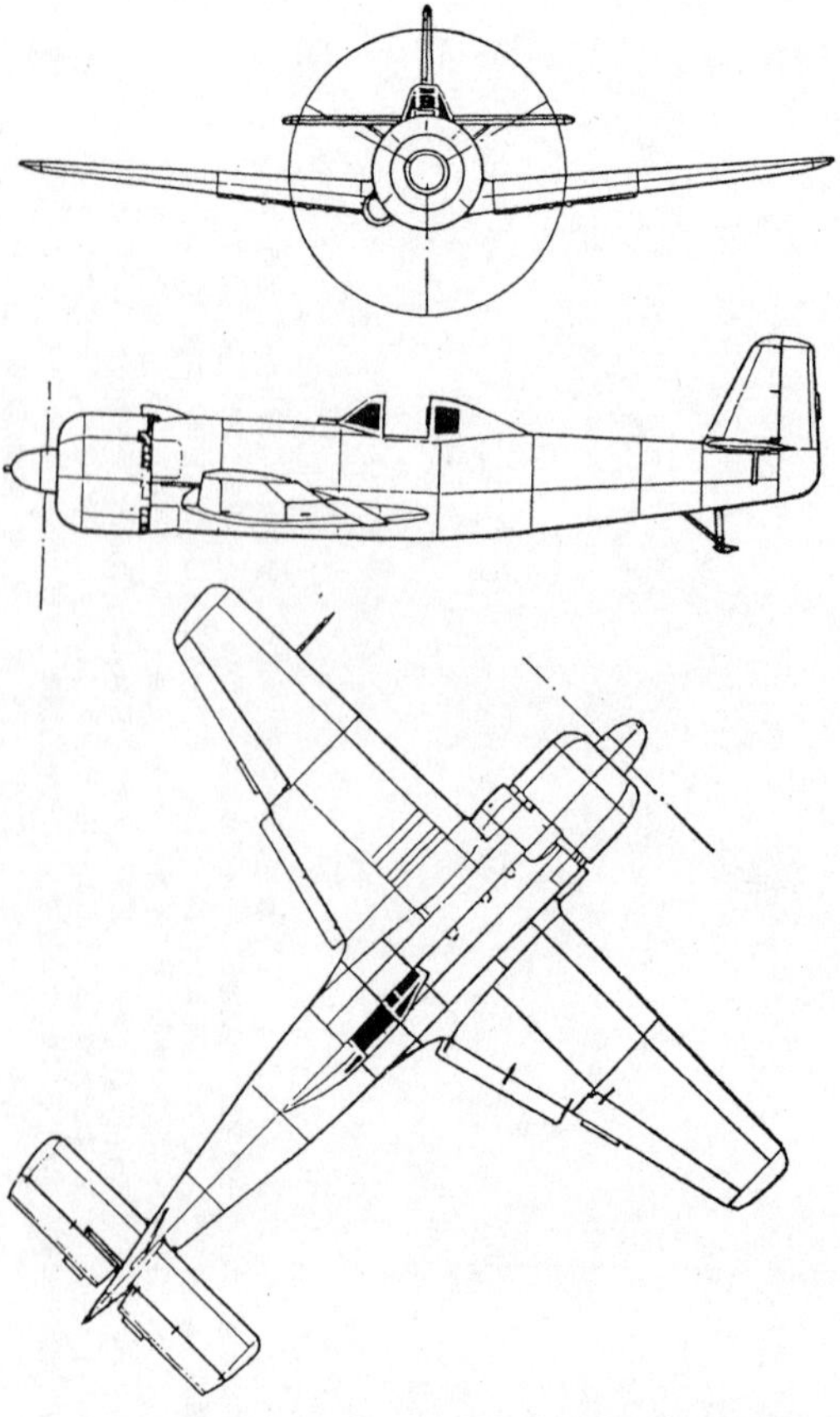

キ115甲 特殊攻撃機「剣」

33　一人三役の艦攻

艦上攻撃機「流星」〈海軍・愛知〉

海軍は昭和十四年の実用機試製計画（略称「実計」）の機種統合整理問題の一環として、艦攻（雷撃）、艦爆（急降下爆撃）をかねる新型式の艦攻の開発を試みた。

太平洋戦争直前の情勢では、艦船の対空装備は、装甲、戦法など急速な進歩をみせたことによって急降下爆撃、低空における高速運動や五〇〇キロ以上の大型爆弾の搭載の必要性を生じ、従来の艦攻、艦爆の差が少なくなり、艦上機としての使用面で両機種の統合が有利であるとの結論にたっした。さらに「実計」により、試作計画の機体は従来の二社以上による競争試作の方式をやめ一社指名にして、必要に応じて空技廠が研究開発の指導、援助をするようにあらためられた。

「流星」は「実計」によって計画された最初の試作機で、この十六試艦上攻撃機は愛

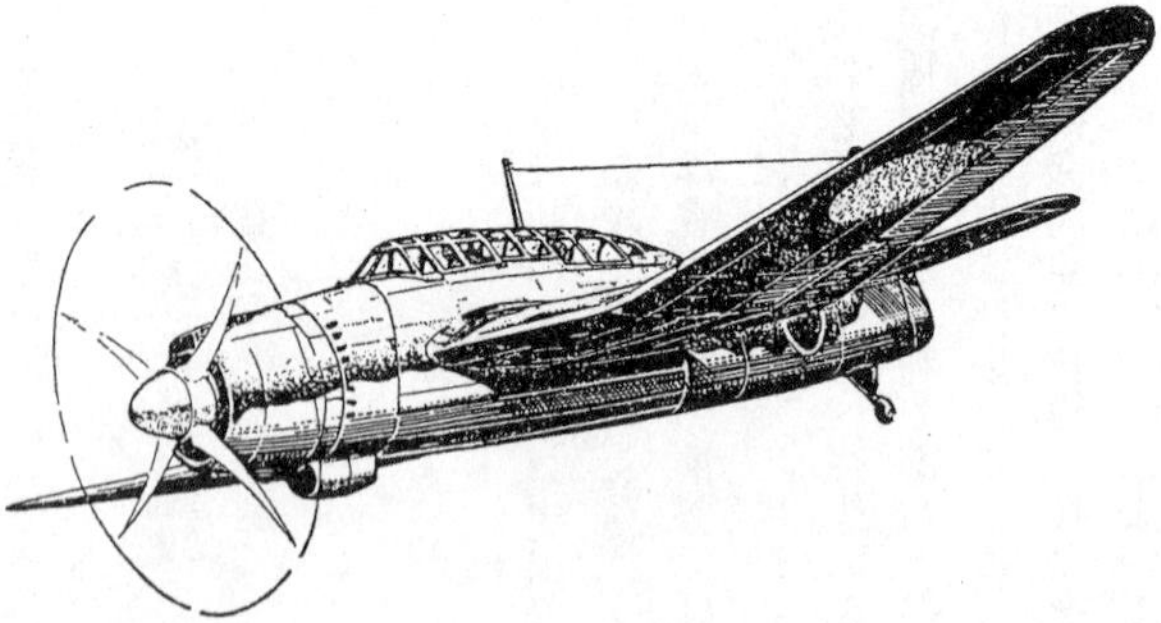

知に開発の指示があったが、その要求性能はかなり苛酷なもので、つぎのとおりである。
一、一機種で艦攻、艦爆をかね、水平・急降下爆撃、雷撃が可能であること。
二、爆弾は八〇〇キロ一、二五〇キロ二、六〇キロ六のいずれも装備可能、二五〇キロ二発携行時の最大速度五五六キロ／時以上。
三、航続距離は最大で三三三〇キロ以上。
四、武装は二〇ミリ固定二、一二・七ミリ旋回一。
五、零戦に匹敵する運動性。
六、構造は堅牢で整備が容易、工作が量産に適すること。
であった。

昭和十六年十月から基礎研究に着手、十七年一月設計開始、五月に設計をおわり、十二月にははやくも試作第一号機が完成した。

試作第一号機は、主翼は前作九九艦爆と似た楕円形の主翼を採用したが、重量は予定以上に増したため主翼は全面的に、胴体も細部について再設計がおこなわれ、直線テーパーの主翼にかわった増加試作機が昭和十八年中頃に完成、増加試作機は二～九号機まで作られた。量産型は、同年四月から生産にうつり、昭和二十年三月制式採用、「流星改」の制式名があたえられた。

本機は新機種として、軍の期待は非常に大きなものがあったが、長期にわたる不備改修の末に実用化にこぎつけ、ようやく量産が軌道にのろうとした昭和十九年十二月に東海大地震があり、さらにB29による空襲の激化、熟練工員の不足など、幾多の悪条件がかさなり、わずかに一一一機が生産されたにすぎなかった。

完成機中の一部小数機は、敵機動部隊の攻撃に参加したこともあったが、すでにその時期において圧倒的な兵力差は、いかんともし難く、本機によるはなばなしい戦果はついに聞くことができなかった。

しかし、改造後の本機の性能は発動機が好調の状態では、きわめてすぐれており、とくに速度と機動性では世界第一級機としての実力を有していた。

本機は一応制式機ではあるが、その独創的構想と実力が、不発に終わった悲運の艦攻として、あえて本項に加えた。

なお、本機と同時期に試作、または実用化された艦上攻撃機としては、アメリカのグラマンTBF－1アヴェンジャー、カーチスSB2C－1ヘルダイヴァー、ダグラスXBT2D－1、イギリスのフェアリイ・ファイアーフライなどがあげられるが、「流星改」は設計においてきわめて独創的、技術的にも進歩したもので、これらにまさる性能を有していたと思われる。

十六試艦上攻撃機　流星　AM－23　B7A1～3
注：（　）は同型式機SB2C－3急降下爆撃機〔アメリカ〕

設計：愛知（カーチス）　型式：単発、中翼、逆ガルタイプ、単葉（単発、中翼、単葉）　乗員：二（二）　発動機：中島「誉」一二型、空冷星型複列一八気筒（ライトR2600－20、空冷星型複列一四気筒×一）　公称出力：一六七〇HP／二四〇〇m、一五〇〇HP／六五五〇m　最大出力：一八二五HP（一九〇〇HP）×一　プロペラ：VDM油圧式定速四翅（定速四翅）、直径三・四五m　全幅：一四・四m（一五・二m）　全長：一一・四九m（一一・二m）　全高：四・〇七m（四・七m）　主翼：折りたたみ時八・八m　主翼面積三五・四㎡（三九・二㎡）　自重：三六一四kg（四七二〇kg）　全備重量：五七〇〇kg（六三七〇kg）　過荷：六五〇〇kg（七五七五kg）　翼面荷重：一六一kg／㎡　馬力荷重：三・八kg／HP　燃料／滑油：一六〇〇／六五ℓ（一二〇〇～一二四〇ℓ）　最大速度：五四三㎞／h／六二〇〇m（四七三㎞／h／五〇〇〇m）　巡航速度：三七〇㎞／h／四〇〇〇m（二五四㎞／h）　着陸速度：一三〇㎞／h（一二八㎞／h）　上昇時間：六〇〇〇mまで一〇分二〇秒（五五五m／秒）　上昇限度：八九五〇m（八九四〇m）　航続距離：一八五〇～三〇〇〇㎞（一八七五～三一〇〇㎞）　武装：二〇㎜固×二、一三㎜旋×一、爆弾八〇〇kg～五〇〇kg×一または二五〇kg×二、魚雷八〇〇kg×一（二〇㎜固×二、一二・七㎜旋×一、爆弾四五〇kg）　開発開始：昭和十六年十月　初号機完成：昭和十七年十二月（昭和十七年六月）　生産機数：一一一一　製作会社：愛知（カーチス）　その他：本データはB7A2「流星改」である。

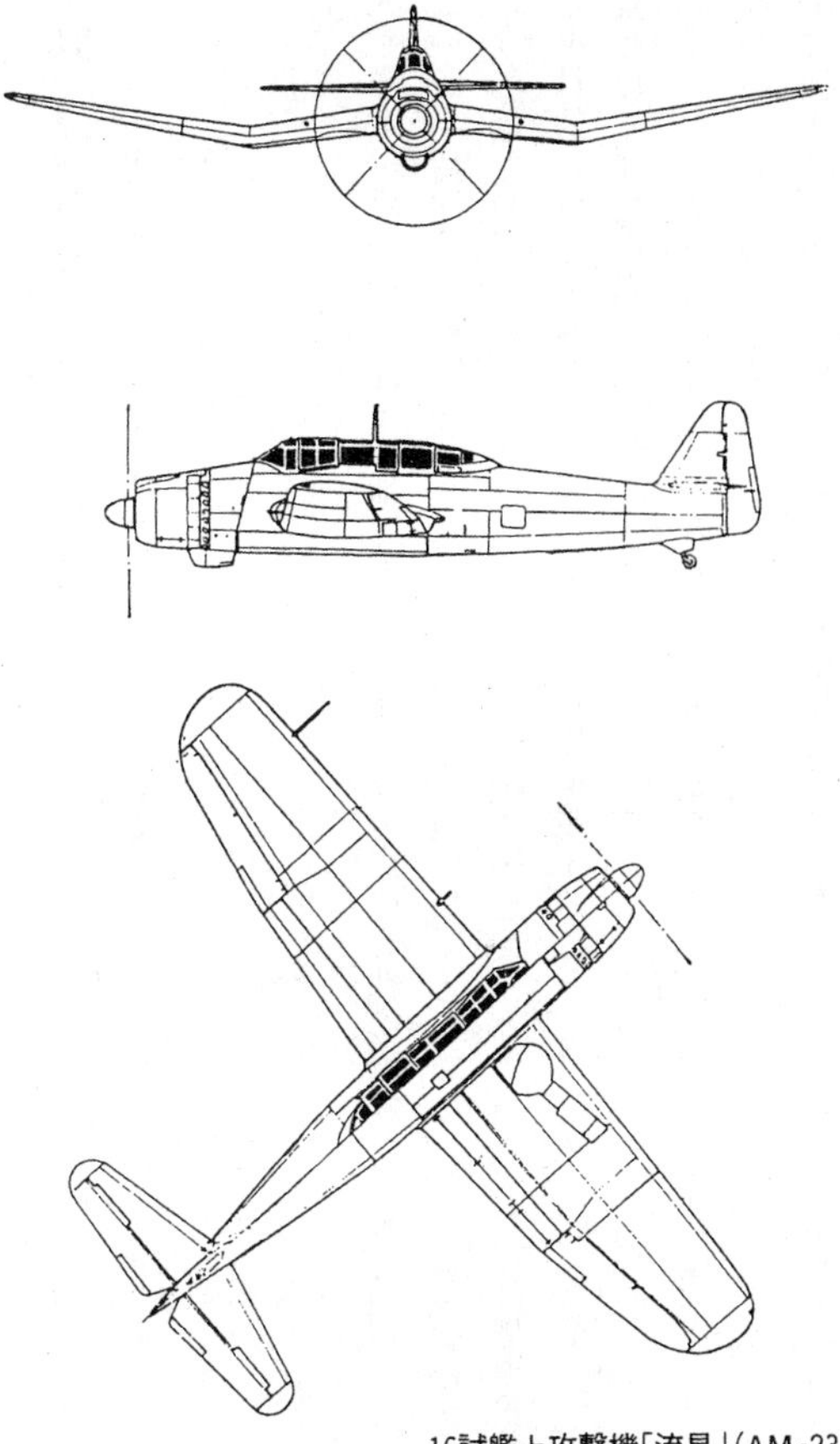

16試艦上攻撃機「流星」(AM-23)

34 〝潜水空母〟用の奇襲兵器

十七試特殊攻撃機「晴嵐」「南山」〈海軍・愛知〉

太平洋戦争勃発後、海軍は地球上のいかなる地点にも往復可能な排水量四五〇〇トンという「伊四〇〇級特型潜水艦」一八隻の建造に着手した。これは〝海底空母〟ともいうべきもので、敵の重要軍事拠点にひそかに接近し、カタパルト発進による奇襲攻撃を目的とする特殊用途攻撃機を二～三機搭載することがはじめから計画され、搭載機としてはじめ「彗星」が候補にあげられた。

しかし、新機種を開発した方が有利であるとの結論がえられ、愛知に指示された。これが「十七試特殊攻撃機」である。

この機体には多くの特殊な構造、新機軸が必要であった。潜水艦の甲板上に設けられた直径四メートルほどの格納筒に収納するため主翼、水平、垂直尾翼の折りたたみ

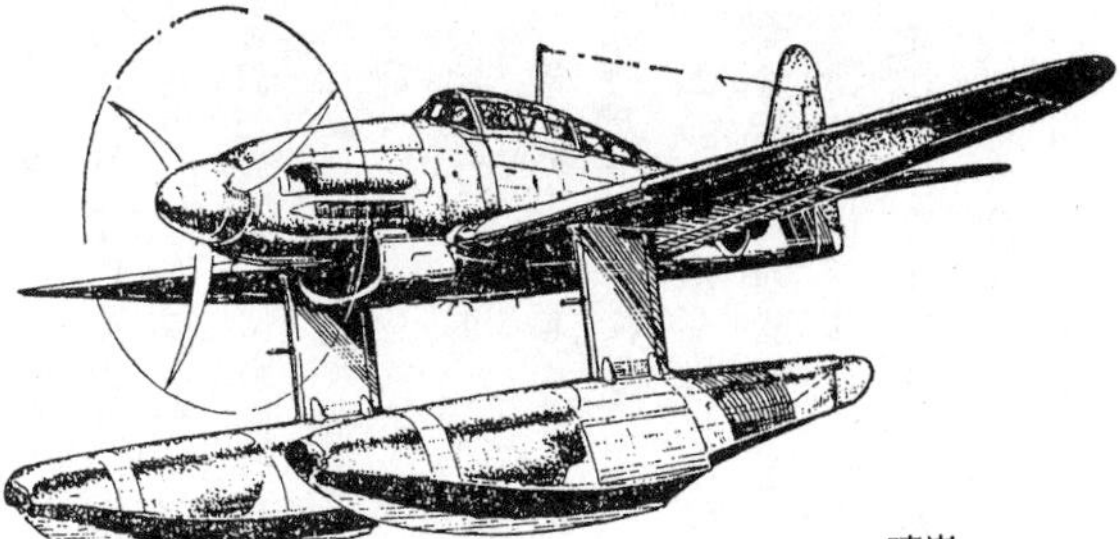

晴嵐

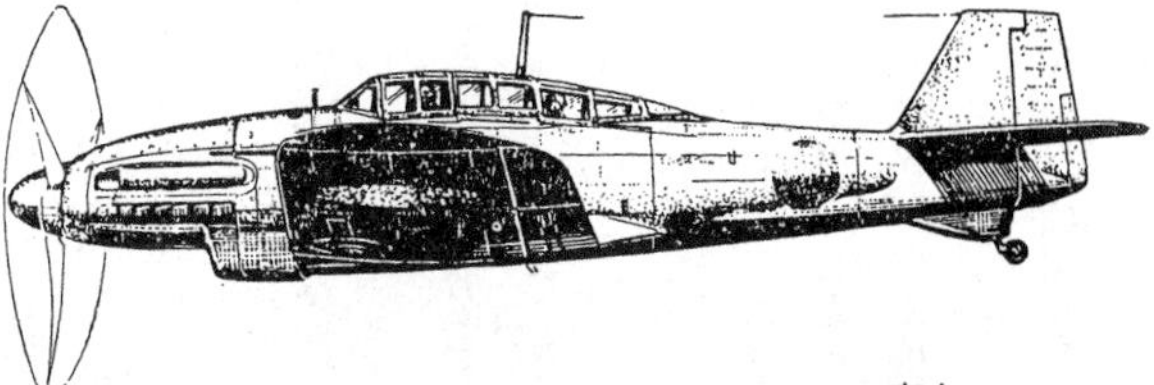

南山

とその展張の機構、カタパルト発進のための機構などであった。

愛知は「彗星」改造案、フロートなしでカタパルト発進を可能とする案、可脱式フロートを装備する案など各種の研究改修をかさね、つぎの二種を開発した。可脱式双フロートの「晴《せい》嵐《らん》」、引込式車輪装備および車輪なしでカタパルト発進する陸上機型の「南山《なんざん》」である。

「晴嵐」のフロートは発進後に投棄した場合は、同時に垂直尾翼の折りたたみ部分も脱落し、方向安定を調整するようになっていた。

また各翼の折りたたみと展張は、主翼は付け根で九〇度回転、胴体側面にそって後方に折りまげる方式、垂直尾翼は右側、水平尾翼は下方に折りまげる方式だった。展張の操作は、それぞれ五分以内、またフロートの着脱は二〇～四五秒以内で作業をおわるように計画された。

このようにして全機、(三機搭載の場合)発進は三〇分程度でおこなえることになっていた。

本機の開発は、特型潜水艦とともに極秘裡にすすめられ、昭和十八年十一月には第一号機が完成し、その後、昭和二十年までに、陸上機型「南山」一号機をふくめて二八機が生産された。

この〝潜水空母〟部隊は、はじめ米軍の戦略基地を奇襲するのが目的であったが、その後戦局の変化にともない、とくにドイツの降伏によって連合軍艦船の太平洋への移動が予想されるようになり、これを阻止しようとパナマ運河の攻撃が計画された。しかしこれも時機を失し、かわって当時の米機動部隊の秘密基地であったウルシーに目標が変更された。

伊四〇〇と伊四〇一は昭和二十年七月に出撃し、八月十四日にウルシー攻撃発進地点に到達したが、出撃準備中に終戦をむかえた。

これより先、ウルシーに対しては陸上爆撃機「銀河」による特攻（昭和二十年三月十一日）、人間魚雷「回天」による特攻（昭和十九年十一月二十日、昭和二十年一月十二日）が敢行された。しかし、これらの戦果は撃沈一（給油艦）、撃破二（輸送艦一、空母一）にとどまった。

ともあれ、奇襲兵器として開発が長期にわたった本機も、ついに実戦に参加することなくおわったのである。

十七試特殊攻撃機　晴嵐　M6A1　南山　陸上機型AM-26

注：以下は「晴嵐」（M6A1）のデータ

設計：愛知　型式：単発、低翼、単葉、双浮舟型（または陸上機型）　乗員：二　発動機：愛知「熱田」三二型、液冷倒立V型一二気筒　公称出力：一三四〇HP／一七〇〇m、一二九〇HP／五〇〇〇m　最大出力：一四〇〇HP×一　プロペラ：ハミルトン定速三翅、直径三・二m　全幅：一二・二六二m（折りたたみ時二・三m）　全長：一〇・六四m　全高：四・五八m（折りたたみ時二・九四m）　主翼面積：二七㎡　自重：三三六二kg　全備重量：四二五〇kg　過荷：四九〇〇kg　翼面荷重：一五八kg／㎡　馬力荷重：三・三一kg／HP　燃料／滑油：九三四／四九ℓ　最大速度：四七四km／h／五二〇〇m、浮舟投棄時五六〇km／h　巡航速度：三〇〇km／h　着陸速度：一二六km／h　上昇時間：三〇〇〇mまで五分四八秒　上昇限度：九九〇〇m　航続距離：一二〇〇～二〇〇〇km　武装：一三・七㎜旋×一、爆弾八〇〇kgまたは魚雷×一（浮舟なし）、二五〇kg×一（浮舟つき）　開発開始：昭和十七年六月　初号機完成：昭和十八年十一月　生産機数：二八　製作会社：愛知

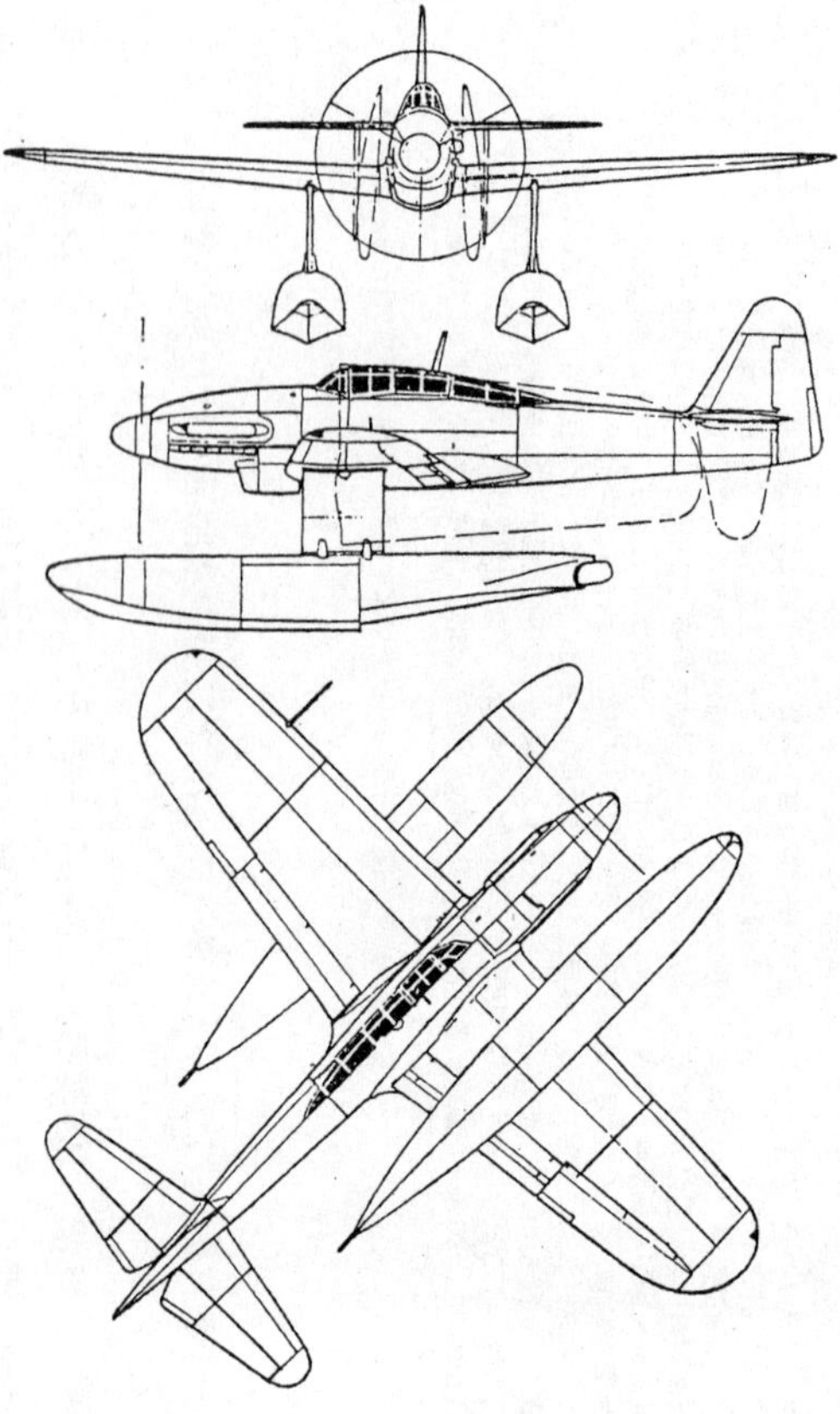

17試特殊攻撃機「晴嵐」(M6A1)

35　九九式艦爆を木製化

試作練習用爆撃機「明星」〈海軍航空技術廠〉

昭和十六年十二月に太平洋戦争が開始されると、戦争継続のための一部門として航空機生産にともなう資材、とくにジュラルミン材の不足にたいする施策の一つとして、木製機の研究試作が、日本でも昭和十八年中期から空技廠で推進されることになった。

実用機の木製化は、海軍の指示によって、川西の輸送飛行艇「蒼空」、九州飛行機の哨戒機「東海」、三菱の陸上哨戒機「大洋」、中島の高速偵察機「彩雲」などが試作に着手、あるいは計画された。

しかし、これらの設計に先だって、空技廠では木製機製作にたいする具体的な実験結果を得るための最初の対象機として、九九式艦爆一二型の木製化を計画、Y50の名称で開発が進められた。

「明星」はその名称からすると、初期には木製実用艦爆として計画されたと思われるが、第一線実用機としての所期の性能を得るまでにはいたらなかったため、試作練習用爆撃機「明星」として、昭和二十年一月に第一号機がやっと完成し、初飛行を行なった。

本機の基礎形は九九式艦爆一一型だったが、基本的に木製化に便利なように、九九艦爆ではとくに多い各部の曲線を直線化、翼系統はすべて簡単な直線テーパーとし、胴体も延長され直線的にまとめられた。

結局「明星」は、母体である九九艦爆とは、外形的にはもちろん、構造的にもまったく別の機体として完成をみることになった。

「明星」は、主翼は二桁式合板張りで、中央翼の荷重部と外翼結合金具取付部の桁にのみ硬化薄層材を使用、フラップは単純なスプリット式、空気制動板も木製合板張り、尾翼もほぼ同構造の木製羽張り、胴体は全木製セミ・モノコック構造で、主脚は九九艦爆のものをそのまま用いた。

結局、終戦まじかに松下飛行機で七機が完成したが、木製化により、重量は原型の九九艦爆一一型より七〇〇キロ以上も重くなり、速度はそれほど劣らなかったが、上昇性能は大きく低下した。

仮称九九式練習用爆撃機二二型　明星　D3Y1-K　Y50
設計：空技廠　型式：低翼、単葉、固定脚　乗員：二　発動機：三菱ハ三三-五二（金星五四）、空冷星型複列一四気筒　公称出力：一二〇〇HP／三〇〇〇m、一一〇〇HP／六〇〇〇m　最大出力：一三〇〇HP×一　プロペラ：住友ハミルトン定速三翅、直径三・二m　全幅：一三・九一八～一四m　全長：一一・二二五～一一・五一五m　全高：三・三m（三点）、四・一八五m（水平）　脚間隔：三・三m　上反角：七度七分　主翼面積：三二・八四㎡　補助翼面積：二・八㎡　水平安定板面積：三・九五㎡　昇降舵面積：一・七〇五㎡　垂直安定板面積：〇・九四四㎡　方向舵面積：〇・六五六㎡　自重：三一三三～三二〇〇kg　搭載量：正規一〇〇〇kg　全備重量：四二〇〇kg　翼面荷重：一二八kg／㎡　馬力荷重：三・八kg／HP　燃料／滑油：一〇九〇／六〇ℓ　最大速度：四二六km／h／六〇〇〇m　巡航速度：二九六km／h　着陸速度：一三〇km／h　上昇時間：三〇〇〇mまで六分一〇秒、六〇〇〇mまで一三分二三秒　航続距離：一三〇二～二三六〇km　武装：七・七mm固×二、爆弾三〇kg×四　開発開始：昭和十八年末　初号機完成：昭和十九年七月
生産機数：七　製作会社：松下飛行機　その他＝離陸滑走距離：二二八・五m　水平尾翼幅：五m

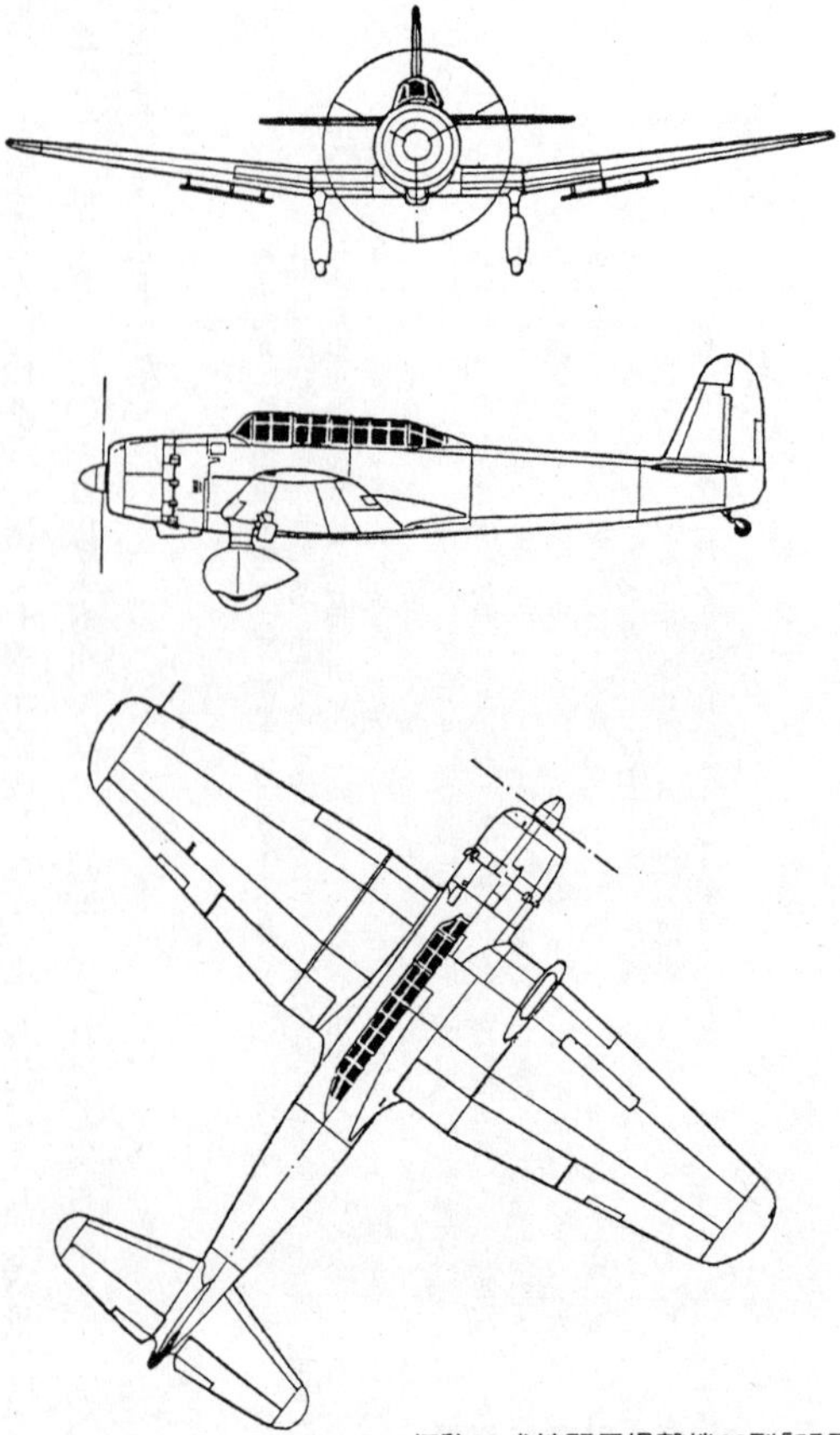

仮称99式練習用爆撃機22型「明星」

第三章　偵察機

日本陸軍は偵察機をつぎのように区分していた。(「陸軍現用主要飛行機定義」による)

司令部偵察機――主として航空高級指揮官の戦闘指導のために必要な捜索《そうさく》にあてる。

軍偵察機――主として軍司令官のために必要な捜索および指揮連絡にあてる。

直協偵察機――第一線地上部隊に直接協同し、これに必要な捜索、指揮連絡および砲兵任務(弾着観測など)などにあてる。

このうち司偵と軍偵は戦略的な使用目的をもっており、純然たる戦術的なものは直協偵である。

そもそも飛行機が戦争につかわれたのは偵察機としてがはじめで、その後に爆撃機や戦闘機が分化したことはよく知られているが、第二次大戦中にも偵察機は、多くは戦術的使用にとどまり、日本陸軍のように明確に戦略兵器として開発した国はない。多くの交戦国は戦略偵察機としては、爆撃機や長距離戦闘機などを改装してこれにあてていたのである。たとえばアメリカはB29、B17など、ドイツはフォッケウルフの四発旅客機「コンドル」の改造型など、イギリスのモスキート、そして日本海軍は九六式陸攻や一式陸攻を戦略偵察に使用した。

日本の陸海軍航空部隊は、第二次大戦のはじまる前から中国大陸で戦闘を経験しており、また戦場となるべき地域は中国大陸と太平洋という広大なものであったところから、軍用機の戦略的使用に、早くから手をつけていたのである。これは偵察機だけではなく戦闘機、爆撃機についても同様であったことは、すでに述べたとおりである。司令部偵察機は昭和十年ころ、藤田雄蔵陸軍大尉（のちに航研機で長距離飛行の世界記録を樹立した）の発案により生まれたもので、敵戦闘機より高速で航続力が大きい隠密戦略偵察にあたる新機種という構想だった。

こうして誕生したのがキ15、昭和十二年に制式採用になった九七式司令部偵察機（三菱）である。この試作第二号機が朝日新聞社の「神風」号で、東京～ロンドン間を飛び、世界の注目をあびることになった。

九七式司偵はきわめて優秀な飛行機で、この成功により陸軍に司令部偵察機という機種が定着し、第二次大戦中の傑作機、一〇〇式司令部偵察機、いわゆる「新司偵」へとつながってゆく。

海軍は、陸上あるいは空母から使用する戦略偵察機の面では陸軍に一歩おくれをとり、中国大陸での中攻隊の作戦において非常な不便を感じた。そこで九七式司偵を陸軍からゆずりうけ、これを九八式陸上偵察機として使用した。またのちには一〇〇式司偵をゆずりうけて使用し、さらに十三試艦上爆撃機（のちの彗星）の試作機を二式艦上偵察機として制式化した例もある。

しかしのちには、第二次大戦中の最優秀機の一つにかぞえられる艦上偵察機「彩雲」（中島）をもつことになる。

ともあれ、日本は世界にさきがけて戦略偵察機の構想をもち、それを優秀な飛行機として実現したことは、世界の航空史の一ページをかざるにたる業績といえよう。

「高速力を最大の武器とし、長大な航続力を利して敵地ふかく潜入し、ゆうゆうと写真偵察をおこない、敵の戦闘機をしり目にサッとひきあげる」という司令部偵察機は、まことにスマートな〝空の通り魔〟だったことは戦史にあきらかである。

36 超高速〝空の通り魔〟

キ70試作司令部偵察機〈陸軍・立川〉

司令部偵察機とは、今日の航空界でいう戦略偵察機で、すでに述べたように日本は一九三七年の九七式司偵いらい、遠距離・高速度偵察を専門とする新機種を定着させ、一〇〇式司偵（キ46）の出現によって日本陸軍は世界一の戦略偵察部隊をもつにいたった。

キ70は、司令部偵察機の性能向上がもとめられた時期、昭和十四年三月、立川にたいして計画要求が指示され、キ46の後継性能向上機として基礎研究に入った。ところが、同時期に制式採用になったキ46の期待以上の高速度、高性能に気をよくした軍は、キ70にたいしてつぎつぎに新しい要求を追加し、むずかしい条件で開発がすすめられることになった。キ70の基本的な線は、エンジンはハ一〇四（四式重爆「飛龍」とお

なじ）の双発で、最大速度は六七〇キロ／時以上であった。
もともと司令部偵察機は、速度至上主義に徹底して、武装・視界・操縦などにできるかぎりこまかい制約を与えられないことが成功の原因となっていたが、キ46で不足だった偵察視界を良好にするために機首を全透明式にして、そこにも偵察席を設け、乗員も二〜三名とされた。
また機首の乗員を爆撃手とする爆撃装備も要求され、後席の七・七ミリ旋回銃一のほかに、あらたに尾部端に遠隔操作の一二・七ミリを追加し、後席からの視射界をひろくするために双垂直尾翼を採用した。このような軍の追加要求のために、キ70は司令部偵察機の用途に徹しきれず、高速偵察爆撃機のような複雑な性格の機体になった。

立川は、多くの新機軸をもりこんで意欲的な設計をしたが、途中から防弾・防火装備、航続力の増加のための燃料タンクなどの追加要求がくわえられ、自重で五〇〇〇キロ、全備重量では、じつに一五〇〇キロ以上も増加した。

試作一、二号機は原設計のとおり、主翼面積三六平方メートルのものとしたが、最大速度も予定された六七〇キロ／時にははるかにとおい五八〇キロ程度になった。そこで第三号機からは翼幅を約一・五メートル延長、翼面積四三平方メートルに増大。エンジンをハ一一一またはハ二一一ル（排気タービン過給器付）に換装して、最大速度七三〇キロに向上させようと計画したが、第一、第二号機の審査とともに、その解決には多くの問題点が生じ、開発は遅々としてすすまなかった。

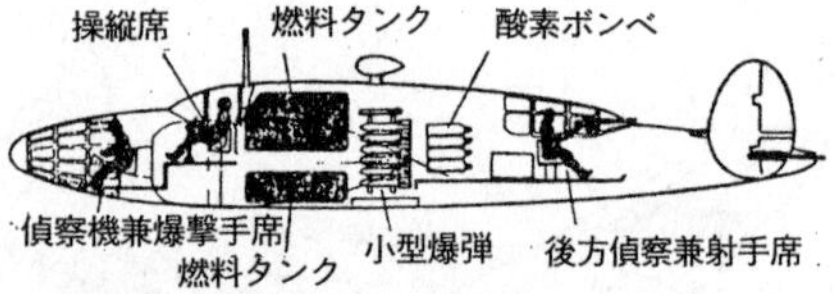

その間に、昭和十八年春には、キ46の改良型三型が完成し、最大速度も確実に六三〇キロ以上を期待できたために、キ70については近い将来の実用性にたいする予想が悲観的となり開発は中止された。
キ70は、他の多くの日本の開発中止試作機がたどった運命とおなじように、新機種

にたいする用途別要求が、設計開始時には要求性能を解決していたにもかかわらず、軍各方面からの追加要求によって、開発中期以降では、性能的には大きく初期要求を下まわり、実用化への見とおしを失なったもので、多くの人的労力の浪費におわった。

本機の失敗した最大の原因は、陸軍当局の定見のなさであった。前述したような司令部偵察機という機種にたいする軍の方針が不動のものでなければ、製作者側は追加要求にふりまわされ、ろくな結果にならないのは当然である。このようなケースが多かったことは残念である。

キ70　試作司令部偵察機

設計：立川　型式：双発、中翼、単葉、引込脚、双方向舵　乗員：二〜三　発動機：三菱ハ一〇四M、空冷星型複列一八気筒　公称出力：一八一〇㏋／二二〇〇m（一速）、一六一〇㏋／六一〇〇m　最大出力：一九〇〇㏋×二　プロペラ：VDM定速四翅、直径三・四m　全幅：一七・八m　全長：一四・五m　全高：三・四六m（三点）　脚間隔：五・一m　水平尾翼幅：五・二m　主翼面積：四三㎡　補助翼面積：三・二八㎡　フラップ面積：六・一二㎡　垂直尾翼面積：四・八㎡　水平尾翼面積：七・五㎡　自重：実測五八九五kg　搭載量：三九二〇kg　全備重量：九八五五kg　過荷：一万七〇〇kg　翼面荷重：二二八kg／㎡　馬力荷重：二・八二kg／㏋　燃料：滑油：二九六〇／二三〇ℓ　最大速度：計画六七四km／h／五四〇〇m　巡航速度：四九〇km／h／五四〇〇m　着陸速度：一四六km／h　上昇時間：五〇〇〇mまで五分　上昇限度：一万一〇〇〇m　航続距離：行動半径一五〇〇km＋二時間　武装：一二・七mm旋×一（尾）、七・七mm旋×一（後上）、爆弾搭載可能　初号機完成：昭和十八年二月　生産機数：三　製作会社：立川飛行機　その他＝翼面馬力：八〇・五㏋／㎡

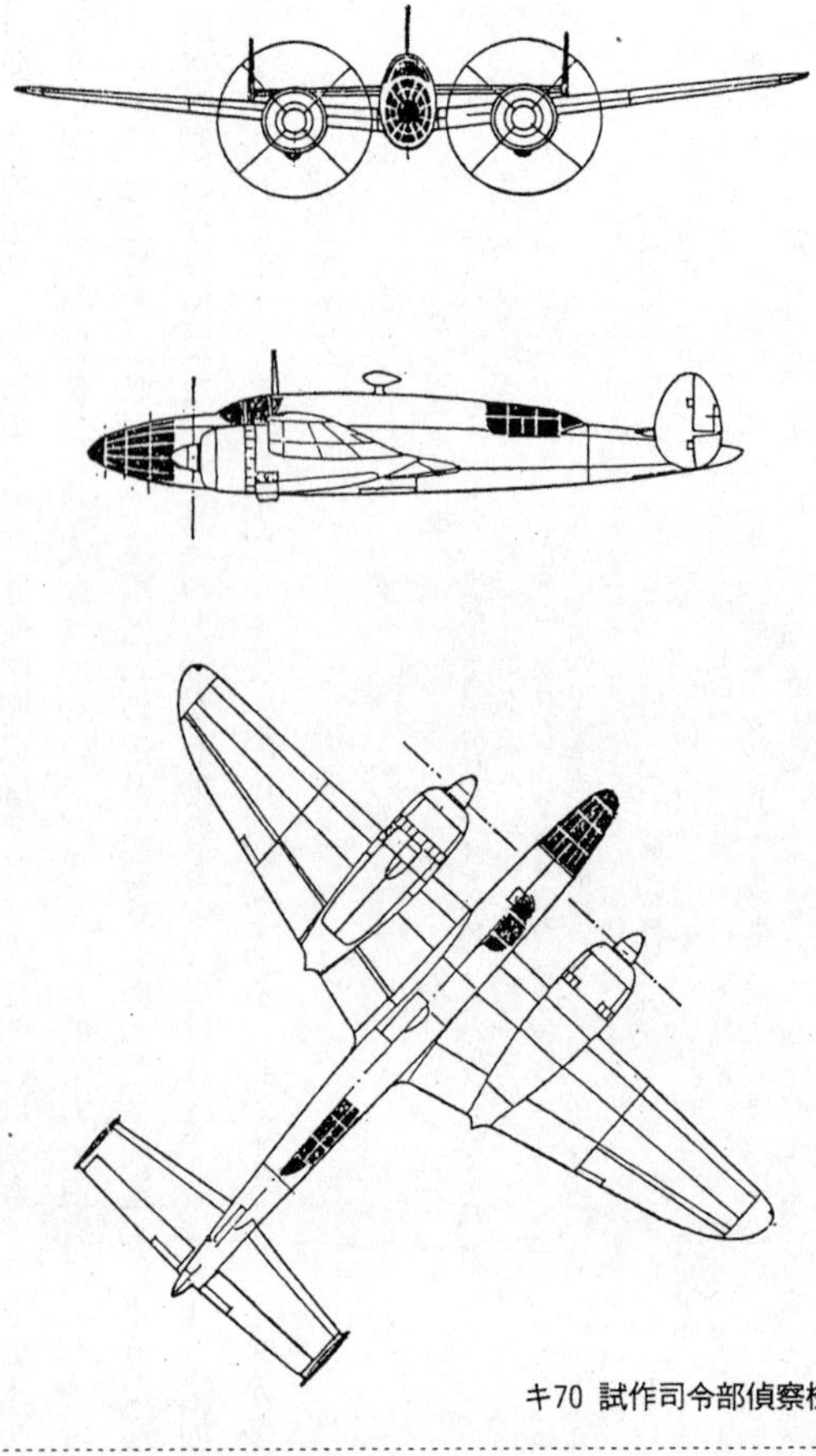

キ70 試作司令部偵察機

37 レシプロ・プロペラ機の限界速度に挑む

十八試陸上偵察機「景雲」〈海軍航空技術廠〉

海軍は太平洋戦争開戦と同時に戦略的見地から、それまでの水偵、艦偵とは別に陸上基地専用の陸上偵察機（十七試陸偵）の試作を空技廠に指示した。

当初の要求性能は双発、三座（気密室）、最大速度六六七キロ／時以上、航続距離七六〇〇キロで、洋上索敵と局地偵察もかねるという画期的な高性能である。双発機では限界があるとして当時、三菱で開発中の水冷H型二四気筒二五〇〇〜三〇〇〇馬力エンジン二基を、M型に胴体内に連結装備の予定だったが、乗員の視界、延長軸問題などで不可能とされていた。

結局、開発中の三菱空冷複列星型一八気筒二四〇〇馬力二基装備の双発機におちつき、試作が開始された。

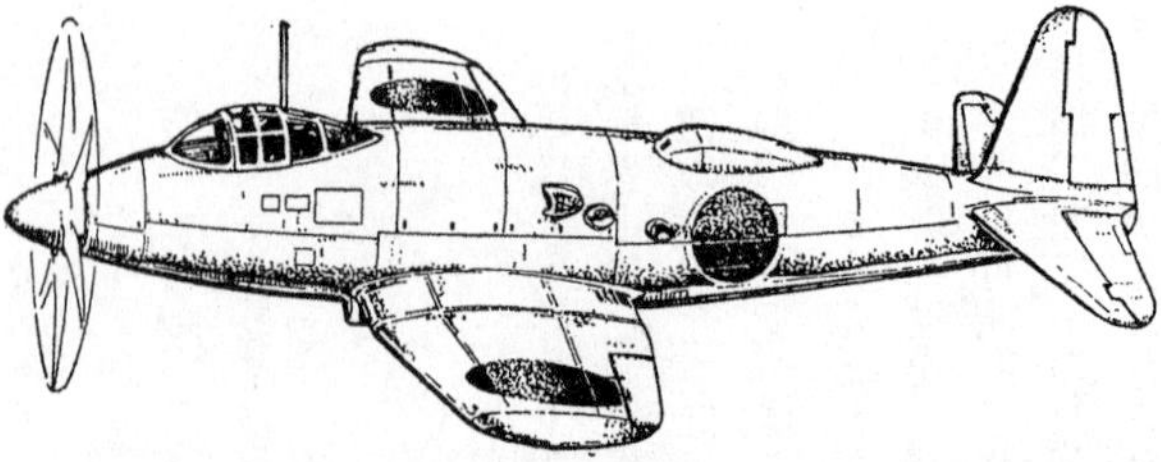

しかし予定されたエンジンの開発がおくれている間に戦局は急変し、このような大型長距離偵察機は他機種でもある程度代用することができるので、新局面に適した小型の高々度高速度偵察機の要求がたかまり、十七試の計画は中途で打ち切られた。そして、あらたに十八試陸上偵察機「景雲」の設計試作が指示された。

空技廠は昭和十六年五月、ドイツからハインケルHe119爆撃機を輸入、そのエンジン構成からヒントをえて、水冷一二気筒の「熱田」ハ四〇を二基並列に連結、双子型二四気筒として胴体中央に装備し、四メートルにおよぶ長い延長軸で機首のプロペラをまわすという革新的な駆動型式をとり、直径三・八メートルの六枚羽根プロペラを採用した。

計算上では、当時、プロペラ機の限界といわれていた時速七五〇〜八〇〇キロ／時の高速がえられると確信された。

そのほかに、近くジェット・エンジンの完成をみれば換装できるような構想もあり、三車輪式の降着装置、インテグラル・

タンク、並列複座の気密操縦室など新しい試みとしてとりいれていた。

しかし、まだ実用機としてはいくつかの問題をかかえていた。

昭和十九年秋、三菱で開発中のターボ・ジェット・エンジン、ネ三三〇の実用化の見とおしがついたので、本機はこれを二基装備して高速攻撃機「景雲改」としてあらたに試作が決定した。

プロペラ機「景雲」の方は「改」の性能試験機として、一応開発は強行されることになり、戦争末期の昭和二十年四月、第一号機が完成し、五月に二回テスト飛行を行なったが所期の性能に近づけず、エンジンの焼きつきなどで換装準備中に終戦となった。

いずれにせよ、昭和二十年となっては、レシプロ機で段階的に性能テストをすすめて、これをジェット化しようというような正統的な開発を実行でき

ハインケルHe119A

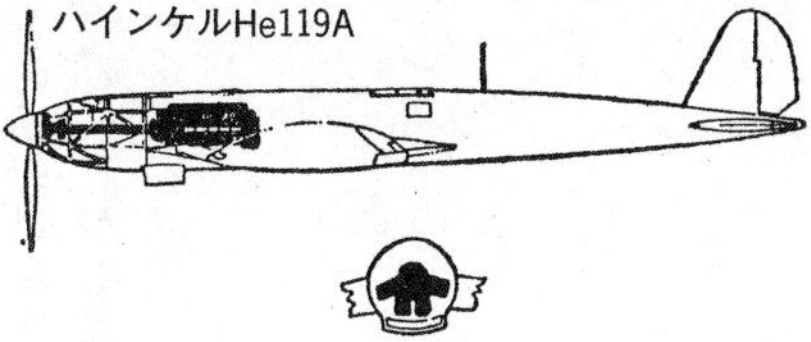

「景雲改」ジェット機案　初期（推定図）

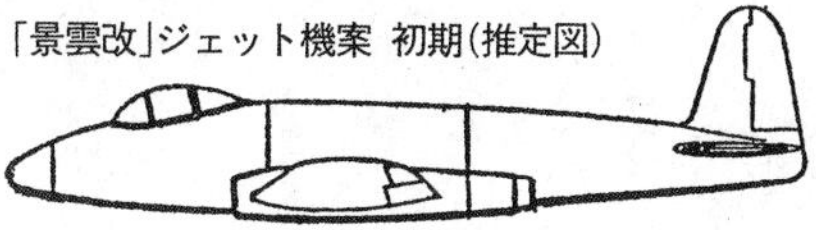

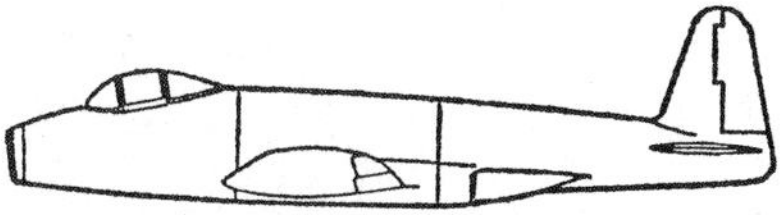

「景雲改」ジェット機案　後期（推定図）

る時期ではなかった。

すべてが中途半端な状態で、なんとか目標に近づこうとしたことで、〝高価なオモチャ〟という不評をかったのも止むをえなかったといえよう。

注：〔　〕は同型式機ハインケルHe119

十八試局地偵察機　景雲　R2Y1　Y40

設計：空技廠　型式：低翼、単葉、引込脚、三車輪〔中翼、逆ガル、単葉、引込脚〕乗員：二〜三〔二〜三〕発動機：愛知ハ七〇-〇一、液冷倒立X型双子二四気筒（DB606V32、双子並列液冷倒立二四気筒）公称出力：三一〇〇HP／一四〇〇m〔一速〕、三〇〇〇HP／八〇〇〇m〔二速〕、排気タービン装備時（三二〇〇HP）最大出力：三四〇〇HP（二三五〇HP）×一　プロペラ：VDM定速六翅（VDM四翅）、直径三・八m（四・二m）　全幅：一四m（一六m）　全長：一三・〇五m（一四・八m）　全高：四・二四m（五・四m）　主翼弦長：中央三m　翼端一・六五m　水平尾翼幅：六m　垂直尾翼高：胴体軸から二・一五m　補助翼幅：二・七九m×二　フラップ幅：三・八m×二　主翼面積：三四m²（五〇m²）　水平尾翼面積：七・七四m　垂直尾翼面積：二・五八m²　補助翼面積：一・一八六m²　フラップ面積：三・一m²×二　昇降舵面積：〇・八九m²×二　方向舵面積：一・一五五m²　自重：六〇二五kg（五一〇〇kg）　搭載量：二〇八五〜三三八五kg　全備重量：八一〇〇kg（八〇〇〇kg）　過荷：九四〇〇kg　翼面荷重：二二五kg／m²（一六〇kg／m²）　馬力荷重：二・七kg／HP（三・六五kg／HP）　燃料／滑油：増槽付一五五六／三二二〇ℓ（二五〇〇〜一七〇〇ℓ）　最大速度：七四一km／h／一万m、七二二km／h／八〇〇〇m（六九三km／h／四五〇〇m）　巡航速度：四六三km／h／四〇〇〇m　着陸速度：一六六km／h　上昇時間：一万mまで二一分（六〇〇〇mまで一四分二〇秒）　上昇限度：一万一七〇〇m（八五〇〇m）　航続距離：三六一〇km（一七〇〇km）　武装：なし　開発開始：昭和十八年　初号機完成：昭和二十年三月　生産機数：一　製作会社：空技廠　主脚間隔：三・九m　その他：二式空二無線、一式三帰投各一

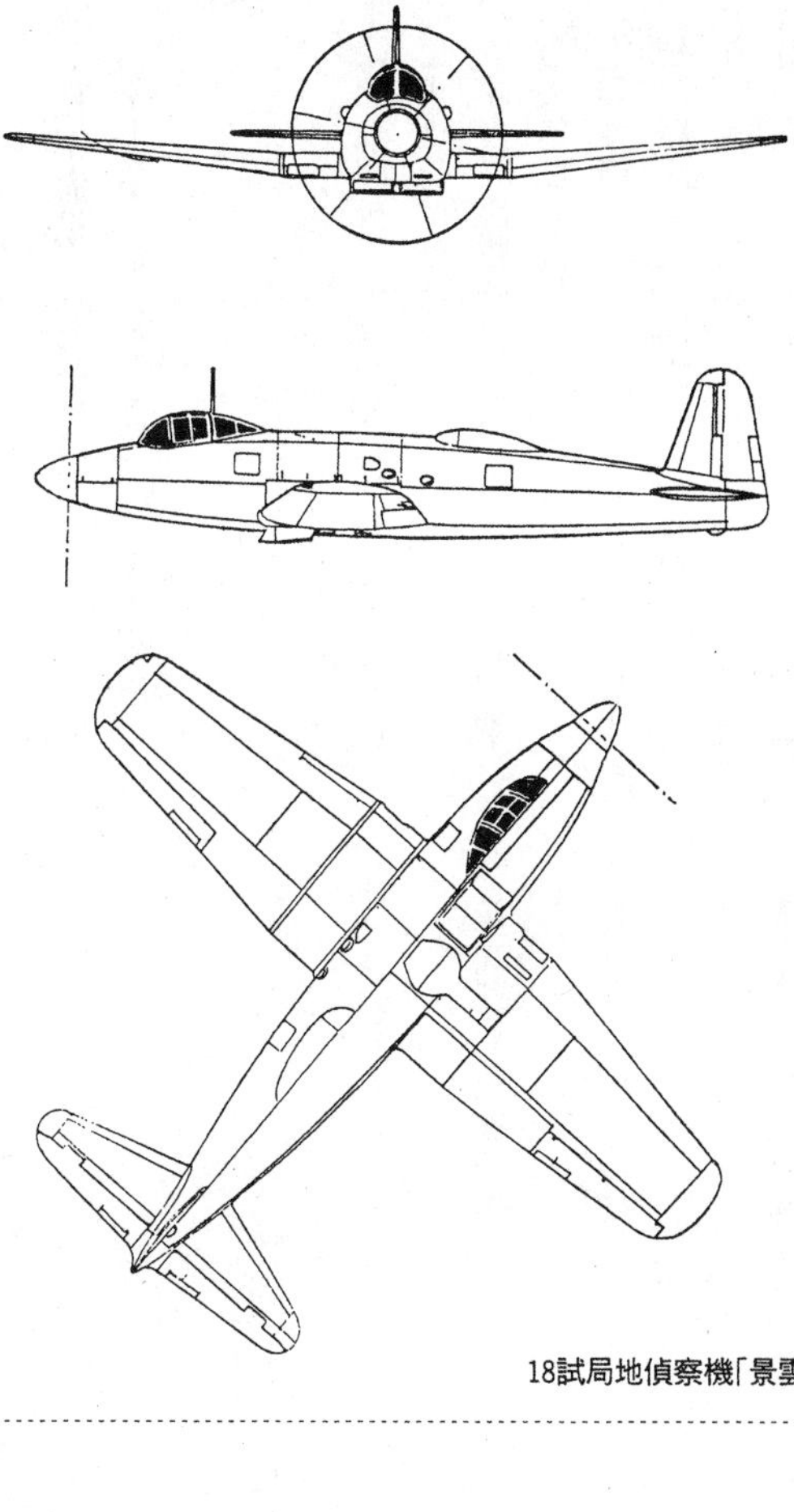

18試局地偵察機「景雲」

38 日本海軍の最高速機

十七試艦上偵察機「彩雲」〈海軍・中島〉

海軍は開戦直後、中島一社の特命で高性能偵察機の開発を指示した。
その要求性能は、
一、高々度長距離強行偵察が可能なこと、乗員三名、後部に旋回機銃装備。
二、最大速度六五〇キロ／時以上。
三、上昇性能六〇〇〇メートルまで八分以内。
四、航続距離最大、四六〇〇キロ以上。
という、きわめてきびしい内容のものだった。

艦上機に経験のふかい中島は、優秀な技術陣による設計試作チームを編成して開発に着手した。

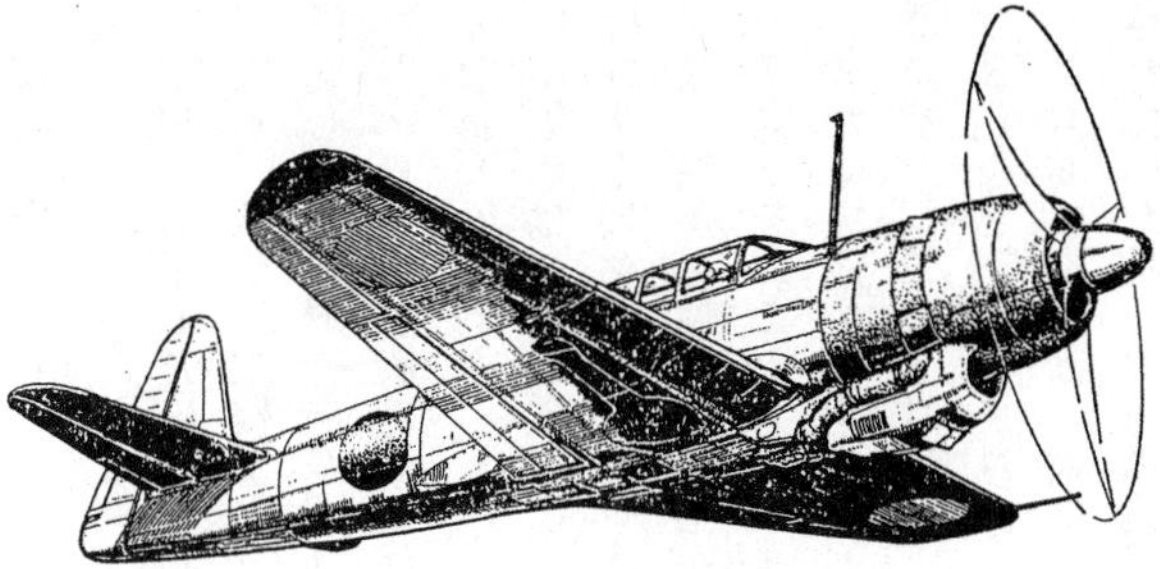

当時、軍側の考え方には、試作機はかならず現存機より性能はすぐれているのが当たり前という、技術者にとってまことにつらい風潮があったが、これが技術的に新機軸をつくりだし、独創的なアイディアを生む要因となったのではないだろうか。

当初の基本線は胴体内に一〇〇〇馬力級エンジン二基を串型に配置、両翼のプロペラを歯車と延長軸で駆動するという、空気抵抗の少ない革新的な構想でスタートした。

しかし、ちょうどこの時期に中島で開発した「誉」エンジンが完成したのでこの採用を決定、さらに技術的にめんどうな変型双発機の計画はとりやめて自社の九七式艦攻や「天山」艦攻の流れをくむ低翼・単葉・単発・三座の十七試艦上偵察機「彩雲」として開発をすすめることになった。

まず速度優先のたて前で正面面積をできるだけおさえ

た細長い胴体とし、各種の高揚力装置など当時の世界の最高水準の新技術をとりいれた。

昭和十七年七月には実物大模型による第一次審査、翌十八年四月に試作第一号機が完成し、秋には数機が完成、昭和十九年春までに試作機、増加試作機一九機によって徹底した試験飛行がつづけられた。もっとも注目された最大速度も六五四キロ／時をマークして要求値を上まわり、当時のアメリカ海軍の新型戦闘機よりも優速を確保する自信がえられた。

「彩雲」は、このように充分な性能を保有していたが、さらに性能の向上が試みられ、排気タービン過給器をつけたハ四五－二四に換装した「彩雲改」が昭和二十年二月に完成、高々度性能の向上が期待されたが、他機と同様に排気タービンの不具合で充分なテストをおこなわぬまま終戦を迎えた。

また未完成ではあったが、「彩雲」の対B29用の夜間戦闘機化として一一型の応急改造機と、二〇ミリ斜銃二を装備した夜間戦闘機型「彩雲改」一一型、艦上攻撃機化、木製化などが計画された。

ともあれ本機は、太平洋戦争に入ってから開発に着手し、終戦までに量産、実用化されていた唯一の海軍機である。艦上偵察機「彩雲」一一型（G６N１）として制式採用されたのは昭和十九年で、終戦までに三九八機が生産された。

本機は大戦後期において性能、実用性、可動率などの点でたかく評価された海軍機中の最優秀機だった。高速であったことはよく知られているが、長大な航続距離も本機の大きな特質だった。

ひろい太平洋の戦場における偵察行動で、本機は、じゅうぶん有効に使用されたといえよう。

艦上偵察機　彩雲 改　C6N2
設計：中島　型式：単発、低翼、単葉　乗員：三　発動機：中島ハ四五－二四＋ル二一二排気タービン過給器、空冷星型複列一八気筒　公称出力：一七八〇HP／九〇〇〇m　最大出力：一九八〇HP×一　プロペラ：VDM油圧式定速四翅、直径三・五m　全幅：一二・五m　全長：一一・一五m（三点一〇・九二m）　全高：三・九六m　主翼面積：二五・五㎡　自重：三二三九kg　搭載量：一一〇三kg　全備重量：四三四二kg　翼面荷重：一七〇・四kg／㎡　馬力荷重：二・四四kg／HP　武装：七・七㎜旋×一（後上）　C6N1開発開始：昭和十六年十二月　初号機完成：昭和十八年四月　生産機数：三九八　製作会社：中島　C6N2生産機数：一

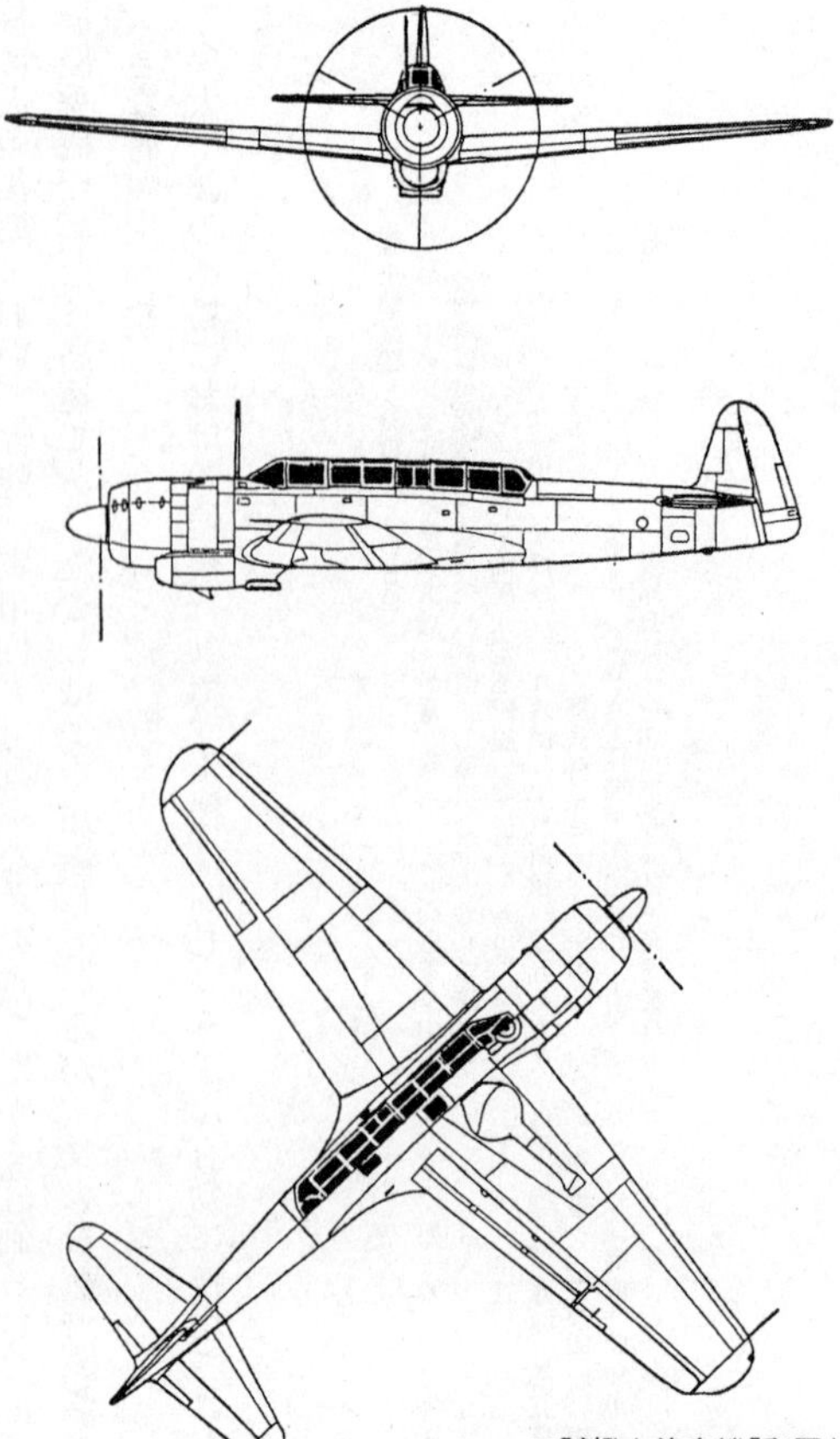

17試艦上偵察機「彩雲」改

39　開発に時間をかけすぎた新鋭水偵

高速水上偵察機「紫雲」〈海軍・川西〉

海軍が独特の構想にもとづいて機動部隊の行動範囲を有利にみちびくため開発した高速水上偵察機で、このような種類の機体は戦前、戦後を問わず、アメリカをはじめ連合国側各国には出現しなかった。

本機の独創性は従来の偵察機とは異なり、敵戦闘機の制空権下での強行偵察を可能にするため、水上機でありながら敵戦闘機よりも絶対的に優速であることが要求されたため、陸上機としても未開発のあらゆる新機軸が試みられた。本機は昭和十八年八月に二式高速水上偵察機「紫雲」として制式採用となり一五機が製作されたが、世界唯一の機種としてあえて本項に組み入れた。

「紫雲」の新機軸の主な個所は、

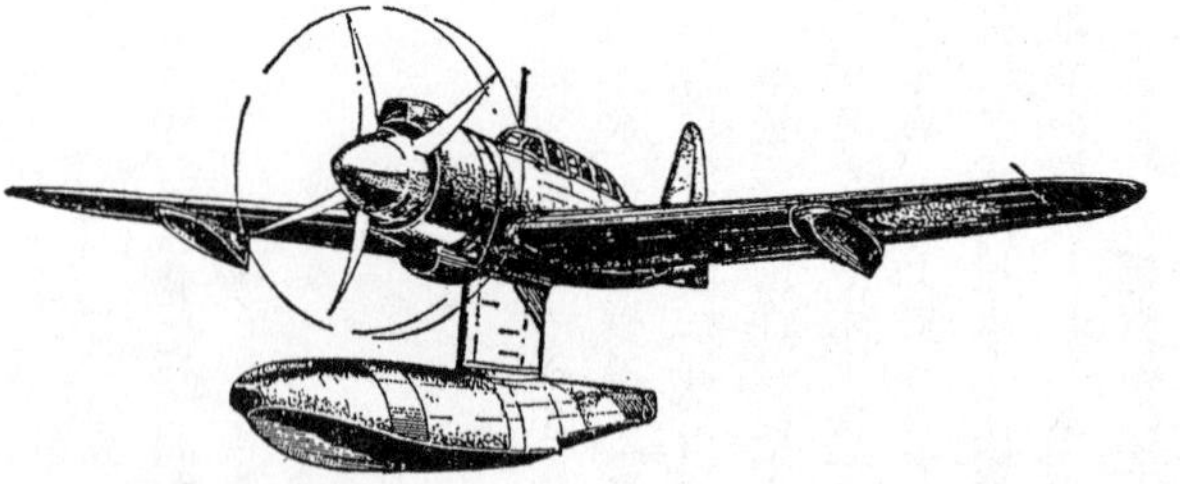

一、大出力の三菱「火星」一六二〇馬力エンジンを装備するため、大馬力の吸収と水上滑走時のトルクの影響をなくすために、日本の実用機としては、はじめての二重反転プロペラを採用した。

二、主フロートは一枚板状支柱にとりつけ、緊急増速の場合にはこれを付け根から切りはなして投下し、翼端補助フロートも引込時にはフロート上半部の浮力部のズック製気嚢《きのう》内の空気をぬき、完全引き込みにちかいかたちで内側引込式にした。

三、主翼はLB層流翼断面を採用した。

四、武装は後席に七・七ミリ旋回銃一梃だけを装備し、もっぱら「高速は最良の防御」の方針をつらぬいた。

この十四試水偵は新機構の多いこともあって試作第一号機の完成は、昭和十六年十二月になり、その後、改修に手間どり、軍への引き渡しは昭和十七年十月になった。

本機は着想において独創的機構の多い機体であったが、その機能を充分に発揮することができず、かえって非実用性が目立つ結果となった。

昭和十八年八月に制式採用され、試験的に六機がパラオ基地に配置され実戦評価を試みたが、空戦時にかんじんの主フロートを投下できず、また最大速度が四七〇キロ／時では、当時の性能向上した敵戦闘機の制空権下を強行偵察することは、ほとんど不可能で、短期間に全機を失うという悲惨な結果になった。

このように「紫雲」は、戦時下で使用目的を徹底するために、大胆な機構を実用化するのがいかにむずかしいかを如実に示した例である。

十七試高速水上偵察機　紫雲　一一型〈二式〉　E15K1　K10

設計：川西　型式：単発、低翼、単葉、単フロート　乗員：二　発動機：三菱「火星」二四型、空冷星型複列一四気筒　公称出力：一六二〇HP／二一〇〇m、一四八〇HP／五五〇〇m　最大出力：一八五〇HP×一　プロペラ：ハミルトン油圧式定速二翅×二（二重反転）、直径三・一m　全幅：一四m　全長：一一・五八七m　全高：四・九五m　翼幅：折りたたみ時七・九六m　主翼面積：三〇㎡　自重：三一六五kg　全備重量：四一〇〇kg　過荷：四九〇〇kg　翼面荷重：一三六・五kg／㎡　馬力荷重：二・七三kg／HP　燃料／滑油：一七六五／一〇〇ℓ　最大速度：四七〇km／h／五七〇〇m　巡航速度：三〇〇km／h／二五〇〇m　着陸速度：一一四km／h　上昇時間：六〇〇〇mまで一〇分　上昇限度：九八三〇m　航続距離：三三八〇km　武装：七・七mm旋×一、爆弾六〇kg×二　開発開始：昭和十四年七月　初号機完成：昭和十六年十二月～昭和十七年十月　生産機数：一五　製作会社：川西

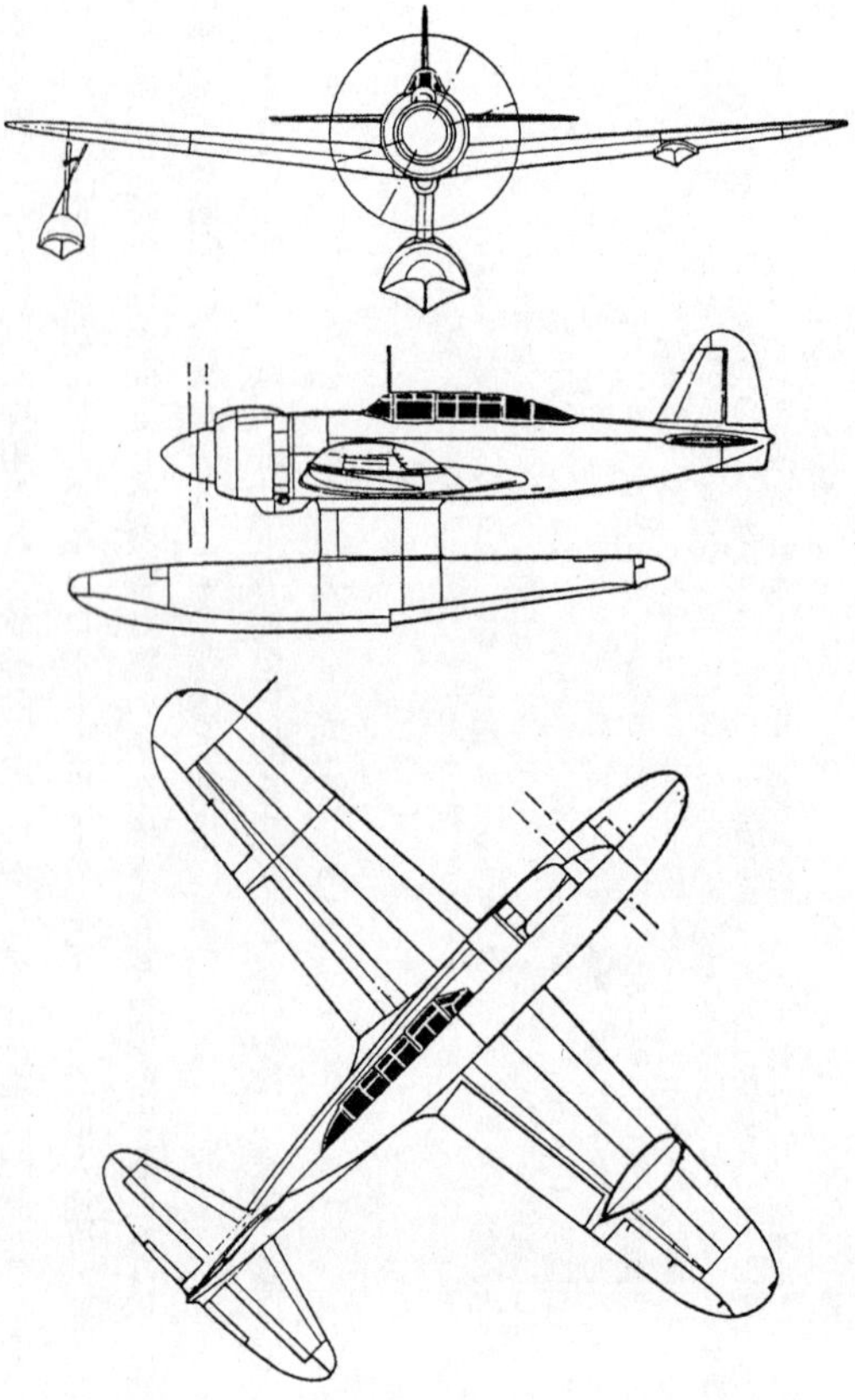

17試高速水上偵察機「紫雲」11型（二式）

第四章　研究機

40　何とプロペラ機で時速八五〇キロ

キ78試作高速研究機「研三」〈陸軍・帝大航空研究所・川崎〉

昭和十三年、帝大航空研究所が設計した航研長距離機が、日本ではじめてＦＡＩの公認世界周回航続距離記録を更新し、日本の航空技術の優秀性を世界に示した。

そこで、さらに実用性のたかい新型長距離機「研一」の計画、高々度飛行の研究を目的とする「研二」の計画、および高速飛行の研究を目的とする「研三」の計画が、

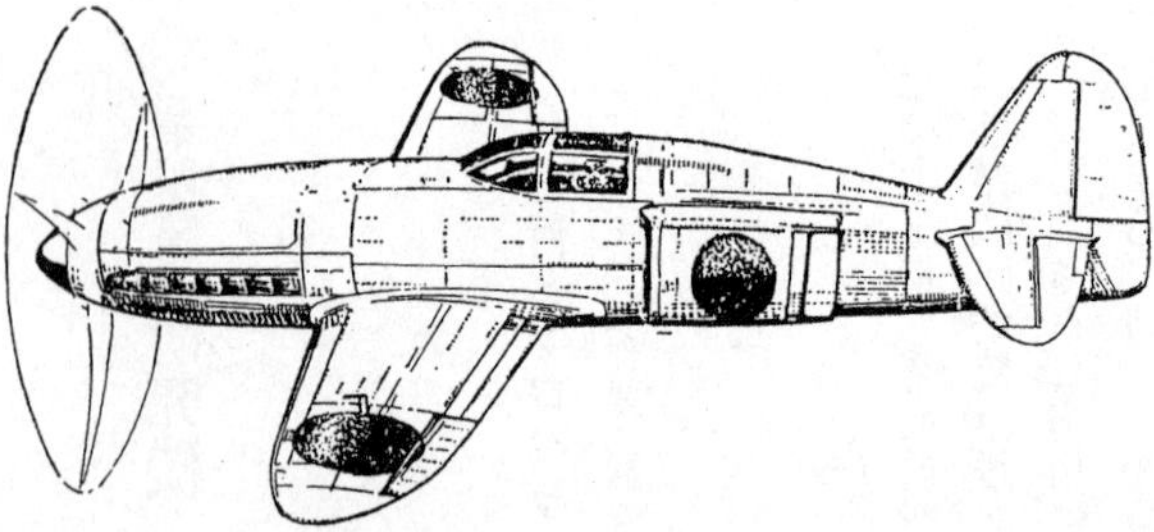

陸軍の依頼により純研究的な面から帝大航空研究所で総力をあげてすすめられることになり、それぞれキ77、ロ式B、キ78の軍試作名称があたえられた。
「研三」は昭和十四年秋、設計を帝大航研、製作を川崎が受け持ち、「将来の戦闘機の研究に役立てうる速度研究機の研究」という目的で開発をすすめることになった。
まずこの機体を「研三中間機」(キ78)として時速七〇〇キロをめざし、最終的には一九三六年四月にドイツのメッサーシュミットMe109Rが樹立した七五五・一一キロ/時(三キロ直線)の世界速度記録を更新することが目的だった。
「研三」第一次試作機は、昭和十五年六月から設計製作を開始して翌年九月完成、昭和十七年三月までに飛行試験をおわり、第二次試作機の設計製作は昭和十六年九月に開始して翌十七年三月に完成、年内に世界速度記録を更新する予定で開発が進行した。

キ78は細部設計の完了が昭和十七年五月になり、試作機の完成も予定より一年以上おくれて、同年十二月になった。初飛行は十二月二十六日におこなわれ、以後約一年間にわたって総計三二回の試験飛行がくりかえされ、無事故のまま昭和十九年一月に終了した。

この間、昭和十八年十二月の飛行で六九九・九キロ／時の高速度を出し、終戦時までの日本機の最高速度を記録した。

キ78の設計の最重要点は、形状抵抗と摩擦抗力の減少で、機体形状は表面積の減少、平滑化のほかに、主翼は層流翼型ＬＢ翼を採用、とくに抗力の主発生部である主翼前縁部の外板には厚板を使用、小骨と組み合わせ鋲打ちによる機体表面の抵抗増をさけ、細部にわたる表面の平滑化をはかった。

抵抗減少のためのもう一つの難問は、冷却器の取付位置と形状であり、当時ドイツのハインケル社で実用化に成功していた蒸気式表面冷却（冷却空気取入口を必要としないため、前面抵抗の減少に役立つ方法であるが、機構の複雑さと重量の増加などの面では不利であった）の採用も一応考慮されていた。

しかし、結局、従来のグリコール液冷法による冷却器を胴体の操縦席側面に埋込式に装備し、一部にプレストン表面冷却器を補助として、また発動機まわり上面には滑油用表面冷却器を装備した。

翼面荷重は結局二二〇キロ/平方メートルという高荷重になり、二段親子式スロテッド・フラップを採用、着陸速度は一六六キロ以下に落とすことに成功したが、翼幅が極端に短いため離陸時のトルクの影響が大きく、操縦にはかなりの技術を要したといわれる。

本機が高速度研究機の中間型として、ともかく七〇〇キロ/時の記録を樹立したことは、この計画目標を充分に達成したといってよいだろう。

川崎はさらに本格的な速度記録用の第二号機を計画し、これには当時研究中であった同社の液冷X型(またはH型)三〇〇〇馬力エンジンを用い、時速八〇〇〜八五〇キロをめざしていたが、戦局の激化のため惜しくも中止された。

キ78試作高速研究機は結局、直接には戦闘機設計の資料とはならなかったが、航研および川崎が得た技術上の経験は大きく、間接的には、高速軍用機にあたえた影響がかなりあったように思われる。

キ78 試作高速度研究機 研三
設計:東大航空研究所、川崎 型式:低翼、単葉、引込脚 乗員:一 発動機:ダイムラーベンツDB601A改、液冷倒立V型12気筒 最大出力:一五五〇HP×一 プロペラ:VDM定速三翅、

直径二・九m、ピッチ五八度三三分～三〇度三〇分　全幅：八m　全長：八・一m　全高：水平三・〇六m、三点三・〇七m　脚間隔：三・〇四m　取付角：〇度　上反角：六度　主翼面積：一一㎡　自重：一九三〇kg　搭載量：三七〇kg　全備重量：二三〇〇kg、実測：二四二四kg　翼面荷重：二一六kg／㎡　馬力荷重：一・四八kg／HP　燃料／滑油：二五〇＋六〇（メタノール）＋二五ℓ　最大速度：六九九・九km／h／三五二七m　着陸速度：一六〇～二〇〇km／h　上昇限度：八〇〇〇m　航続距離：六〇〇km　初号機完成：昭和十七年十二月　その他＝アスペクト比：五・八二　水平尾翼幅：三・二m　補助翼面積：〇・六三㎡　フラップ面積：一・六三㎡　水平尾翼面積：一・二五㎡　離陸速度：一九五km／h　着陸速度：一六六km／h　離陸滑走距離：三六〇m　着陸滑走距離：八六〇m

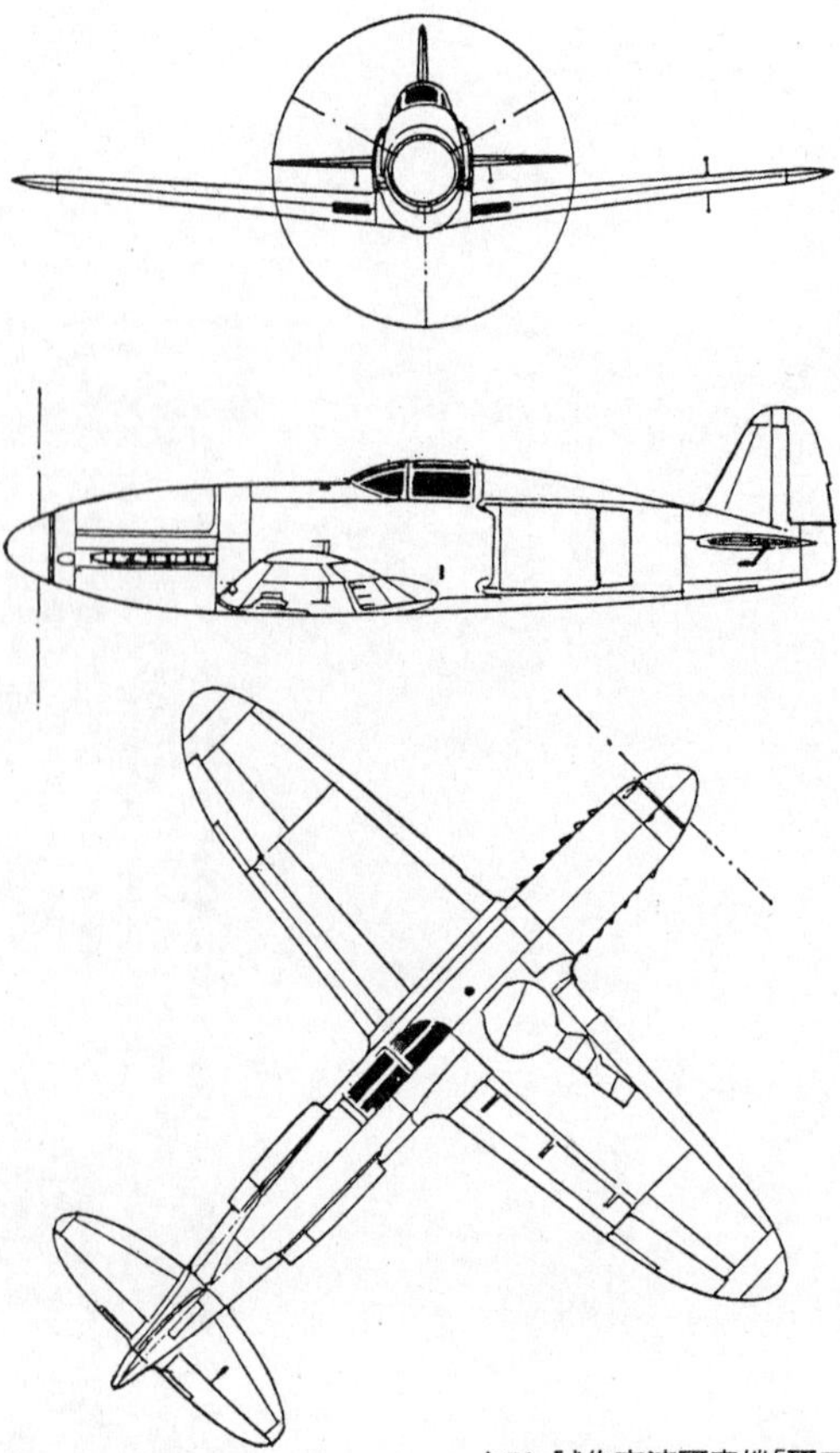

キ78 試作高速研究機「研三」

41 悲願の成層圏飛行に挑む

ロ式B試作高々度研究機　〈陸軍・帝大航空研究所・立川〉

軍が帝大航研に研究試作を要請した、「より速く、より高く、より遠く」という航空機の目標三原則の向上のためには、高速度研究機キ78、長距離機キ77のほかに成層圏飛行を目的とする高々度研究機があった。

成層圏飛行の研究は、当時、学術的研究の対象としてはもちろんであるが、とくに軍事的な面で大きな意義をもっており、その研究には厳重な機密保持がおこなわれた。キ番号試作機が「極秘」扱いであったのにたいし、それ以上の「特秘」扱いとして開発が進められたためにキ番号を用いず、陸軍の正式名称をロ式B、製作会社呼称をSS－1とされた。

昭和十三年、航研は陸軍と協力して高々度研究機を試作することになり、第一次案

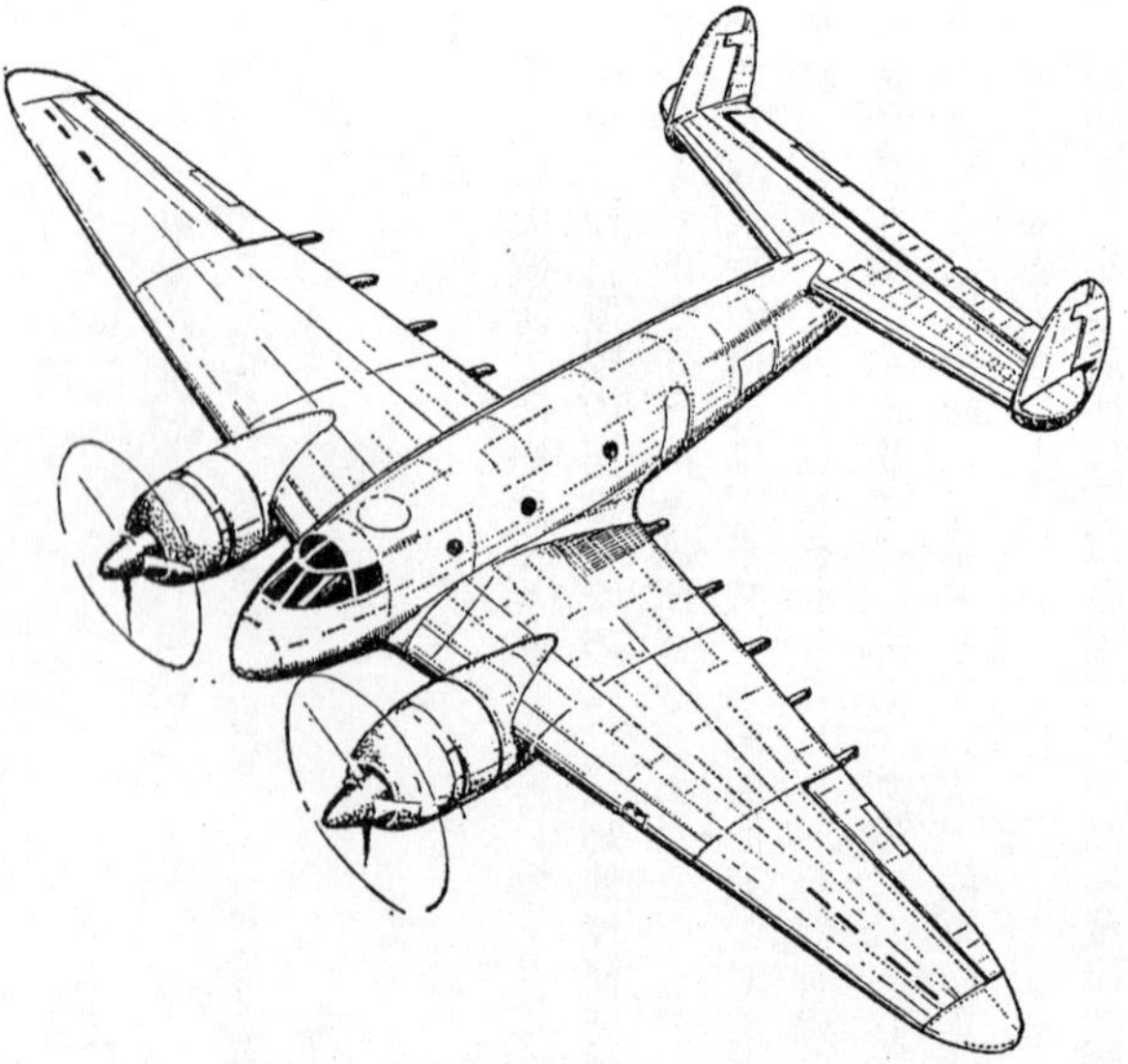

として、八〇〇〇〜一万メートルを常用高度とする亜成層圏機の完成後、第二次案として一万一〇〇〇メートル以上の常用高度をねらった成層圏機の研究をおこなうことにした。

第一次案の基礎要求としては、

一、乗員は操縦士二、実験員三〜四。

二、気密与圧室と空気調整設備の完備。

三、常用高度八〇〇〇〜一万メートルで五〜六時間程度の実験飛行が可能であること。

これらの条件をみたす実験機としては、とくに新型機を開発せず、一〇〇〇馬力級双発機で主翼アスペクト比が大きく上昇性能に有利な、当時立川で国産化生産中のロッキード14双発輸送機（ロ式輸送機）の主翼と尾翼、ナセル、降着装置などをなるべくそのまま利用し、気密与圧室つき胴体、エンジン、プロペラなどをあらたに試作することにした。

胴体形状はA26（後出、長距離機）とおなじ段なし式機首、直径一・七四メートルの円形断面で重量軽減のために寸法をできるだけ小さくした。

エンジンは試作第一号機は二段二速過給器つきハ一〇二（公称一〇五五馬力）、第二号機は二速の与圧高度を九〇〇〇メートルとしたハ一〇二特を採用、プロペラも吸収馬力が大きく幅も大きい特殊なものを採用した。

与圧艤装は両エンジン・ナセルの側面から吸い込んだ外気を、エンジン後部のルーツ型圧縮機で二倍に圧縮して自動調圧機により適圧にした後、清浄器、消音器、温度調節器をへて室内に送りこむ方式を採用し、第一号機の常用高度ではどうにか間に合った。

しかし、第二号機の常用高度一万一〇〇〇メートルの場合、この方式では室内気圧六五〇〇メートル以下にならなかったので、液体酸素を携行して室内に放出し、室内酸素の不足を補うことにしたが、充分な実験をおこなえる状態ではなかった。

研究機は昭和十五年秋から細部設計が開始され、昭和十六年末に設計を完了、第一号機、二号機の試作が並行しておこなわれ、昭和十七年七月に完成した。

しかしその後、気密室の気密試験に手間どり、昭和十八年六月になってやっと初飛行を迎えた。

第二号機は、一号機の飛行実験のデータにもとづいて与圧艤装の改修をおこない、十九年夏に初飛行したが、終戦時までに所期の目的をたっするまでの実験はおこなわれずに終わった。

しかし、与圧艤装の各種実験データは、キ74爆撃機およびキ94戦闘機その他の高々度用途機に利用された。

ロ式B　高々度研究機
設計：東大航空研究所、立川　型式：双発、低翼、単葉、引込脚　乗員：六　発動機：三菱ハ一〇二特（第一号機）、空冷星型複列一四気筒　公称出力：一〇五五HP／二七八〇m、九五五HP／五七六〇m　最大出力：一〇八〇HP×二　プロペラ：HS定速三翅、直径三・二m　全幅：一九・九六四m　全長：一一・七五八m　翼弦長（MAO）：二・九四二m　水平尾翼幅：七・八八二m　ナセル間隔：四・七五二m　脚間隔：四・六七四m　胴体直径：最大一・七三六m　上反角：六度一五分　取付角：二度　主翼面積：五一・二㎡　補助翼面積：二・二五六㎡　フラップ面積：一〇㎡　水平安定板面積：八・六九四㎡　昇降舵面積：三・七五二㎡　垂直安定板面積：二・九二八㎡　方向舵面積：三・〇二八㎡　自重：一号機実測五一五七kg　全備重量：六七四〇kg　燃料／滑油：一四〇〇／一二〇ℓ　最大速度：四七五km／h／五八〇〇m　巡航速度：三六〇km／h／八〇〇〇m（六〇パーセント出力）　上昇時間：八〇〇〇mまで一三分　上昇限度：一万m　航続力：五・六時間　武装：なし　開発開始：昭和十五年秋　初号機完成：昭和十七年七月、昭和十八年六月第一号機初飛行　生産機数：二　製作会社：立川

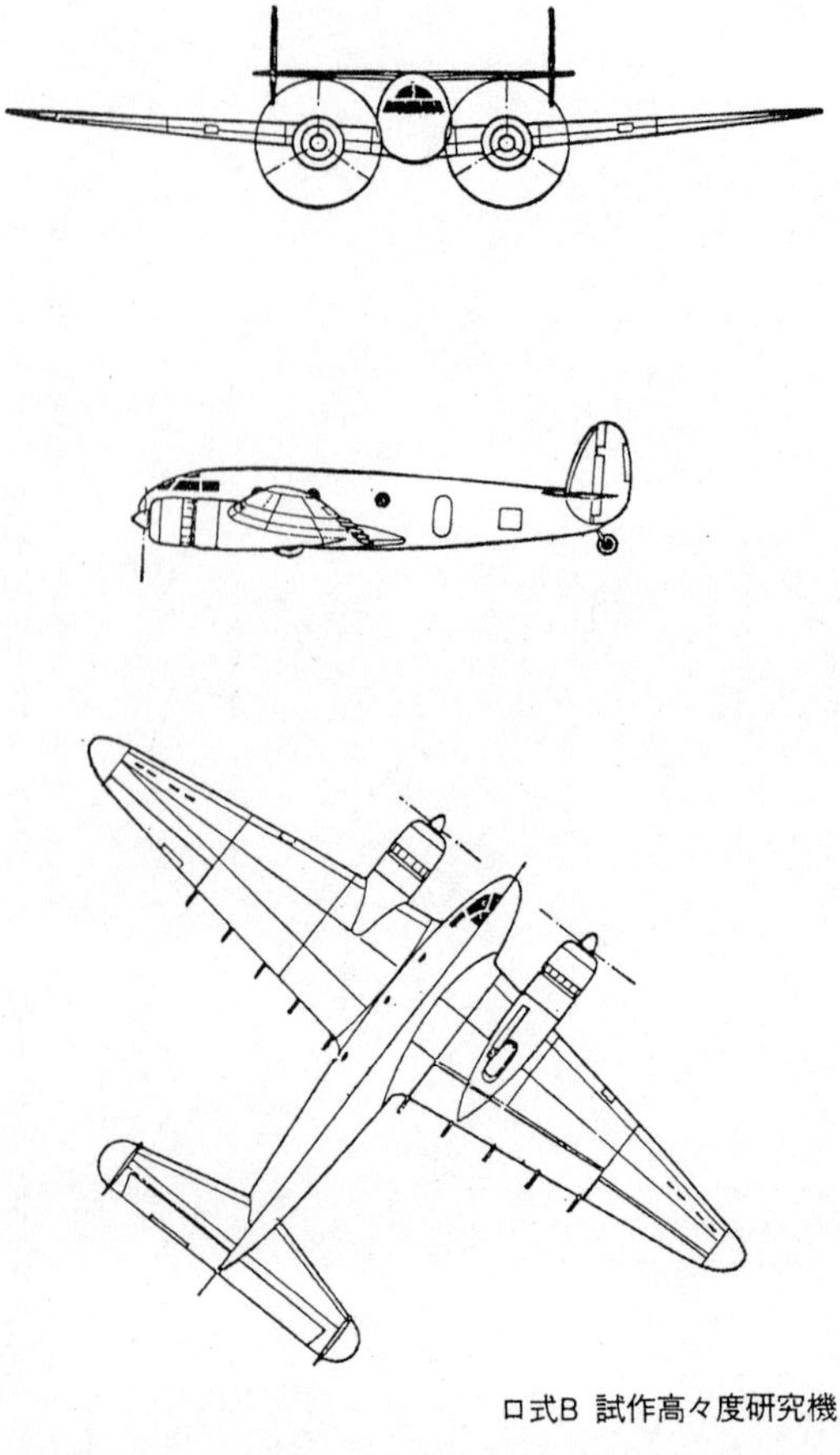

ロ式B　試作高々度研究機

42　長距離飛行世界記録を破る

キ77長距離機〈陸軍・帝大航空研究所・立川〉

昭和十五年（一九四〇年）、朝日新聞社は紀元二六〇〇年の記念事業の一つとして、「東京ニューヨーク間無着陸親善飛行」を計画し、これに使用する長距離機A26の研究開発を帝大航空研究所に依頼した。

航研では、昭和十三年に、当時の周回航続距離世界記録を樹立した「航研機」の経験があり、朝日新聞社から航研に示された要求――一、航続距離一万五〇〇〇キロ以上、二、巡航速度三〇〇キロ／時、三、亜成層圏を常用高度とする、四、航法、維持点検などで前作航研機よりも実用面を強化する。

などを基礎に、単なる記録機ではなく、将来予想される高々度輸送機の予備資料ともなる実用性格をもつ機体を予定した。

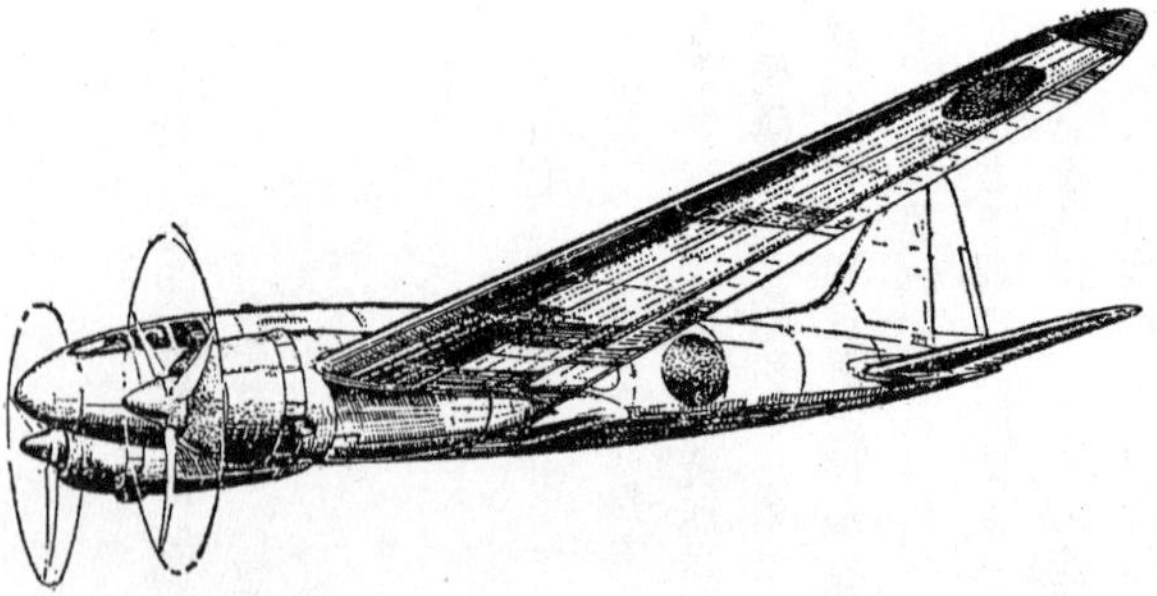

陸軍はこれよりさき、昭和十四年に立川にキ74高々度遠距離偵察爆撃機（前出）の開発指示をおこなっていたので、それまでに集めた基礎資料をこの朝日新聞社の計画と組み合わせて実際に試験するために、キ77の試作名称をあたえ、陸軍研究機としても扱うことになり、機体製作はおなじ立川に命じた。

基礎設計は昭和十五年三月から開始され、機体は一〇〇〇馬力級エンジンを使用、離陸総重量一五トンの双発型に決まった。

主翼はアスペクト比一一という細長いもので、翼型も当時ではまだめずらしかった層流翼型を採用、翼内の燃料タンクはインテグラル式で、全幅の七五パーセントを占め、燃料搭載量は一万一五五五リットルにおよんだ。胴体はきわめて洗練された流線形で各抗力の減少に成功し、また将来の気密室装備も考慮された形となった。

比較的高い常用高度（四〇〇〇～六〇〇〇メートル）

を長時間飛行するために、当時の技術では困難だった与圧気密室については、室内を気密にしてその中に酸素を放出し、室内の酸素濃度だけをたかめる酸素気密室が採用されたが、実際には室内酸素濃度を正確に測定する装置がないため常時不安がつきまとい、記録飛行時にも乗員は五〇時間以上も酸素マスクをつけっ放しであった。

Ａ26第一号機は昭和十七年十月に完成、十一月に初飛行に成功した。その後の飛行試験は順調に進行し、第一号機は昭和十八年四月に、東京シンガポール無着陸飛行に往復とも成功した。

つづいて四月に第二号機が完成し、第一号機の高性能に自信をえて昭和十八年六月、ドイツへの無着陸連絡飛行（福生からシンガポールへ向かい、燃料補給ののち、一挙にドイツに飛行する計画で、セ号飛行と称した）を計画、七月にドイツへむかったがそのまま消息をたち、日本全土に大きな衝撃をあたえた。

そこで残る第一号機によってＡ26の本来の性能限界を実際にテストするために、軍を中心に満州の新京（現在の長春）―ハルピン―白城子を結ぶ八六五キロの三角コースで、長距離周回世界記録に挑んだ。

昭和十九年七月、一万六四三五キロを五七時間一二分で飛行して、当時の世界記録を大幅に上まわる実績を示した。着陸後、なお八〇〇リットルの燃料をのこしており、これを全部使用すれば一万八〇〇〇キロ飛べたはずだといわれる。

この記録は、戦時中のため公認はされなかったが、今日まで、レシプロ・プロペラ機でこれを破る記録は生まれていないところからみても、いかにすぐれた大記録であったかがわかる。戦後の昭和二十二年にアメリカのB29爆撃機が樹立した世界記録は一万四二五〇キロである。

なおA26一号機は終戦と同時にアメリカ軍に接収されてテストされ、〝空飛ぶガソリン・タンク〟の異名をとったといわれる。のちに米国へはこばれたらしいが消息は不明である。

キ77　長距離機
設計：立川　型式：双発、低翼、単葉、引込脚　乗員：六（二号機は八）　発動機：中島ハ一一五特、空冷星型複列一四気筒　公称出力：一〇九〇HP／一四五〇m（一速）、一〇〇〇HP／四三〇〇m　最大出力：一一七〇HP×二　プロペラ：HS定速三翅、直径三・八m　全幅：二九・四三八m　全長：一五・三m　全高：三・八五m　ナセル間隔：五・九六七m　脚間隔：五・九六七m　水平尾翼幅：八m　垂直尾翼高：中心線より三・四m　主翼面積：七九・五六㎡　補助翼面積：九・九四㎡　フラップ面積：七・五㎡　水平安定板面積：九・〇八㎡　昇降舵面積：三・七四㎡　垂直安定板面積：四・二七㎡　方向舵面積：二・四五㎡　自重：七二三七kg　搭載量：九四八八kg　全備重量：一万六七二五kg　翼面荷重：二〇三kg／㎡　馬力荷重：七・一五kg／HP　燃料／滑油：一万一五五五＋四〇〇ℓ　最大速度：四四〇km／h／四六〇〇m　巡航速度：二九〇〜三〇〇km／h／四〇〇〇m　着陸速度：一六五km／h　上昇時間：六〇〇〇mまで二四分　上昇限度：八七〇〇m

航続距離：一万八〇〇〇km　離陸速度：一七三km／h　初号機完成：昭和十七年十月　生産機数：二　その他＝平均翼弦長：三・〇六三m　最大弦長：四・三六m　翼端弦長：一・〇九m　アスペクト比：一〇・九　上反角：六度　取付角：三度　無線：試製×一、飛二方向探×二　燃料：八五二八kg　滑油：三五六kg

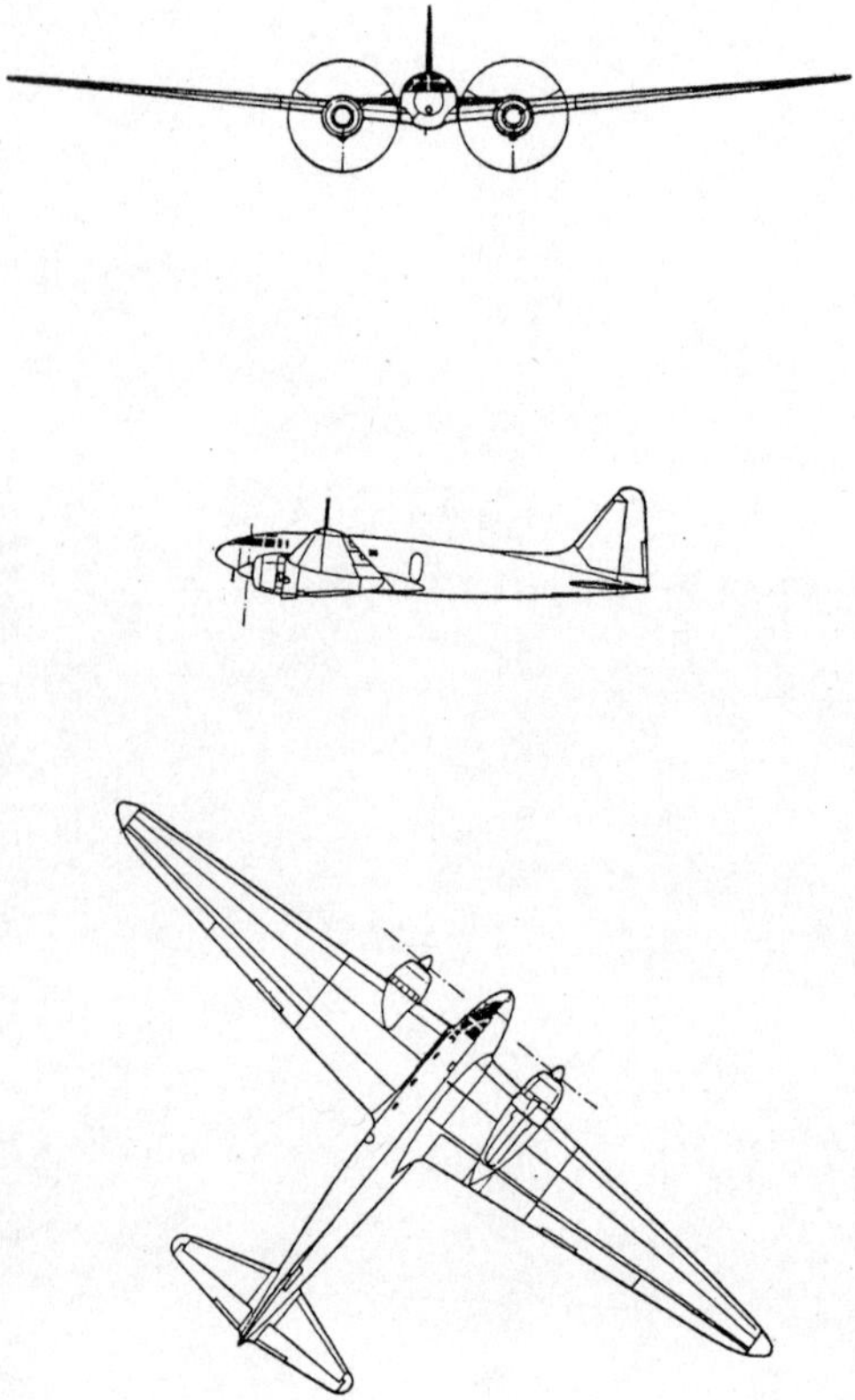

キ77 長距離機

43 〝技術の腕だめし〟が生んだ独創機

試案重戦闘機・試案軽爆撃機 〈陸軍・立川〉

昭和十六年、当時の陸軍航空技術研究所において、「飛行機の技術的要求条件の調査研究第六次記事」という試案が上申された。

当時の日本の技術程度で、いかなる性能の飛行機を開発することが可能かを具体的に研究し、独創的な飛行機の完成をめざした基本案である。

その結果、九月下旬に重戦闘機、軽爆撃機、司令部偵察機、重爆撃機、高速度機など、五機種一二機の基礎図面が完成した。この項ではこの計画案の中から、重戦闘機二種、軽爆撃機二種をとり上げる。

重戦闘機についてはA案とB案があり、いずれも一三ミリ級機関砲および二〇〜三七ミリ級機関砲を胴体の前方に装備できる小型の重単座戦闘機型式であった。

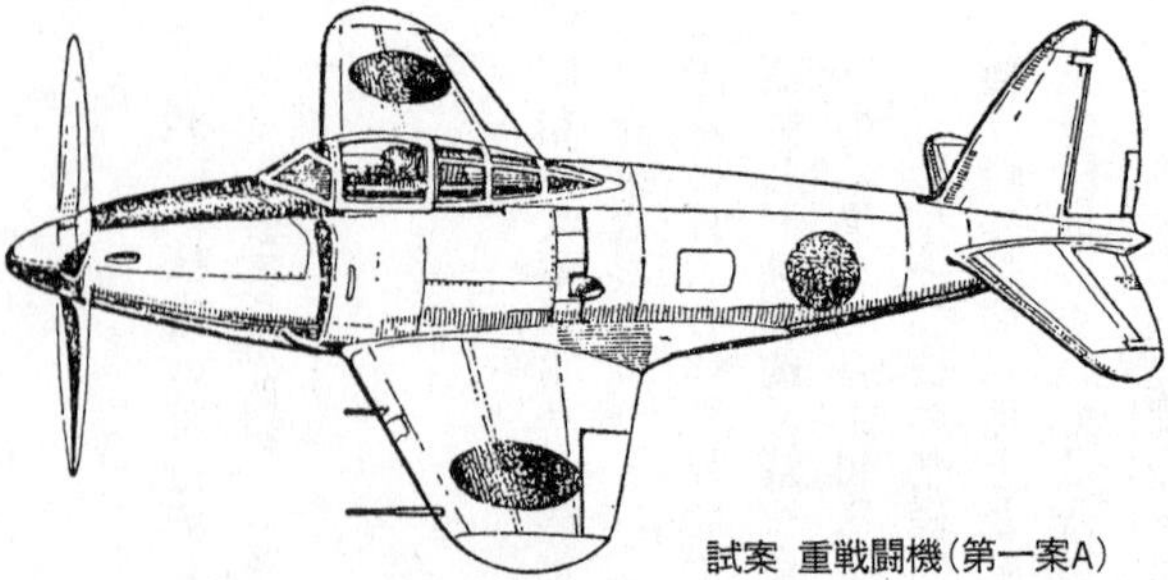

試案　重戦闘機（第一案A）

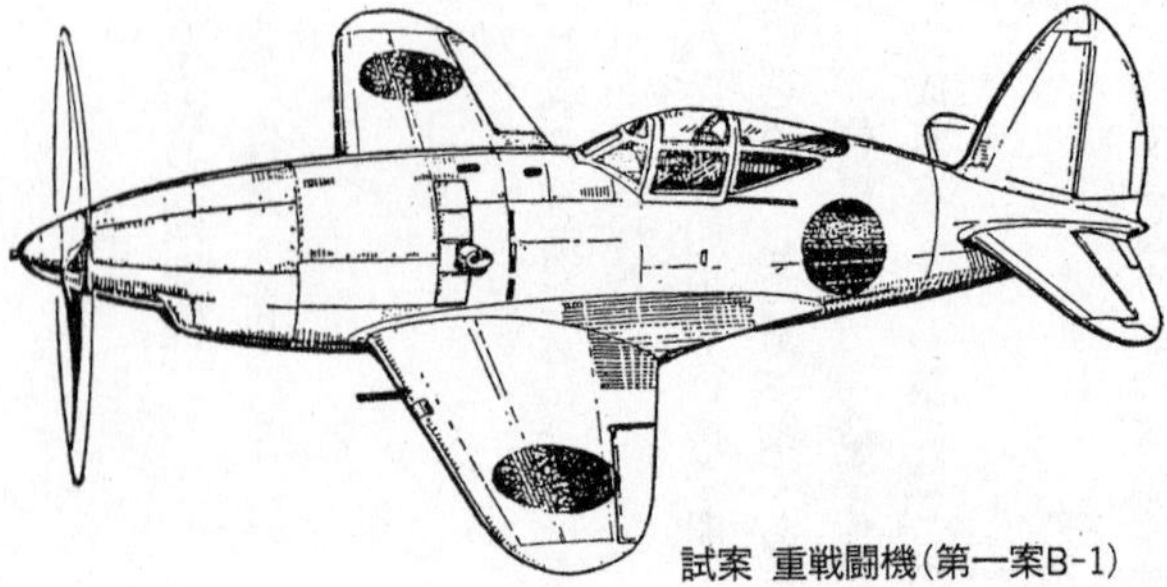

試案　重戦闘機（第一案B-1）

発動機は、ハ四五空冷星型一四六〇馬力に長さ二・五メートルの延長軸をとりつける方法を採用し、まずその可能性が調査された。性能は原則として、高度六〇〇〇メートルで最大水平速度七〇〇キロ／時を目標とし、主として飛行性能、運動性能、射撃装備の向上を研究、さらにA型、B型によってその利害得失をもあわせて比較する目的だった。

両者とも空冷発動機を

延長軸採用で胴体中央にもってきたために、プロペラの軸心に二〇～二〇ミリ機関砲を装着、さらにその左右に一三ミリを装備するなど、火砲を機体の中心にもってくることができること、胴体前方の整形が良好で抵抗を減少できること、また重量の大きな発動機を機体中心に装着したため、慣性能率を良くできることなど、有利な点があった。

こうした計画は、終戦時までには完成しなかったが、非常に特殊な設計であったことは、それまで漸進的改良にのみ走っていた日本機の設計に、大きな指針となったことは事実であろう。

双発軽爆撃機は、高速化と同時に軽快な運動性を要求されていたから、本試案もこの線にそって立案されたものと思われる。

まず基本的に単胴体か双胴体かを決定すること、またその高速を利用して司令部偵察機としても使用できることを目標としていた。その結果、液冷双発双胴体、空冷双発双胴体を計画し、その優劣を研究することになった。

なお細部では、つぎの諸点に努力が集中された。

一、特殊高揚力装置を使用し、高翼面荷重を採用、抵抗の減少をはかる。

二、主翼には層流翼型を採用し、補助翼などの間隙は注意する。

三、双胴型式を計画し、前面抵抗面積の減少をはかり、さらに単胴体の機体（第五案改）も計画し、双胴式との表面面積の比較、抵抗比較を行なう。
四、液冷発動機を装備する機体（第二案）を計画し、液冷、空冷発動機装備の場合の一般比較を行なう。
五、胴体中心線を翼洗流と合致するような経路を採用し、胴体の表面抵抗を減少させる。

結局、形状抵抗は双胴式がすぐれているが、露出面積は単胴式の方が約一〇パーセント少ないことになるので、風洞実験によって双胴式および単胴式の抵抗と揚力の比較研究、双胴式の横安定に関する研究、高揚力装置使用の場合の縦安定の研究、層流翼型使用の場合に適切な高揚力装置の考察などが検討された。

この研究とほとんどおなじ時期（昭和十六、七年ころ）に、アメリカではノースアメリカンＰ51を双胴化したＰ82ツイン・ムスタング、ドイツではメッサーシュミットＭｅ109の双胴化Ｂｆ609Ｚ、Ｍｅ609など、おなじ構想の機が生まれた。

しかもこれらの中で、Ｐ82は終戦前後にかなり活躍し、飛行性能もきわめて良好であったといわれる。

当然、日本のこの試案も、実現の可能性のたかい構想であったといえる。

試案　重戦闘機〈第一案A〉

註：（　）はB案

乗員：一　発動機：八四五〔二・五m延長軸付〕（一・四五m延長軸付）×一　公称出力：一四六〇HP／五八〇〇m×一　全幅：九・三五〇m　全長：八・七四〇m　全高：三・三〇〇m　アスペクト比：六　先細比：三対一、翼厚〔基準翼〕：一六パーセント〔層流翼型〕　上反角：六度　主翼面積：一四・六㎡　自重：二一六kg（二一五九kg）　搭載量：八四九kg（九一〇kg）　全備重量：二二九一kg（二二九五kg）　過荷重：三一四一kg（三二〇五kg）　翼面荷重：二一五kg／㎡（二一九kg／㎡）　馬力荷重：二二五kg／HP（二一九kg／HP）　最大速度：七〇〇km／h／五八〇〇m　巡航速度：五二五km／h／五八〇〇m　航続距離：六〇〇km＋〔一時間〕　武装：二〇mm〜三七mm〔プロペラ軸〕×一、一三mm固〔機首〕×二　開発開始：昭和十六年六月〜九月基礎案

試案　軽爆撃機〈第二案〉

註：（　）は第三案、他は共通

乗員：左胴体二、右胴体一（三）　発動機：八三九、水冷表面冷却（八四五、長さ八五〇mm延長軸付）　公称出力：一七六〇HP／三〇〇〇m（一四六〇HP／五八〇〇m）×二　全幅：一四・六m（一四・一五m）　全長：一〇・七二m（一〇・八八m）　全高：三・八m（三・八五m）　主翼面積：三二㎡（二六・六㎡）　自重：四九一九〜五三〇三kg（四二二五〜四六一〇kg）　搭載量：二二〇七kg（二〇〇〇kg）　全備重量：七五一〇kg（六六一〇kg）　翼面荷重：二三四・五kg／㎡（二四八・五kg／㎡）　馬力荷重：二・一三kg／HP（二・二六二kg／HP）　翼面馬力：一一〇HP／㎡（一〇九・五HP／㎡）　重心位置：二七・五パーセント（二〇パーセント）　最大速度：六五〇km／h／三〇〇〇m（七一〇km／h／五八〇〇m）　巡航速度：四八七km／h（五三三km／h）　航続距離：七〇〇km＋〔一・五時間〕　爆弾：三〇〇〜四〇〇kg〔一〇〇kg弾〕　アスペクト比：六・六五（七・五）　先細比：三対一　翼厚〔基準翼〕：一六パーセント〔層流翼〕　上反角：六度

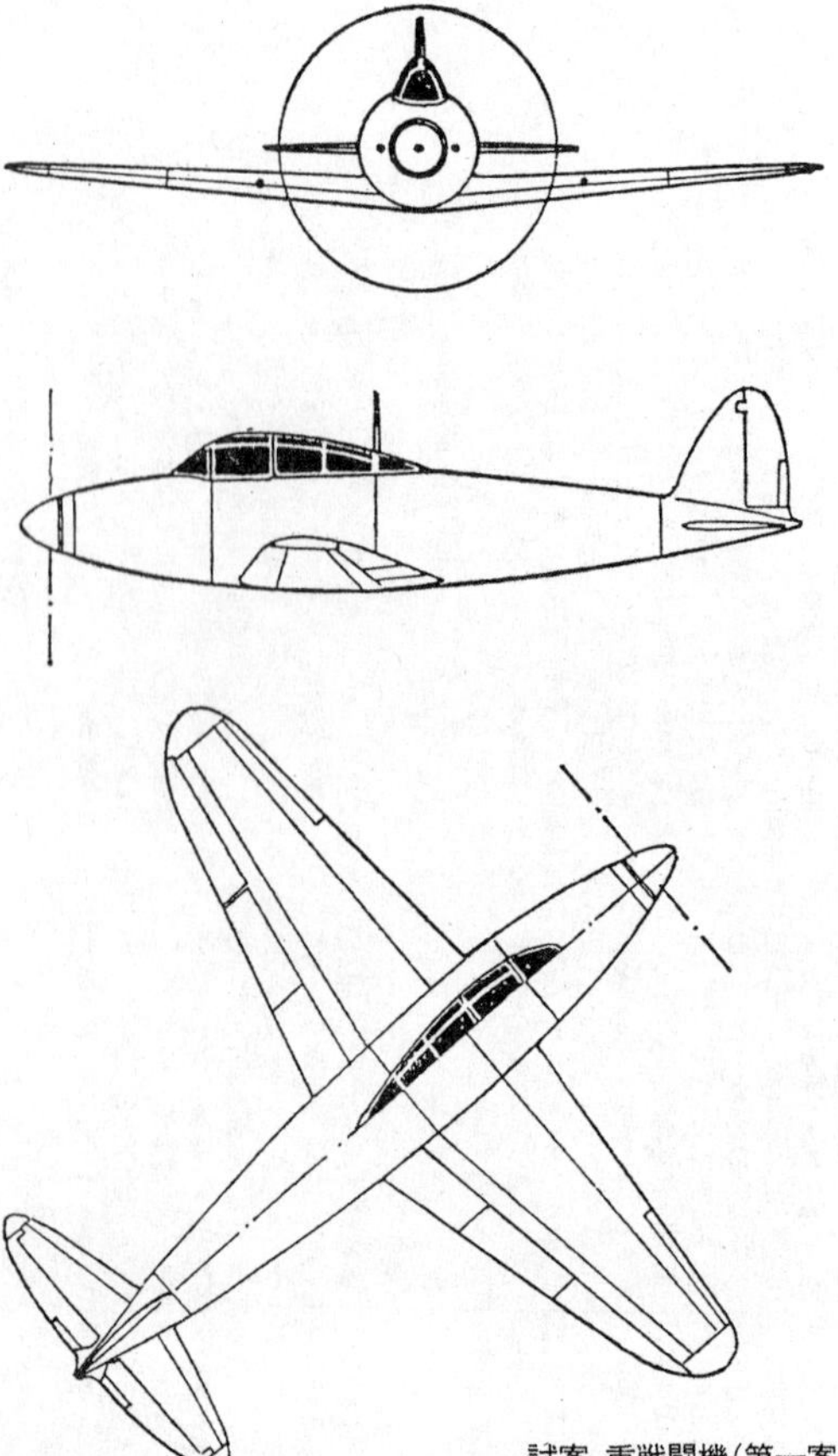

試案 重戦闘機(第一案A)

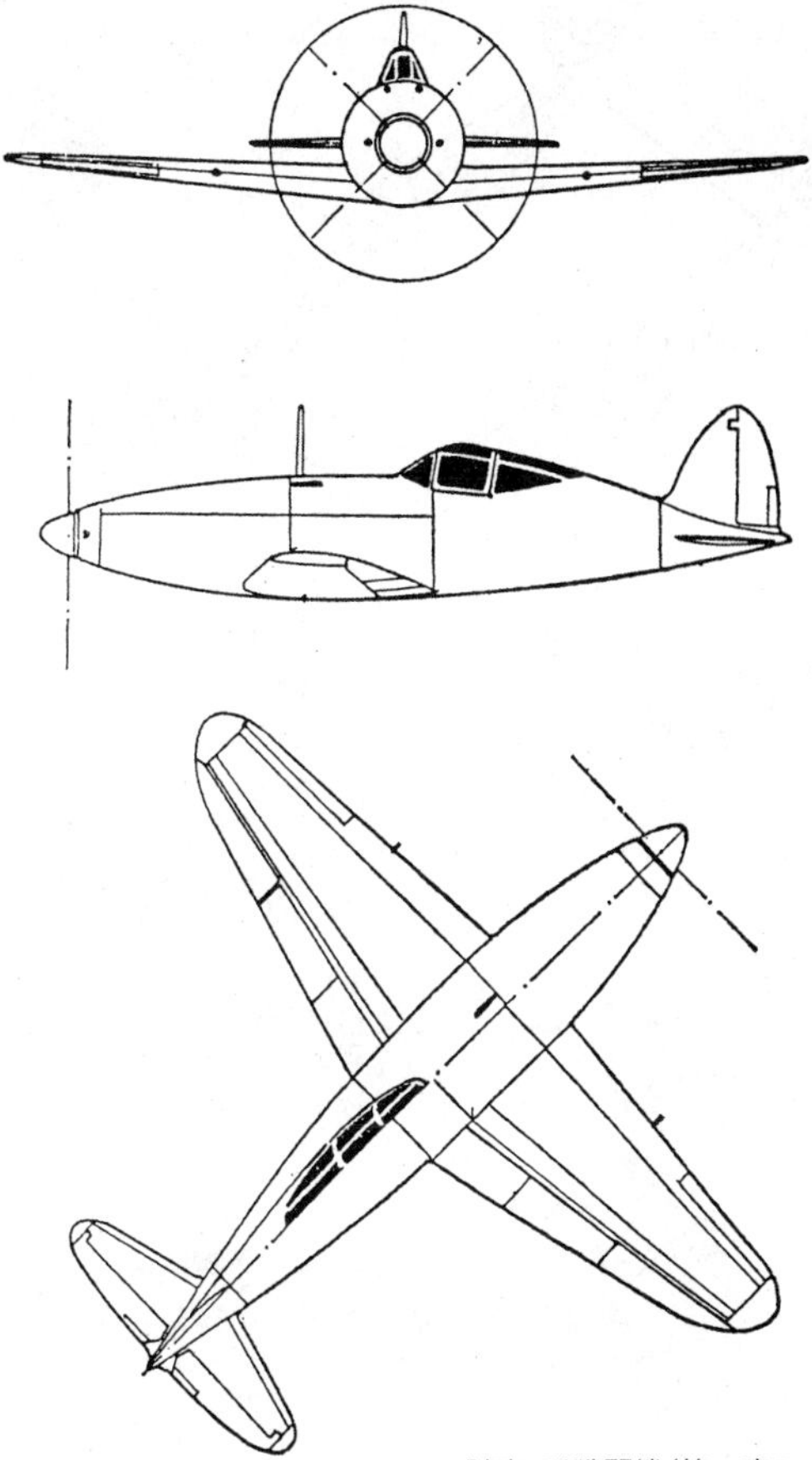

試案 重戦闘機(第一案B-1)

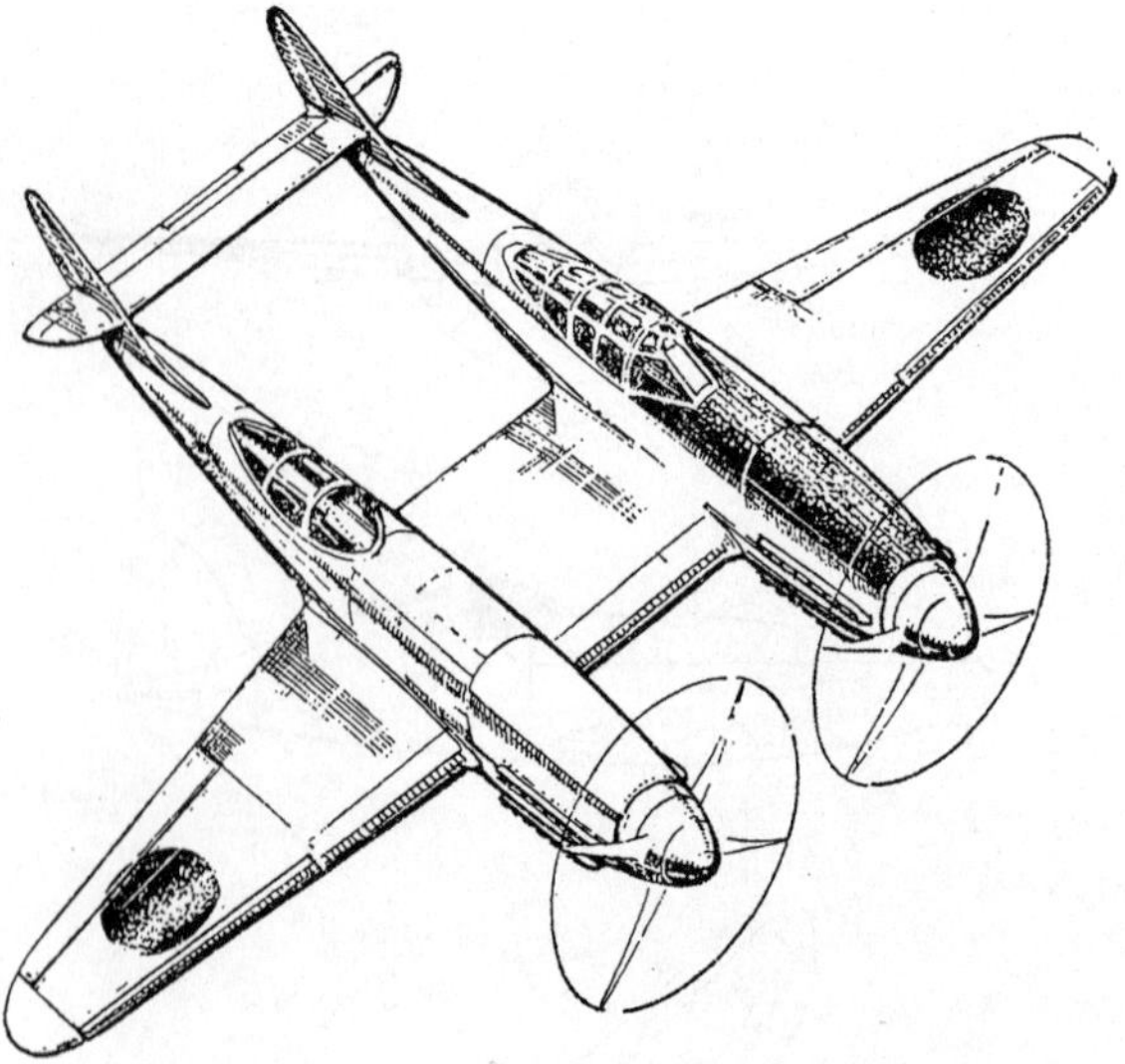

試案 軽爆撃機(第二案)

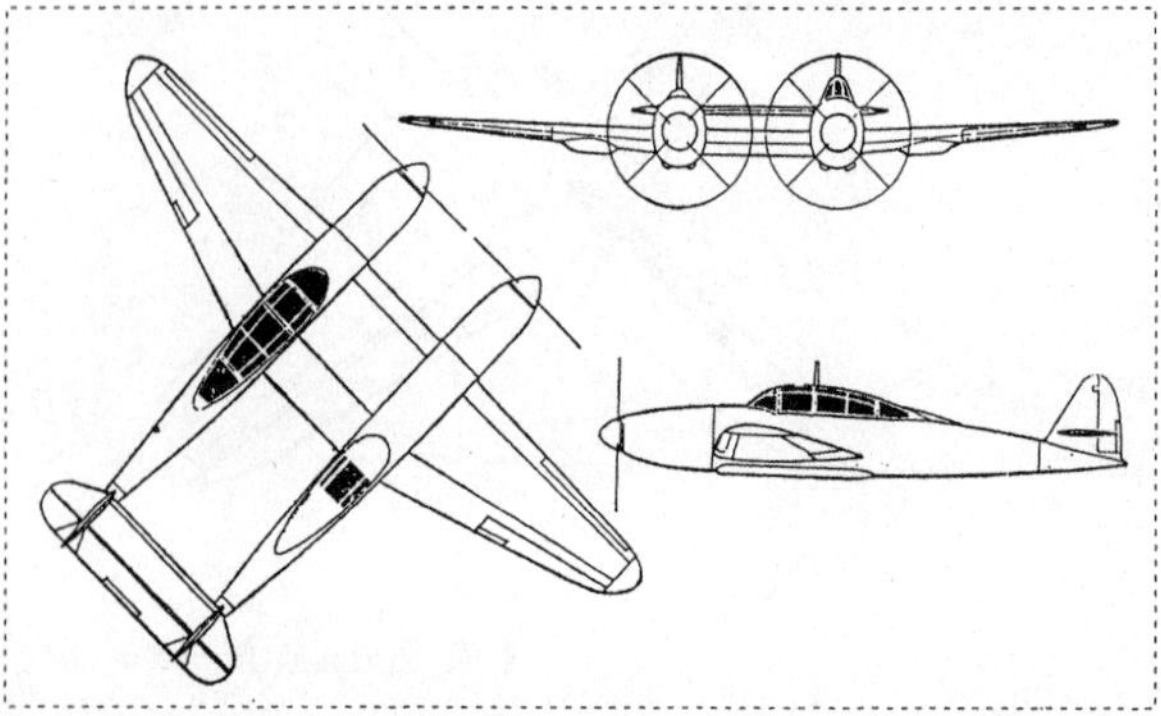

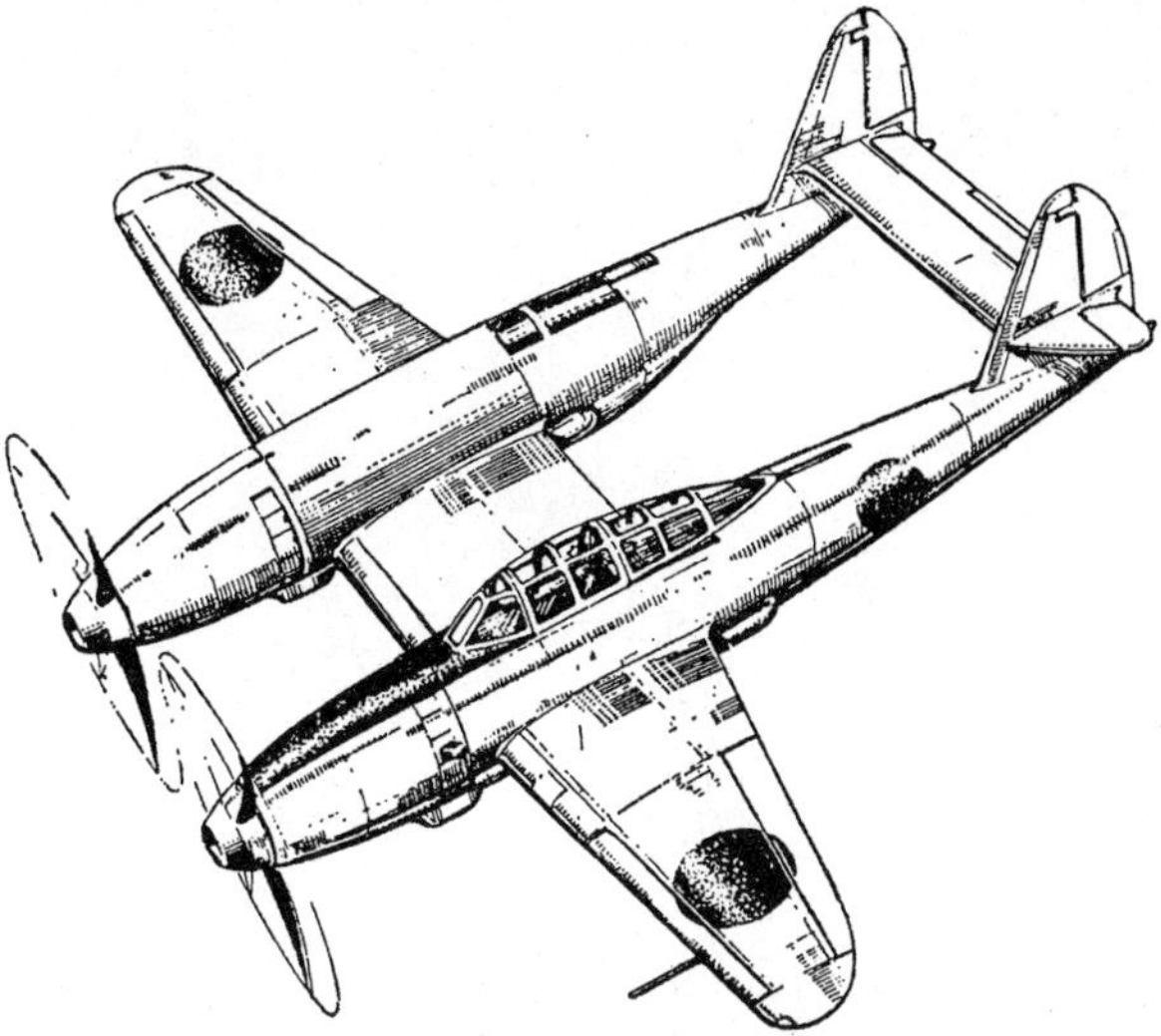

試案 軽爆撃機(第三案)

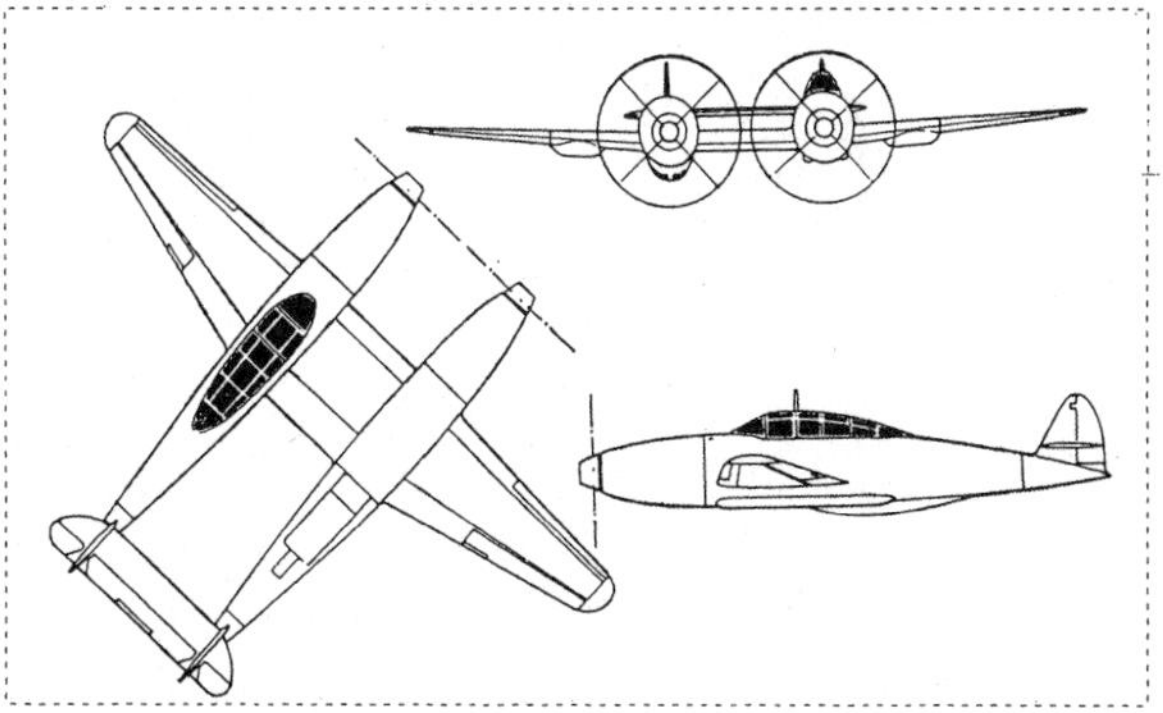

第五章　輸送機

44　軽戦車も運ぶ直径三メートルのジャンボ機

キ92試作輸送機　〈陸軍・立川〉

大戦時における日本の軍用機の発達は各国に劣らぬ進歩を示していたが、こと軍用輸送機の開発になると戦略上の使用目的が未解決なこともあって、かなりおくれていた。

海軍は九七大艇の輸送機型H６K２－L、二式大艇の輸送機型「晴空《せいくう》」H８K２－

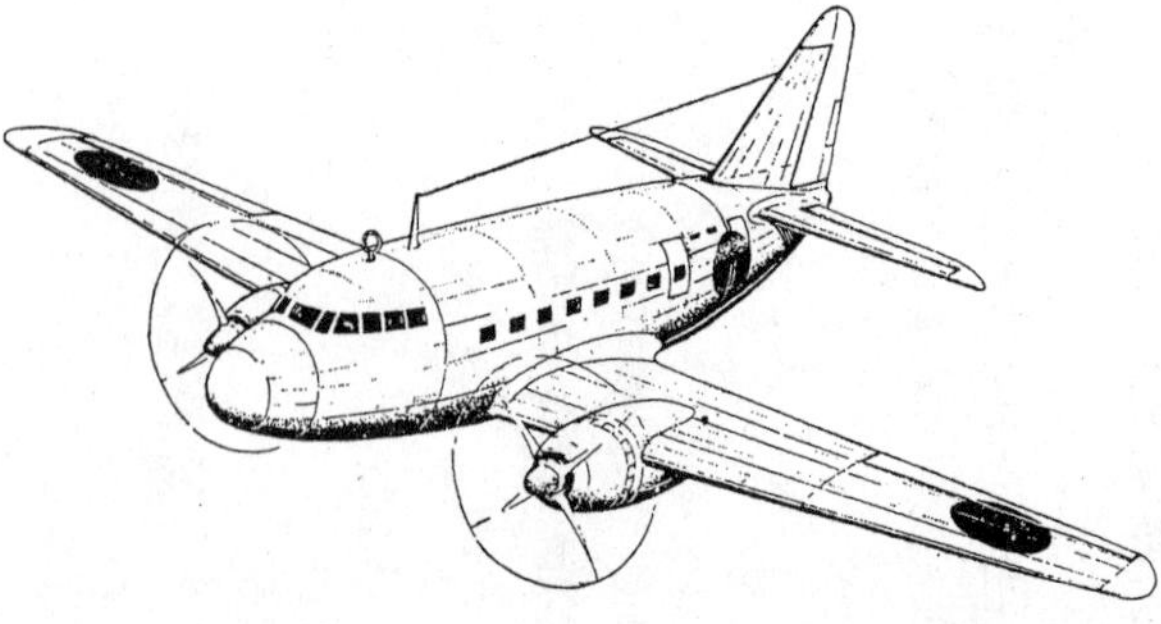

し、ほかにダグラスDC3の国産型の零式輸送機が約七〇機、一式陸攻の転換型一式輸送機（乗員二〇名）が三〇機あった程度である。陸軍は、戦前からダグラスDC2を参考にした中島キ34（九七式輸送機）、九七式重爆を改造した三菱キ57（一〇〇式輸送機）、また戦前輸入したロッキード14輸送機（のちのハドソン爆撃機）の国産型、川崎キ56（一式貨物輸送機）などがあったが、あらたに本格的な四〇〜五〇人乗り大型高性能輸送機の開発を指示、昭和十七年、立川飛行機が試作設計にとりかかった。

これは当時、わが国で最大の輸送機となるものだった。当時、日本においては航空戦力を戦略的に使用する面では、総合的構想を練るところまでまだ熟していなかった。

そのため軍の要求も明確な方針のないまま場あたり的に何回も変更され、そのたびに製作側は設計をやりなお

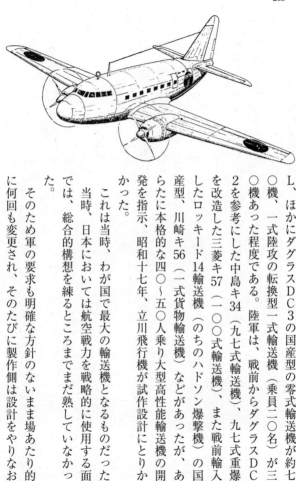

すという状態がつづいた。

本機についても、大戦突入後の一、二年間の戦況のめまぐるしい変化にともない、最初は軽戦車輸送という要求だった。

やがて兵員輸送に変更され、さらに設計進行中に野砲などの搭載を要求されるなどの変化があり、そのたびにモックアップをあらたに製作するという、時間の浪費をしいられた。

またはじめ四〇〇〇機量産の内示をうけており、立川も生産態勢や資材の手配に着手したが、戦局の急変で本機の必要性がうすれ、この大規模な開発計画は二年の歳月をかけた昭和十九年はじめに中止された。

同年六月に一機が完成したが、試験飛行も行なわれずにおわった。

アメリカは、はやくから空輸戦力による戦略攻撃の考えをもっており、双発、四発の輸送機による兵員、兵器、車輌などの迅速な前線への輸送が戦局を大いに有利にして、着々とその成果をあげていたのをみるにつけ、日本軍上層部に先の見とおしのつく用兵家がいなかったことは残念でならない。

キ92は軍の要求に合わせるため、胴体の最大直径が三メートル、層流翼の面積は一三〇平方メートル、立川独自のファウラー・フラップ、エンジンは四式重爆「飛龍」

とおなじハ一〇四、上方に一二・七ミリ旋回銃をおくことになっていた。また抵抗減少には細心の注意がはらわれ、胴体の最大直径部分を主翼後縁ちかくにおき、室内容積の増加とあわせて合理的な機体設計であった。

客室は与圧室ではなかったが、換気、暖房、防音が考慮され、窓も二重にするなど従来の輸送機にない新しい試みがなされていた。また、さらに将来の資材不足を考えて部分的に木金混製とする研究もすすめられており、キ114の試作名称があたえられていたが、これも中止された。

なお、立川は、本機を軍用輸送機だけでなく、将来の商業輸送機のモデル・タイプにしようという計画をもっていたといわれる。

キ92　試作大型輸送機　　　　　　　　　　　　註：（　）は同型式機カーチスC46Aコマンド〔アメリカ〕

設計：立川　型式：双発、低翼、単葉、引込脚（双発、低翼、単葉、引込脚）乗員：五＋三四（五＋三三～五〇）発動機：ハ一〇四、空冷星型複列一八気筒、強制冷却（P&W、P2800-51）公称出力：一八七〇HP／一七〇〇m、一七二〇HP／五四〇〇m　最大出力：二〇〇〇HP（二〇〇〇HP）×二　プロペラ：VDM電気式定速四翅、直径A四m、B四・二m　全幅：A三一m、B三二m（三二・九m）　全長：二二m（二三・三m）　全高・三点五・五九m、水平六m（六・六m）　脚間隔：七・五八m　上反角：六度　主翼面積：一一二㎡（一二六・三㎡）　自重：一万一一七五kg（一万四六九七kg）　搭載量：四四二五kg　全備重量：一万七六〇〇kg（二万五四〇二kg）

翼面荷重：一四四kg／㎡　馬力荷重：四・四kg／HP　燃料／滑油：四〇〇〇／三〇〇ℓ　最大速度：四六六km／h／五四〇〇m（四三三km／h／四五〇〇m）　巡航速度：三五〇km／h／五四〇〇m（二九四km／h）　着陸速度：フラップ三七度で一二〇km／h　上昇時間：七〇〇〇mまで一八分二〇秒　上昇限度：一万一〇〇m（八五〇〇m）　航続距離：三九六〇〜五〇〇〇km（二〇〇〇km）　武装：一三㎜×一　開発開始：昭和十七年頃（一九四〇年）　初号機完成：昭和十九年六月　生産機数：一　製作会社：立川飛行機　その他＝最高時速：計画四七三・二km／h、実測四二六km／h　水平尾翼幅：一〇m　ナセル中心線間隔：七・二八m　胴体直径：最大三m

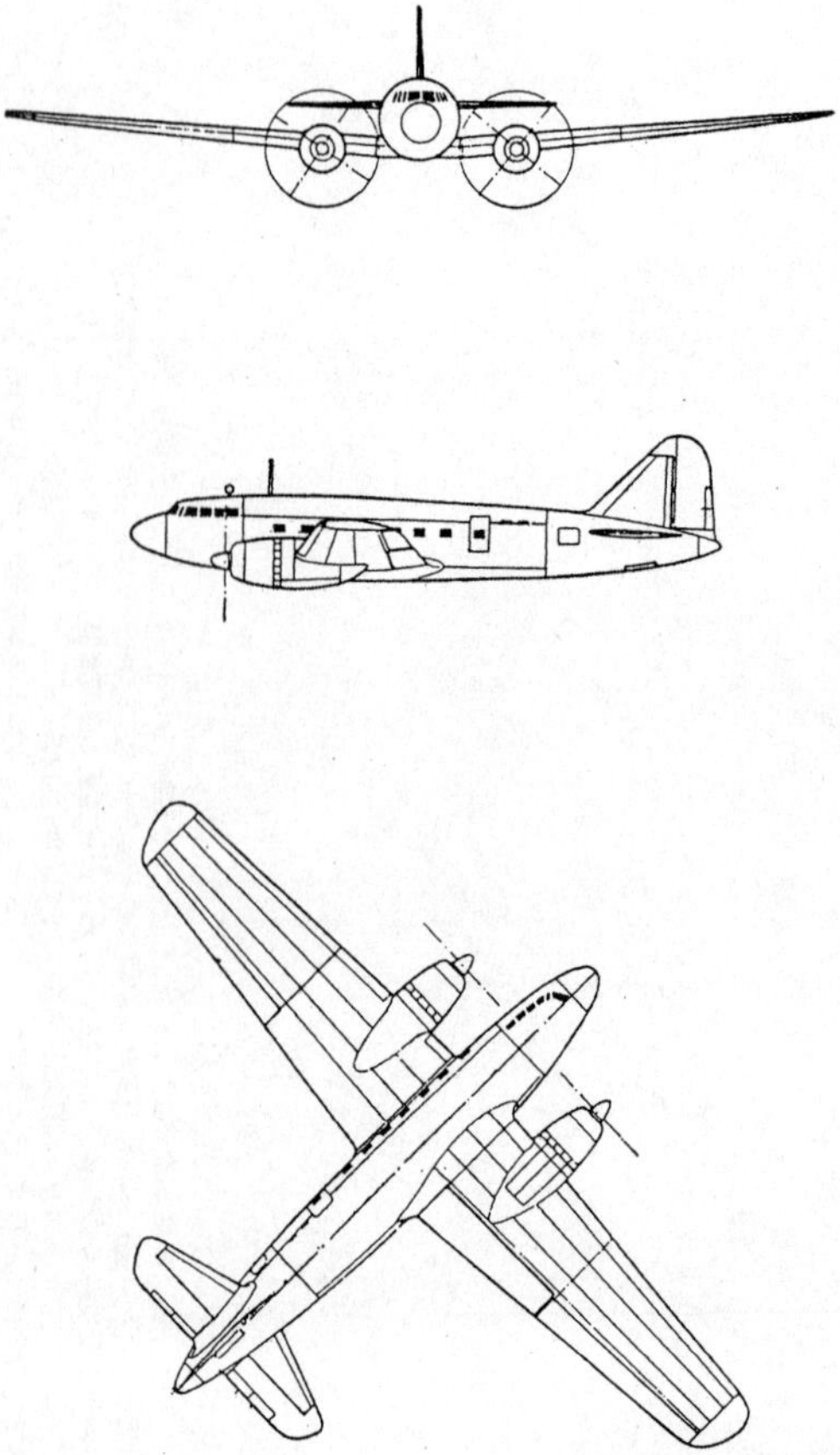

キ92 試作大型輸送機

45　重爆「飛龍」の改造輸送機

キ97試作輸送機〈陸軍・三菱〉

九七式重爆撃機（キ21＝三菱）の量産が軌道にのった昭和十五年八月に陸軍は、この爆撃機を輸送機に改造し、一〇〇式輸送機として制式化した。本機はパラシュート部隊などの輸送につかわれ好成績をおさめた。

この先例にならい、九七式重爆の後継機である四式重爆撃機「飛龍」（キ67）の輸送機化を、その製作会社である三菱が自主的に計画し、これを軍に示した。昭和十八年二月、陸軍はこれをキ97として正式に三菱にたいして試作指示をあたえた。

キ97は、さきの一〇〇式輸送機とおなじように、尾翼、エンジン、降着装置などは四式重爆のままで、胴体だけを設計しなおして低翼型式にした。キ67四式重爆が高性能機だったので、キ97も高速輸送機となり、胴体もスマートで機首風防は段なし式と

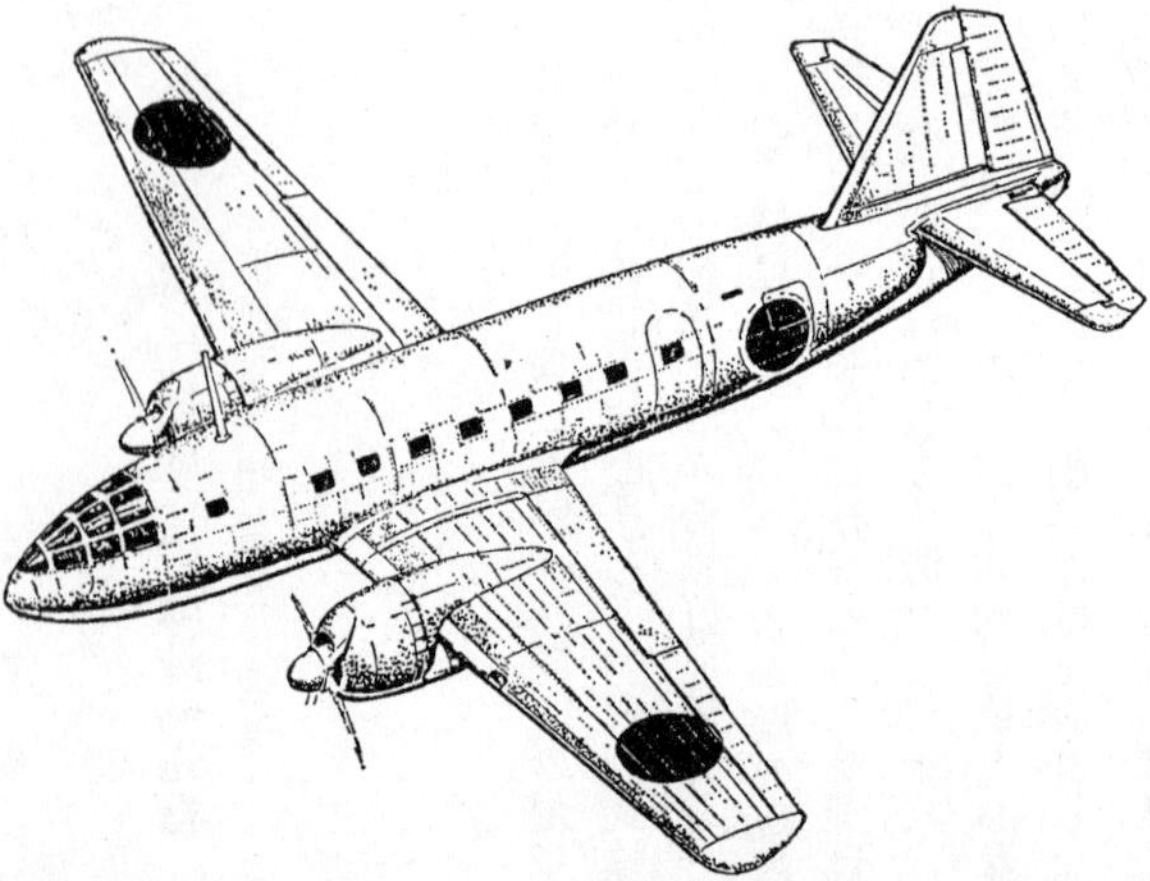

なった。初期案では垂直尾翼はキ67のままの形状だったが、のちに面積をふやし、キ83遠距離戦闘機に似た形になった。
しかし戦場がしだいに拡大し、小・中型輸送機の必要性がうすれて、立川のキ92試作輸送機のように最初から大型輸送機として開発がすすめられていた機体の方が重要さを増してきた。
昭和十九年に決戦機種優先製造のため機種整理が行なわれ、本機の設計が八〇パーセントほど進行した段階で、中止された。金属資材の節約から胴体を木製化する案もあったが、輸送機は立川のキ92一機種にしぼって優先開発することになった。
第二次大戦中、輸送機の果たした役割がきわめて大きかったことはよく知られているが、日本の軍用機はこの面でもっともおくれていたと思われる。陸海軍ともにありあわせの民間機か爆撃機を改造して間に合わせるといった程度であった。

これが戦局に大きな影響をあたえたことは、忘れてはならない事実である。

キ97　試作輸送機

設計：三菱　型式：双発、低翼、単葉、引込脚　乗員：四＋二　発動機：三菱ハ一〇四、空冷星型複列一八気筒　公称出力：一八七〇HP／一七〇〇m（一速）、一七三〇HP／五四〇〇m（二速）最大出力：二〇〇〇HP×二　プロペラ：VDM定速四翅、直径三・六m、ピッチ二八度〜二九度　全幅：二三m　全長：水平二〇m　全高：水平六・七二m、三点五・七m　脚間隔：六m　主翼面積：六七・五㎡　自重：八四五〇kg　搭載量：四五五〇kg　全備重量：一万三〇〇〇kg　翼面荷重：二〇八kg／㎡　馬力荷重：三・五kg／HP　燃料／滑油：二八五〇／二〇八ℓ　最大速度：五四六km／h／五四〇〇m　巡航速度：三四〇km／h／三〇〇〇m　上昇限度：一万m　航続距離：三四〇km／hで二五八〇〜三二〇五km　初号機完成：昭和十九年九月中止　生産機数：〇　製作会社：三菱　その他＝主翼弦長：中央四・三六二m、翼端一・六m、平均三・一九七m　取付角：二度　上反角：後桁下面七度　アスペクト比：七・八四

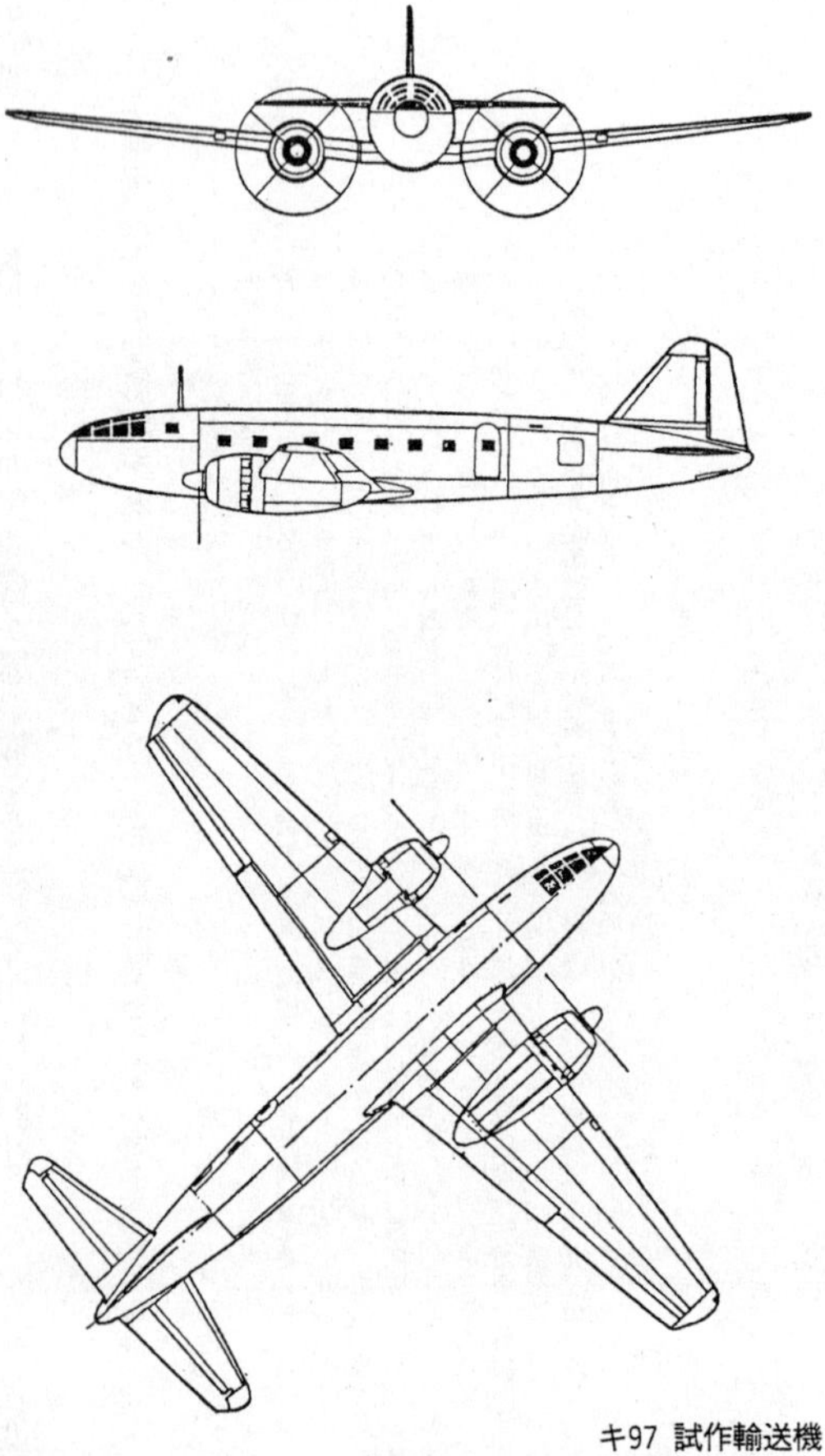

キ97 試作輸送機

46　大型グライダーで燃料運搬

キ105試作輸送機〈陸軍・国際〉

陸軍がとくに力をそそいだといわれる全木製双胴双発のユニークな輸送機で、太平洋戦争があと数年つづけば五式輸送機として正式採用、量産の予定であった。

陸軍は、はやくからヨーロッパ戦線における、独英両軍のグライダー空挺部隊による奇襲作戦の戦果に注目しており、日本国際航空工業京都製作所に昭和十七年、滑空輸送機ク7の試作を指示した。

主なる性能は、七トン級軽戦車または同等の兵員・兵器の積載が可能、主翼は全木製、中央胴体は金属製、全幅三五メートル、翼面荷重一〇〇キロ／平方メートルなど、当時のグライダーとしてはかなり進歩したものである。昭和十九年、試飛行の結果も上々だったが、戦局の悪化から使い途を失い、一度は中止が決定したこのク7に、発

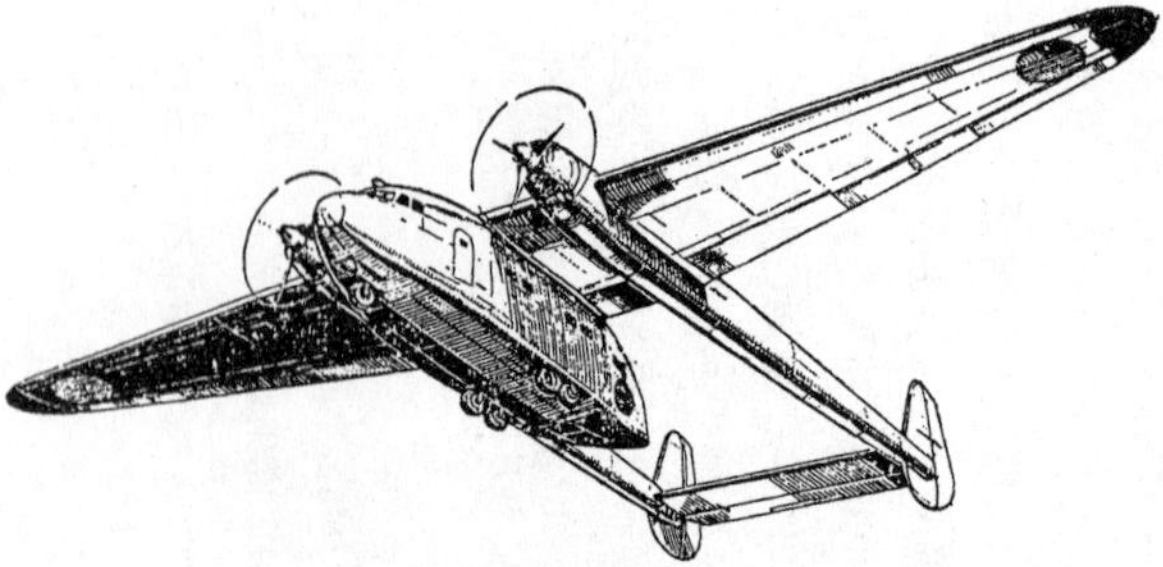

動機をつけ、輸送機として再開発することになった。

双胴の先端部分に一〇〇〇馬力級の空冷エンジンをとりつけ、燃料槽はエンジン・ナセル部分と主翼前縁に設置、一七〇〇リットルの容積をもたせた。

構造はク7をすこし改造するだけにし、中央胴体を操縦、乗員、貨物または兵員用に分割し、折りたたみ式ベンチ・シート装置、また操縦系統では長大な主翼のたわみのため従来の重いロッド式補助翼操舵を、ケーブル式にあらためて操作を円滑にするなど、あくまでも内部的なものだけとした。

ただ降着装置は一部改造要求が出されたが、先見の明ある設計者の主張がとおって変速前輪式五車輪がそのままひきつがれた。

現在、外国のこのタイプの輸送機の降着装置がほとんどこの方式を採用しているのを見ると、この設計者の主張が正しかったことがわかる。

本機は、特殊なモーター・グライダーとしての見地から、練習機用ハ一三甲五〇〇馬力級エンジンを装備する予定だったが、重量その他を考慮して、三菱ハ二六―二（最大出力九五〇馬力）に決定、陸軍はキ105輸送機として制式採用、量産を急がせた。

もともと軍は本機の輸送能力に着目し、戦局の悪化により、南方からの油槽船が連合軍の潜水艦、艦載機などの攻撃で海上輸送が不能におちいったため、奇想天外ともいえる航空機による燃料輸送の構想をもっていた。

これによると南方油田地域（ボルネオ・スマトラなど）から燃料を腹いっぱい積んだ数百機におよぶ燃料輸送部隊が区間分割輸送、つまり全輸送区間を分割し、一機当たりの効率のよい長距離往復輸送方法で、現地搭載燃料の一〇～二〇パーセントでも日本にもちかえれば成功という、まことにせっぱつまった非常対策だった。

この任務に本機をあてようとしたのだが、敵の制空権下に、この計画が実現したかどうか、うたがわしい。

この期待されたキ105試作一号機は昭和十九年十二月の試飛行の結果、改修の必要がなくただちに量産を指示、木製であるところから近畿地方の木工場を総動員して生産態勢をととのえたが、工場の空襲による被爆などで、目標であった二十年三月までに三〇〇機完成の命令にほどとおい九機が完成したのみで終戦を迎えた。

計画当初の目的のまま戦略兵器として活用できる性能をもっていただけに、用兵者が一歩先んじて本機の開発を数年前に立案していたら、〝油槽機〟におわらず、大戦史の一ページをかざる機種であったと思われる。

本機は他の有望な試作機の開発過程とおなじように、すぐれた技術を用い高性能を発揮できることが確実だったものが客観情勢の激変におしながされ、本来の目的からはまったく遠い機種として完成した。こうして血のにじむような努力がむくわれず、戦局にまったくプラスにならなかった例が多いが、本機などはその代表的なものといえよう。

キ105 試作輸送機
設計：日本国際航空　型式：双発、肩翼、単葉、双胴、全木製　乗員：四〜五＋四〇　発動機：三菱ハ二六－二、空冷星型複列一四気筒　公称出力：九四〇HP　最大出力：九五〇HP／二三〇〇m×二　プロペラ：HS定速木製三翅　直径二・九m　全幅：三五・〇〇m　全長：一九・九二m（胴体長一二m、胴体幅三m）　全高：五・九m　脚間隔：二・六m　取付角：三度　上反角：上面にて〇度　主翼面積：一一二・五㎡　翼厚比：中央一六パーセント、翼端九パーセント　補助翼面積：八・三八四㎡　フラップ面積：一三・一七六㎡　水平安定板面積：九・五九㎡　自重：七〇八〇〜八〇〇〇kg　搭載量：三三〇〇〜四五〇〇kg　全備重量：一万三八〇〇〜一万二五〇〇kg　翼面荷重：一〇六・七〜一一一kg／㎡　馬力荷重：六・三二〜六・五七kg／HP　燃料／滑油：一七〇〇ℓ　最大速度：二七〇〜三〇〇km／h／二三〇〇m　巡航速度：二二〇〜一八〇km／h　着陸速度：一二〇km／h　上昇時間：二三〇〇mまで六分一六秒　航続距離：一五〇〇〜二五〇〇km　武装：なし　初号機完成：昭和二十年四月　生産機数：九　製作会社：日本国際航空　その他＝主翼弦長：中央四・五m、翼端：一・二m　アスペクト比：一〇・九　離陸距離：六五〇m　着陸距離：四六〇m　昇降舵面積：五・二七㎡　垂直安定板面積：六・五四㎡　方向舵面積：三・九八㎡

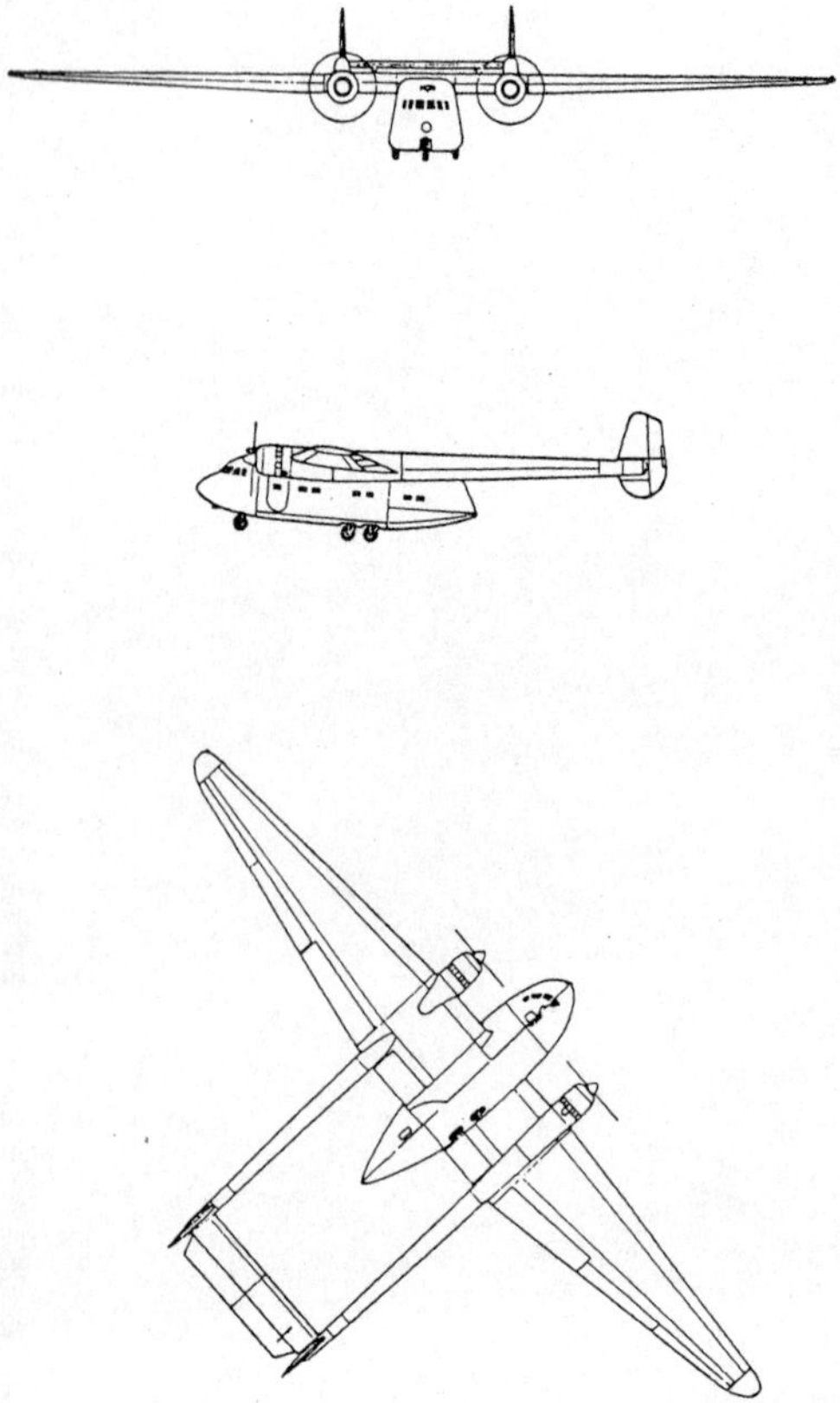

キ105 試作輸送機

47 実現優先、高性能は要求せず

試作大型輸送飛行艇「蒼空」〈海軍・川西〉

満州事変以来、太平洋戦争の勃発まで日本軍の進出範囲は、中国大陸、フランス領インドシナなど非常に広範囲に展開されたが、その主戦力は陸軍が占めていたので、海軍は主として中国大陸の南北にわたる長大な海岸線の海上封鎖と、大陸奥地の爆撃を中心とする航空戦の一部を負担するにすぎなかった。

しかし、開戦によって一挙に、海軍には太平洋全域における海上戦闘はもちろん、無数の島嶼《とうしょ》の制圧、海上の制空権確保など、大きな任務が課せられることになった。これに関連する重要な問題は、兵員や物資の輸送を、いかに損害を少なくして実施するかということであった。

とくに戦争前期の攻勢時期、また制海・制空権が日本軍側にある間はまだしも、昭

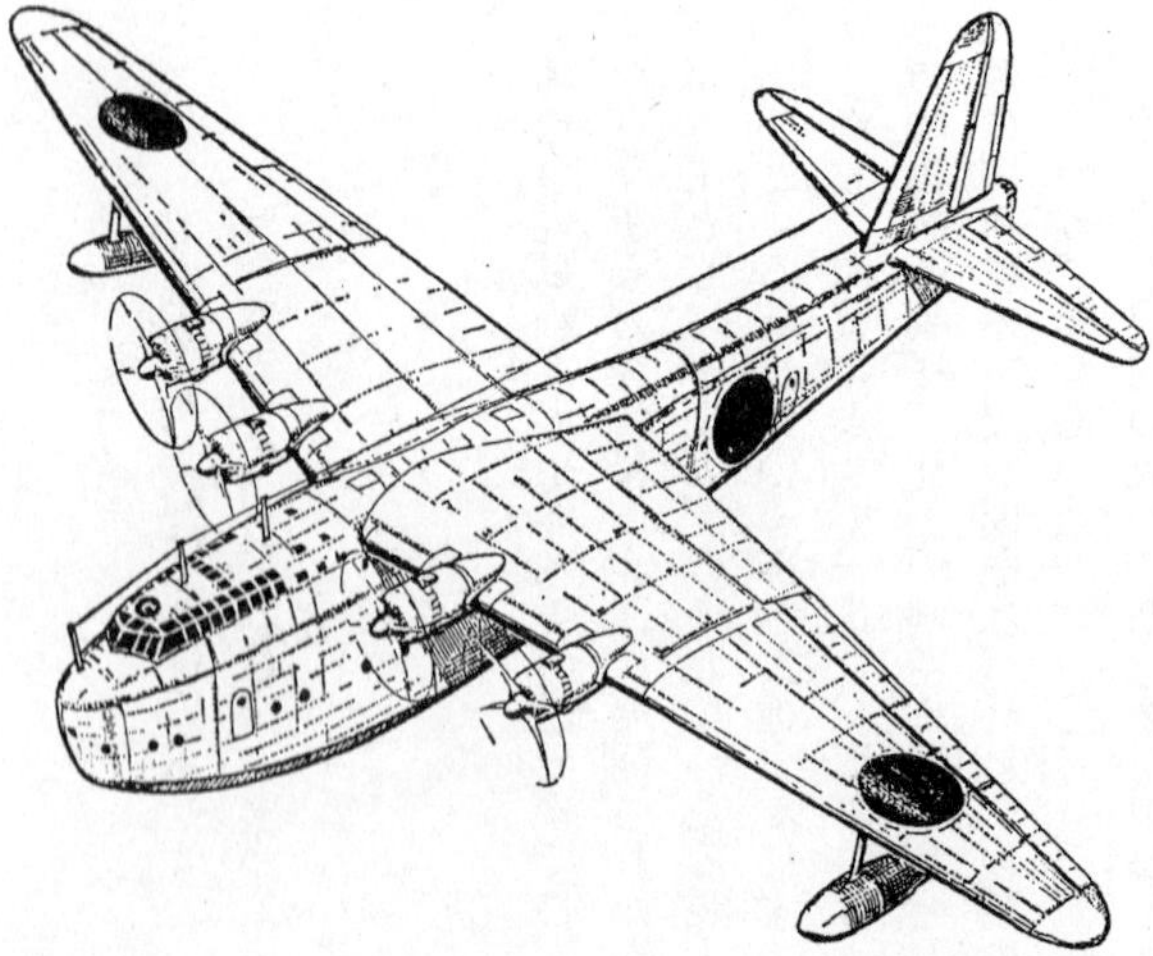

和十八年以降、アメリカの反攻が強化され、潜水艦を中心とする海上封鎖と、反攻基地からの絶対優勢な航空兵力による攻勢によって、それまでの両軍の立場がまったく逆転した。

そのため、日本海軍の船舶による海上輸送は被害甚大で、なんとか損害の少ない輸送方法を見出さねばならず、その最上策として兵員と物資輸送用の大型飛行艇の必要性が生じた。

しかし、この飛行艇の開発にたいしては、

一、大型機であるが開発期間を最少限にすること、

二、資材不足を考慮して全木製とすること、

三、動力も新規開発エンジンの使用をせず、実用エンジンの中から大馬力の三菱「火星」を採用する、

などの早急実現の見とおしと実用性の高いことが第一で、そのためムリな高性能を要求することはあえて避けることになった。

昭和十八年夏に以上の用途をもつ構造の簡易な輸送専用の飛行艇が空技廠から提案され、川西に研究が命じられた。

これは全木製の四発飛行艇という点でかなり困難な問題もあったが、強化木材の研究の進歩によってある程度の見とおしがついたため、昭和十九年一月に、正式に川西に「蒼空」として開発の指示が行なわれた。

「蒼空」は実用中の「火星」四基を装備し、総重量四五・五トンという巨人飛行艇で、基本的には、前作の二式大艇を拡大したものだった。

とくに輸送専用機として、艇内は二層に仕切って、物資と兵員八〇名を有効に搭載できるように計画され、艇首は揚陸に便利なように上陸用舟艇と同様に左右に開く観音開き扉を採用した。武装も必要最低限の機銃を装備するにとどめ、完成期限を昭和二十年末に決められたことなどもあり、川西では急いで二分の一のモックアップを製作し、実用面での検討を行なった。

しかし木製機にたいする経験不足ではじめから巨人機に挑まねばならず、そのため工作技術上でつぎつぎと難問題が生じた。そのうえ昭和二十年に入ると、戦局はますます急迫し、本機の必要性は充分認めながらも、このような巨人機の量産目標にたいして、すでに資材の不足および工員の質・量の低下など、見とおしはまったく暗くなり、製作工場も戦闘機「紫電改」の量産に集中され、本機の開発はほとんど不可能で、ついに八月一日に計画は中止せざるを得なくなった。

試作大型輸送飛行艇　蒼空　H11K1-L　KX8
設計：川西　型式：四発、高翼、単葉、飛行艇　乗員：五　発動機：三菱「火星」二二型、空冷星型複列一四気筒　公称出力：一六八〇HP／二一〇〇m（一速）、一五八〇HP／五五〇〇m（二速）最大出力：一八五〇HP×四　プロペラ：定速四翅　直径四・三m　全幅：四八m　全長：三七・七二m　全高：一二・五七八m　主翼面積：二九〇㎡　搭載量：（貨物または兵員八〇名）六〇〇〇kg　全備重量：四万五五〇〇kg　翼面荷重：一五六・八kg／㎡　馬力荷重：五・一四kg／HP　燃料／滑油：二万ℓ　最大速度：三七〇km／h　航続距離：三八九〇km　開発開始：昭和十八年、昭和十九年一月（二分の一モックアップ）　初号機完成：未完成、中止、製作会社：川西

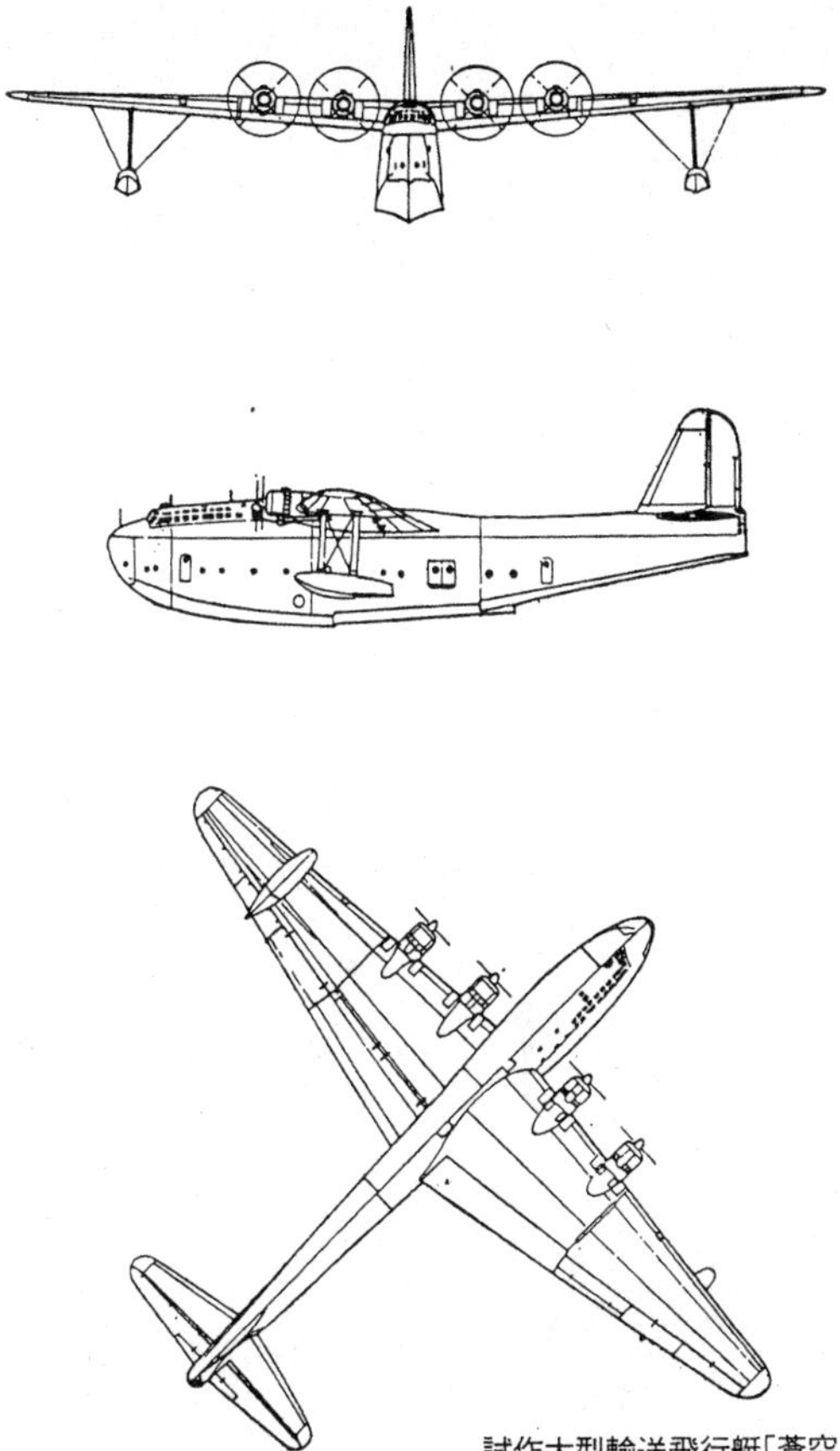

試作大型輸送飛行艇「蒼空」

第六章　練習機 グライダー 誘導弾

48 操縦員の大量養成用〝赤トンボ〟

キ107試作初歩練習機〈陸軍・東京〉

軍用練習機はふつう三段階にわかれていて、初歩練習機（九五式三型、複葉、一五〇馬力級、速度一七四キロ／時）、中間練習機（九五式一型、複葉、三五〇馬力級、実用機にちかい運動性をもち、速度も二四〇キロ／時以上）、この二機種はオレンジ色の塗装で通称〝赤トンボ〟と呼ばれた。

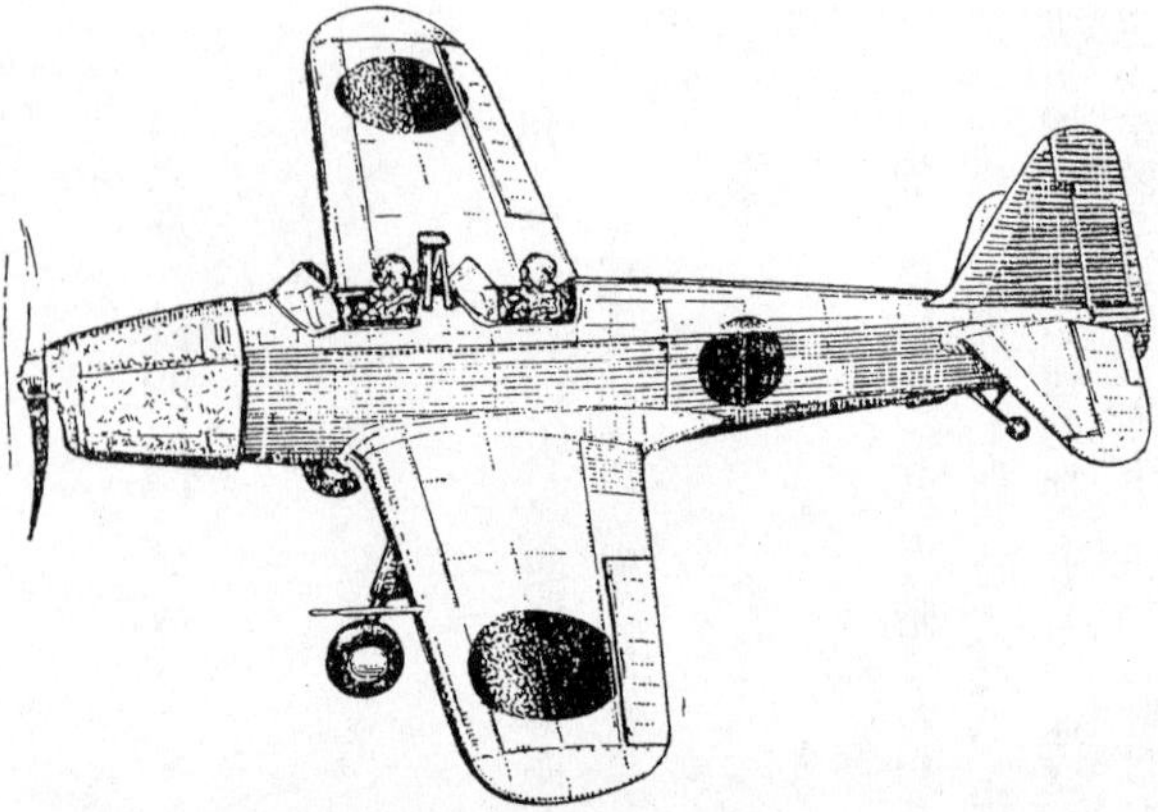

中練の単独飛行がおわると、いよいよ高等練習機で最後の仕上げに入る。高練は単または双発単葉機で旧式となって前線を引退した機種が多く、陸軍では、二式高練（九七戦を改造したもの）、双発の一式高練（立川がはじめて造った双発練習機）、九九式高練（九八式直協機の改造型）などがあり、実戦訓練を目的とした高等飛行技術の習得にあてていた。

開戦後、航空兵力の増大とともに、操縦員の大量養成がいそがれたことから、きわめて短時間に基本技術の習得ができ、しかも量産にむく簡単な構造の安全性、高可動率を考慮した初歩練習機の必要性を考えていた陸軍は、九五式一型にくわえてドイツから輸入したユングマン複座万能練習機を四式として採用、さらに東京飛行機に命じて全木製初歩練習機キ107の試作を指

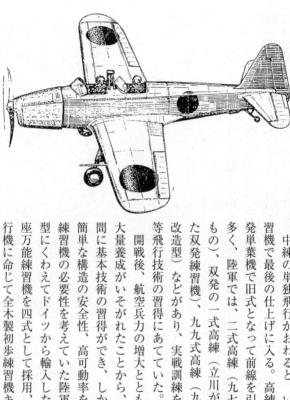

示した。

本機は従来の複葉式でなく低翼単葉式を採用、工作課程を簡単にするため直線的シルエットでまとめ、エンジンはユングマン同様、日立の空冷倒立四気筒一一〇馬力「初風」を装備し、転覆したときの乗員保護のため、前後座席の間に鉄パイプのガードをもうけるなど特徴ある設計だった。

昭和十九年秋、試作一号機が審査中に転覆事故をおこしたことと、そのころ安定のよい四式基本練習機の量産が決定し、四式よりも二〇〇キロも重く、しかも単葉機であるためエンジンの馬力が不足で上昇力が劣り、せっかくの全木製機という国策にそった利点がありながら数機完成（一説には四六機）のまま打ち切りとなった。

本機は、その後、開発のはじまった大型軍用木製輸送機キ105などに技術上大いに貢献したことは事実である。

キ107　試作練習機
設計：東京飛行機　型式：低翼、単葉、固定脚　乗員：二　発動機：日立ハ四七、空冷倒立直列四気筒　公称出力：一〇〇HP　最大出力：一一〇HP×一　プロペラ：木製固定二翅、直径一・八m　全幅：一〇・〇二m　全長：八・〇五m　全高：水平二・七m　脚間隔：二m　水平尾翼幅：三・五m　主翼面積：一五・四四㎡　自重：五九〇kg　搭載量：二三九kg　全備重量：八二九kg　翼面荷重：五四kg／㎡　馬力荷重：七・五kg／HP　最大速度：一九七㎞／h　巡航速度：一五七㎞／h

着陸速度：八五km／h　上昇時間：一〇〇〇mまで八分　上昇限度：二九〇〇m　航続距離：四七五km　武装：なし　初号機完成：昭和十九年　生産機数：数機（四六機説もある）　製作会社：東京飛行機

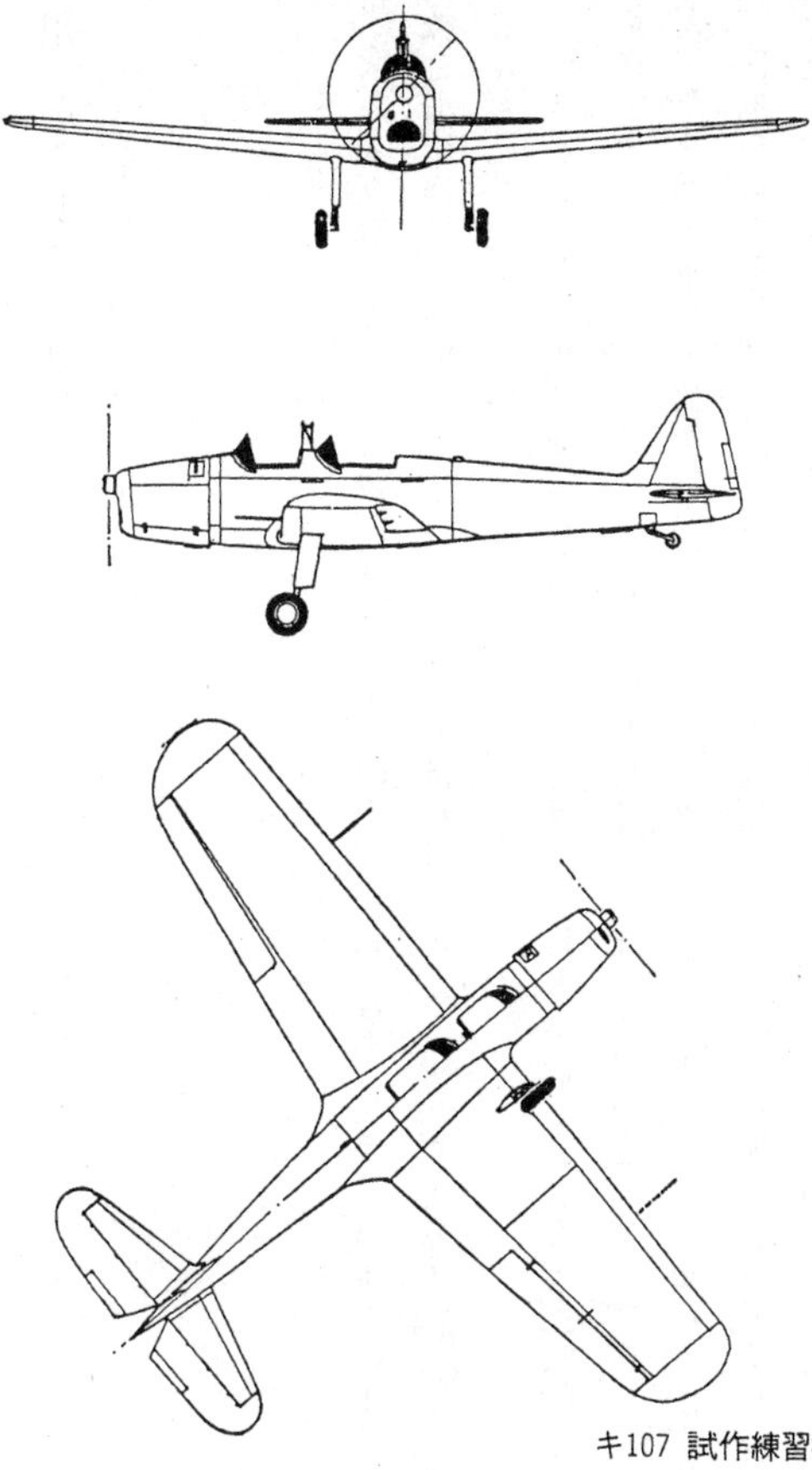

キ107 試作練習機

49 声なき空の奇襲部隊

陸海軍の輸送用グライダー

第二次大戦直前のころ、奇襲作戦の空からの手段としては、パラシュートによる降下作戦と滑空機《グライダー》による大量兵員の敵前強行着陸作戦などが、実現可能な方法として各国ほとんど同時期に採用されていた。

パラシュートによる空挺部隊の編成については、機材・訓練・戦法など比較的はやい時期にできていたので、第二次大戦がはじまると、まずドイツと日本が実戦にこれを投入した。グライダー部隊の作戦はややおくれてイギリス軍、ドイツ軍などが実施した。日本軍もかなり積極的に訓練や部隊編成をしたが、すでに戦局は悪化し防勢に立ったため、グライダー部隊による侵攻はほとんど行なわれることはなかった。

ク1二式小型滑空機――陸軍――

ク1は陸軍最初の輸送用滑空機で、昭和十五年、九州の前田航研に試作指示が出された。前田航研は、それまでの各級のグライダー製作の経験から、中央胴体ナセルと高翼、双尾翼ブーム、着陸装置は胴体両側重心部に固定主車輪、機首下面に橇《そり》、主翼は中央部矩形の片持式、外翼はわずかな上反角をもつテーパー翼の実用性のたかい形式を考案し、曳航機は九九式軍偵（キ51）だった。

いちおう制式機として、二式小型滑空機として相当数が製作されたが、作戦用としては小型であるため主として滑空機部隊用訓練機として、一部は満州などで使用された。ク1が完成したのは昭和十六年だったが、陸軍がグライダーに着目したのは昭和十一年で、ク1より先にキ番号をもったグライダー（キ23～キ26）四種が製作されていた。

ク1　輸送用滑空機
設計：前田航研　型式：高翼、単葉、片持式、双尾翼ブーム式、全木製　乗員：二＋六　全幅：一七・〇m　全長：九・三六m　全高：一・七〇m　主翼面積：三〇・〇㎡　アスペクト比：九・六
自重：七〇〇kg　総重量：一三〇〇kg　最良滑空比：一六　最小沈下速度：一・六二m／s（八〇km／hにて）　着陸速度：六九km／h　曳航速度：一五〇～二〇〇km／h

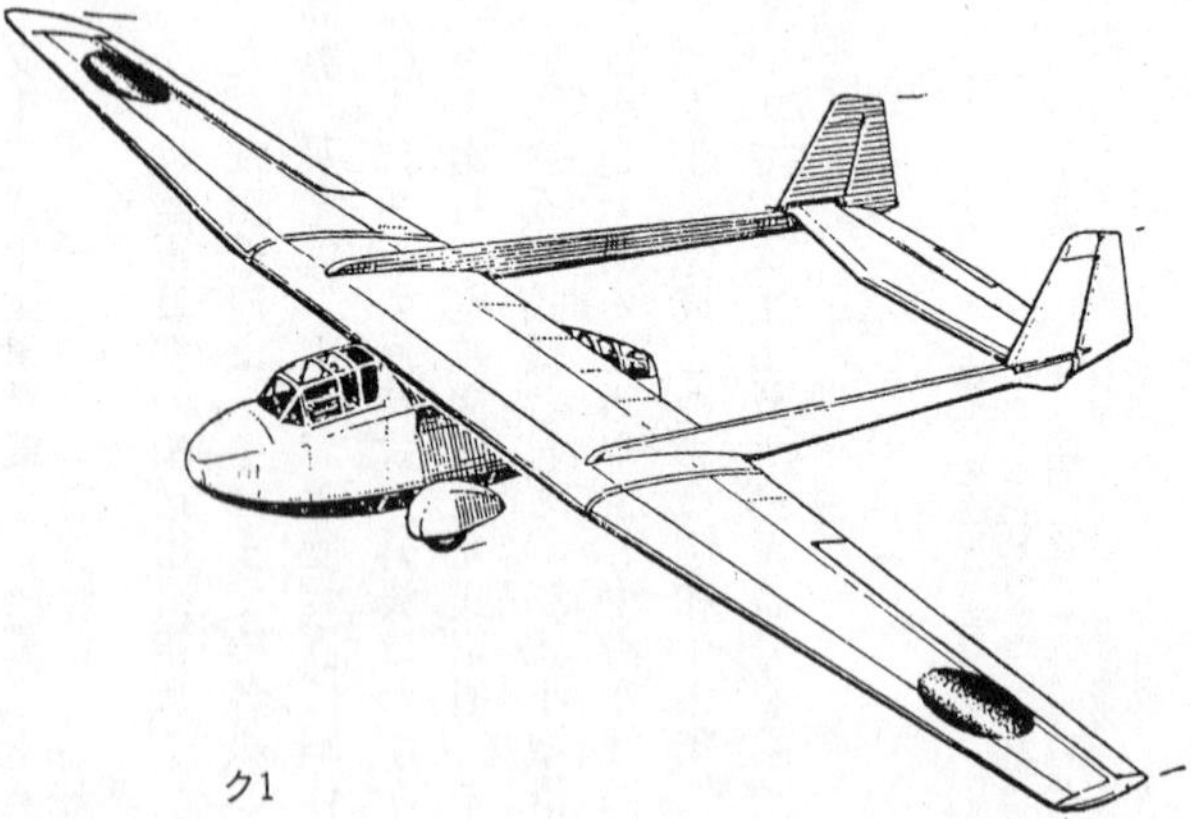

ク1

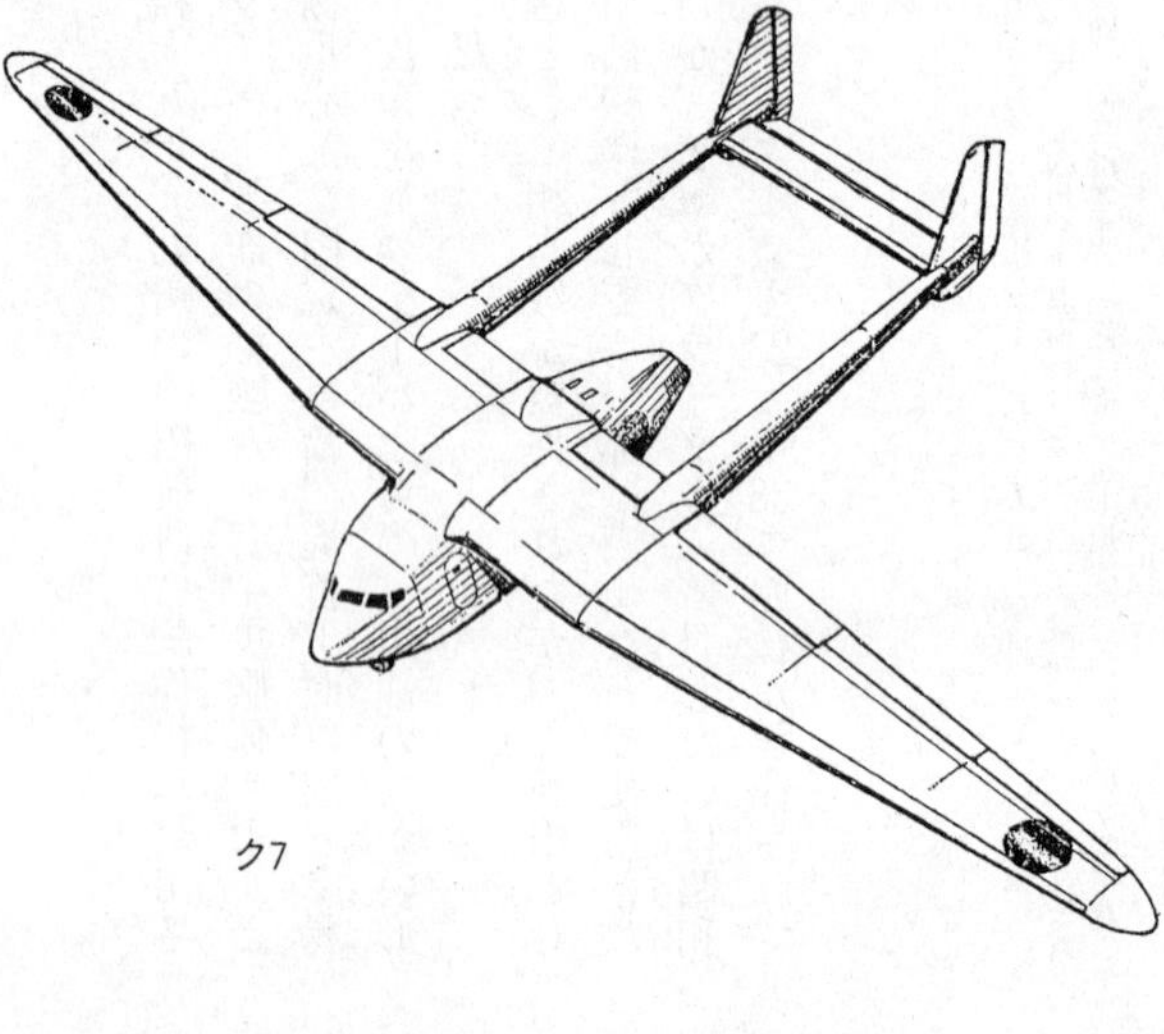

ク7

ク7大型貨物輸送用滑空機――陸軍――

太平洋戦争がはじまり、陸海軍部隊の急進撃によって西、南太平洋の占領地域が、一挙に拡大したため、物資輸送の補助機材として、陸軍は大型貨物輸送用滑空機の試作を昭和十七年末、国際工業に指示した。

指示内容は七トン級軽戦車の搭載の可能なことを最重点に、これにかわる弾薬、火器、エンジンなどの重量物を搭載し、一〇〇式重爆「呑龍」三型（キ49）または四式重爆「飛龍」二型（キ67）で曳航できること、最小沈下速度二メートル／秒以内などだった。

この結果、搭載量約七・五トン、総重量一一～一二トン級の機体が必要になるが、曳航機側が出力一二〇〇～一八〇〇馬力エンジン二基の「飛龍」または「呑龍」だったので、曳航される滑空機としてはすぐれた空力特性をもつ機体が必要になり、滑空機としては異例の一〇〇キロ／平方メートルという高翼面荷重をとらざるをえなくった。

さらに沈下速度を二メートル／秒以内におさえなくては実用性を失うことにもなる

ので、アスペクト比一〇・九という、小型高性能滑空機（ソアラー）なみの細長い主翼平面型を採用した。

翼型は航研長距離機として成功をおさめたキ77（A26）の航研B系列の翼型を使用して揚抗比の増大をはかり、すぐれた滑空比をえようとした。

中央の収容能力の大きい胴体は、重量物搭載部のみ金属モノコック構造、前部は木製、後部に大きな開閉扉をもち床高をできるだけひくくおさえていた。降着装置は前三車輪式、尾翼を支持する双支持架は全木製モノコック構造、尾翼も全木製、舵面は金属骨組羽布張りだった。

本機は最初から基地補給用の物資輸送大型滑空機として計画され、野戦用の兵員輸送用大型滑空機とはちがって飛行機に近い高度の構造と空力特性をもっていたため、軍当局としても本機の将来性については、異常な熱意をしめした。

昭和十八年三月、モックアップ審査がおこなわれたが、第一号機は慎重な製作過程をたどり、昭和十九年八月にようやく完成、初飛行も成功裡に行なわれた。

しかしこの時期、戦局は日を追って急速に悪化し、多数の曳航機と本機による大輸送作戦は実現不可能の状態になっていたが、物資の後方移送は何としても実行しなければならぬ状況だったので、当局の本機にたいする期待はますますたかまった。そして曳航機とのペアの行動が不可能になったため当局は、本機の動力化によって能率を向上、現状の戦力増加を少しでも充足しようとして、ク7第一号機の完成の直前、昭和十九年春にキ105の製作が指示され、輸送機として再出発することになった（キ105の項参照）。

もし本機の完成が一年以上早ければ、量産とともに往路は軍需物資、帰路は石油や金属原料を積み、往復空輸部隊としてその戦略的価値は大きかったと思われる。

ク7　大型貨物輸送用滑空機
設計：国際航空工業京都製作所　型式：高翼、単葉、双胴、前三車輪、双方向舵、木製、一部金属製　乗員：二＋三二または軽戦車一輛　全幅：三五・〇〇m　全長：一九・九二m　全高：五・九〇m　翼弦長：四・五〇m（中央）～一・二〇m（翼端）　双胴間隔：六・八〇m　中央胴体長：一二・〇m　胴体最大幅：三・〇m　室内断面：二・六二m×一・九六m　主車輪間隔：二・六〇m　主翼取付角：三度　翼面積：一一二・五㎡　自重：四五〇〇kg　総重量：一万二〇〇〇kg　最良滑空比：二〇　最小沈下速度：二・〇m／S　乗員：二

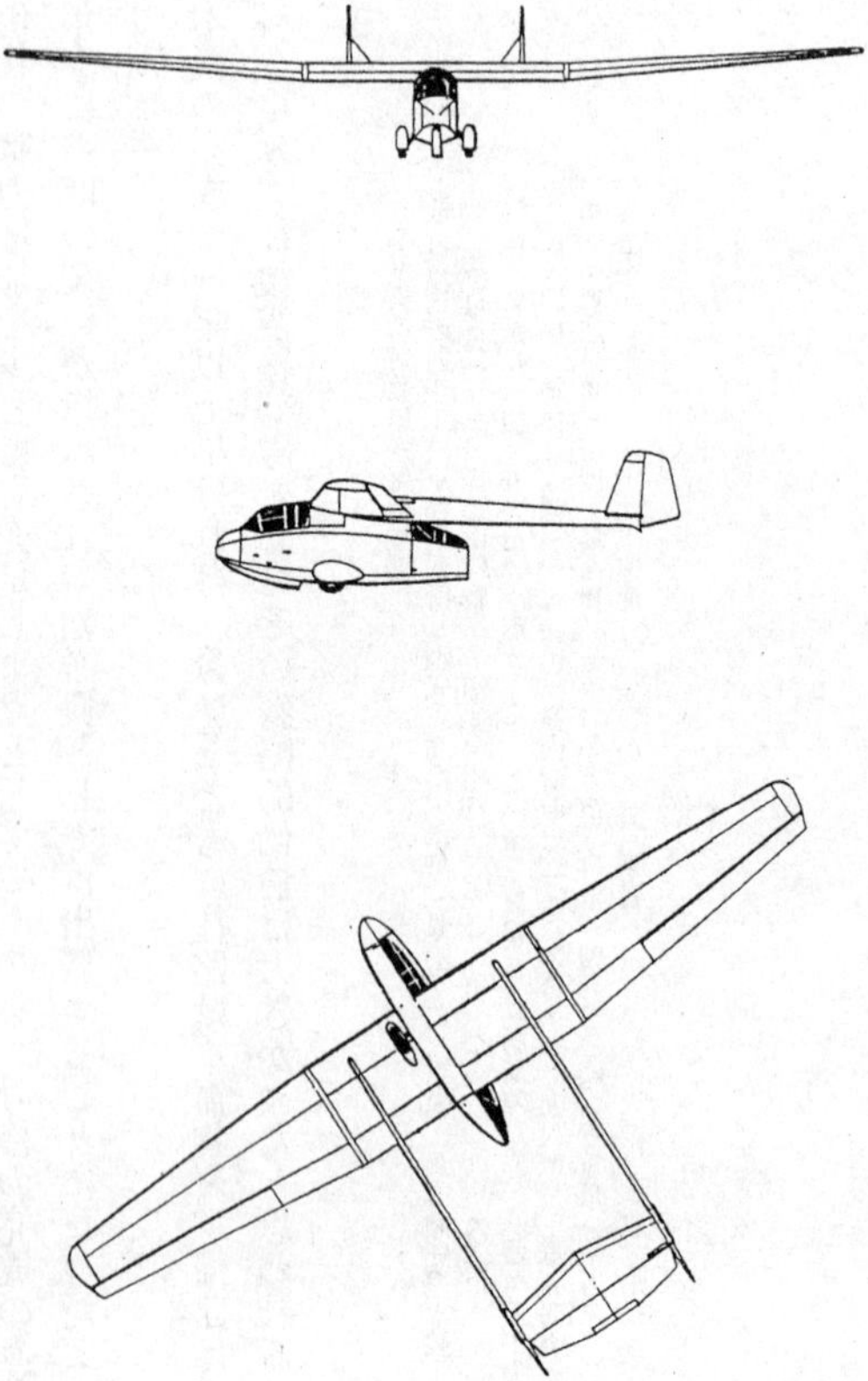

ク1二式 輸送用滑空機

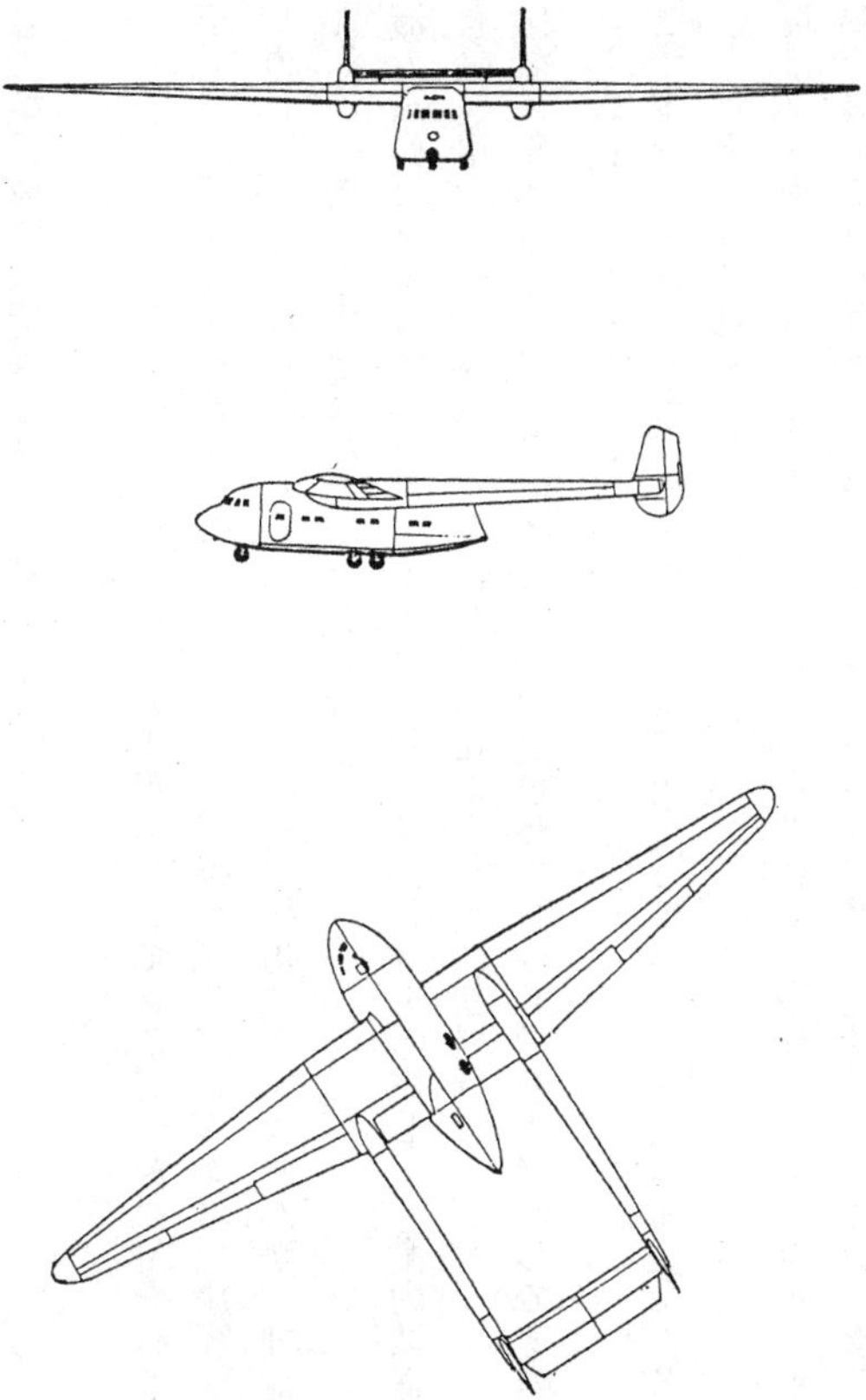

ク7 大型貨物輸送用滑空機

ク8二型兵員輸送用滑空機――陸軍――

昭和十三年、あらたに短・中距離ローカル線用として航空局が原設計を行ない、寺田航研工業が細部設計と製作を担当した木・金混製の双発高翼の実用型旅客輸送機TK3（のちに改造されキ95一式輸送機として陸軍が採用）が完成したが、性能不足のために約六〇機が製作されただけでおわった。

本機の高翼単葉の機体構造と、木・金混製の製作経験を考慮して、動力装置をとりのぞき輸送用滑空機に改造した機体が、昭和十六年夏に初飛行した。

これをク8と称したが、これはあくまで試験機であって、滑空機としてそのまま採用するわけにはいかなかった。

そこで本機の経験をもとに根本的に設計変更をして本格的な兵員輸送機ク8二型が昭和十六年十二月に誕生した。

本機はク8やキ51などとはまったく異なった外観で、胴体は太くほぼ正方形の断面で、鋼管溶接骨組羽布張り、機首部のみ金属外皮、機首先端はプレキシ・グラスの枠なし整形部で、操縦席をとおして曳航機が見えるようになっていた。

ク8二型

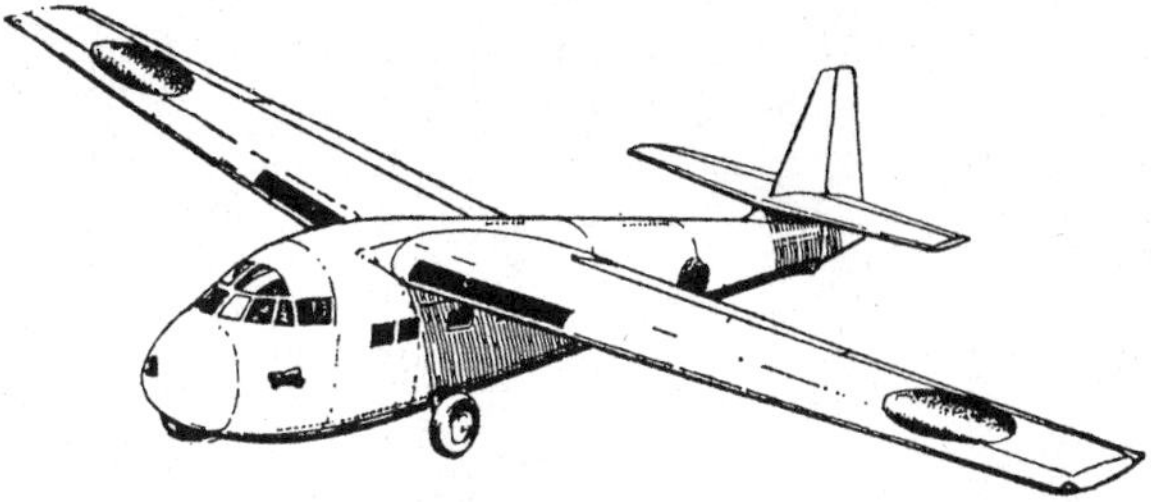

ク11

操縦席は並列複座、着陸装置は尾輪式で、主車輪は離陸後投下できるようになり、着陸時は複列の橇を利用する。

主翼は高翼式二桁木製半片持式で、支柱は前後二本、前桁より前部は合板外皮、後半部は羽布張り、中央部はかなり長い矩形翼、外翼はかなり外側に位置し、わずかなテーパーをなしていた。主翼にフラップはなく、上下面に各一五度ひらく空気抵抗板《エア・ブレーキ》がとりつけられた。

キャビンは完全武装兵一五〜二〇名、兵器輸送の場合は床の金具に四一式山砲を固定することができた。

本機はかなり量産が進められ（正確な生産機数は不明）、いくつかの部隊も曳航機を九七式重爆（キ21）にして編成され、実際に部隊訓練も行なわれたが、この時期に戦場は太平洋島嶼に拡大し、滑空機部隊を参加させるのに適当な場面を得られないまま終戦となり、日本陸海軍のグライダー部隊はついに実戦に参加することはなかった。

ク8二　兵員輸送用滑空機
設計：日本国際工業平塚製作所　型式：高翼、単葉、半片持式、尾輪式、鋼管溶接骨組羽布張り、一部木製　乗員：二＋二〇または山砲を含む兵器類　全幅：二三・二〇m　全長：一三・三m　全高：三・五m　主翼弦長：二・四二五m（内翼）、一・五m（外翼端）取付角：六度　上反角：一度　翼面積：五〇・七㎡　自重：一七〇〇kg　総重量：三五〇〇kg　最大曳航速度：二二四km／h　巡行曳航速度：一五〇km／h　着陸速度：一二〇km／h　最良滑空比：一五・九　最小沈下速度：一・九m／S

ク11兵員輸送用滑空機――陸軍――

日本小型飛行機は、従来の滑空機製造の多年にわたる豊富な経験を買われて、兵員輸送用（一〇～一二名）の大型戦術滑空機の開発指示を受け、高翼片持式全木製の、きわめて洗練されたスタイルの機体を完成した。

従来のソアラーの経験から本機も空気力学的にはきわめてすぐれた外形をもっていたが、もともと兵員輸送用グライダーというものは、敵の砲火をおかして不整地や樹林地帯に強行着陸することが作戦の前提条件であり、グライダー自体も一回の作戦で消耗《しょうもう》することを覚悟しなければならない。

このような目的に使用するためには、多少の空力性能を犠牲にしても、構造・材料的に量産に適した機体が要求され、当時各国ともこの方針にもとづいて比較的簡潔な構造をもった機体を生産していた。

その中にあってク11は、空力的にはきわめてすぐれていたものの、短期消耗を目的とする兵員輸送グライダーとしては、あまりにも高級な構造だったために、前作の同級機ク8二型の成功もあいまって量産に移すことが中止された。

ク11　兵員輸送用滑空機
設計：日本小型飛行機　型式：高翼、単葉、片持式、尾輪式、全木製　乗員：二＋一〇～一二　寸法（不明）　自重：一三〇〇kg　総重量：二三八〇kg　性能（詳細不明）

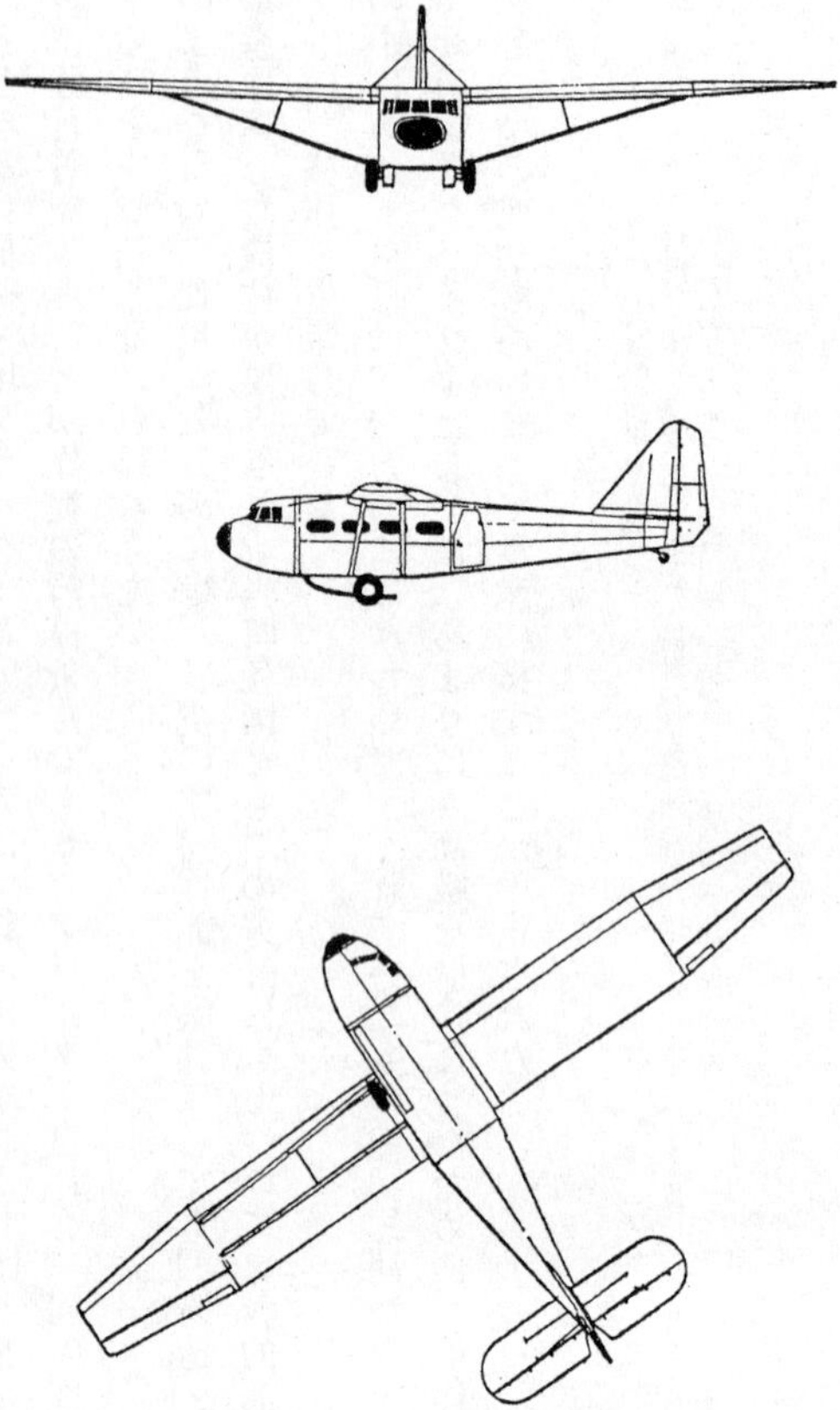

ク8二型　兵員輸送用滑空機

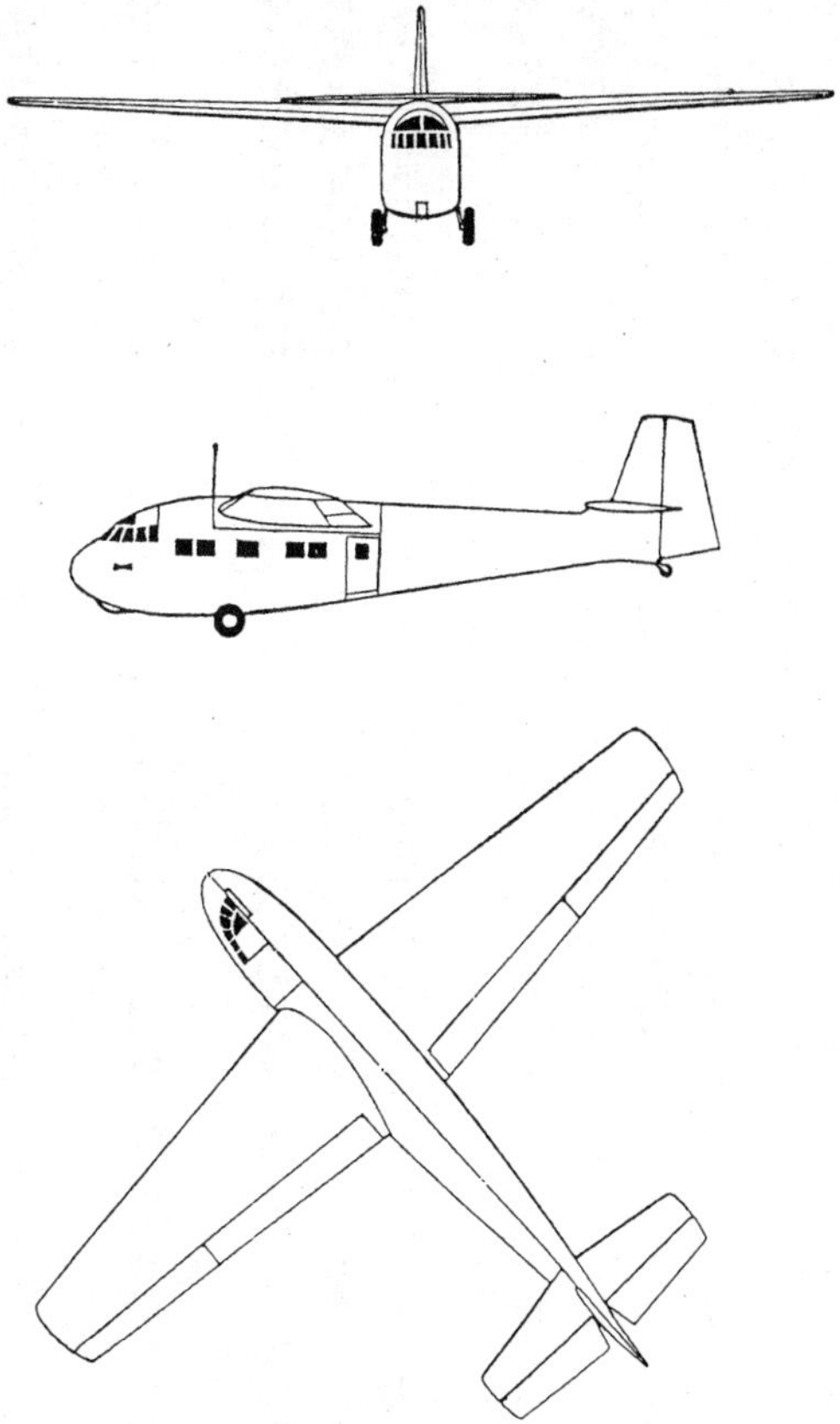

ク11 兵員輸送用滑空機

試作特殊輸送機（MXY5）兵員・物資輸送用大型滑空機——海軍——

昭和十六年八月、海軍の指令を受けた航空技術廠は、空挺部隊用大型滑空機の開発にはいった。

海軍の要求は、乗員一名、搭載人員一一名と小火器の積載能力をもち、着陸と同時に風防と胴体扉を開放して、すみやかに兵員の脱出ができること、曳航機は九六式陸攻または一式陸攻で二機ずつ曳航し、離陸距離は八〇〇メートル以内などが大要だった。

空技廠は日本飛行機の協力をえて、試作一号機を昭和十七年二月に完成した。

本機はグライダーとしてはかなり高度の技術を採用し、双発輸送機からエンジンをはずしたような外形で、主翼断面はNACA二三〇系を用い、桁にはジュラルミンを使用、小骨は木製、外皮は合板部と羽布張り部があり、接着には従来のカゼインにかわってビニール系の接着剤を用いた。

主翼には、上面に制動用の空気抵抗板と後縁にはフラップが装着された。胴体は鋼管溶接骨組に合板張り、水平・垂直尾翼とも木製羽布張り、着陸装置は離陸には車輪

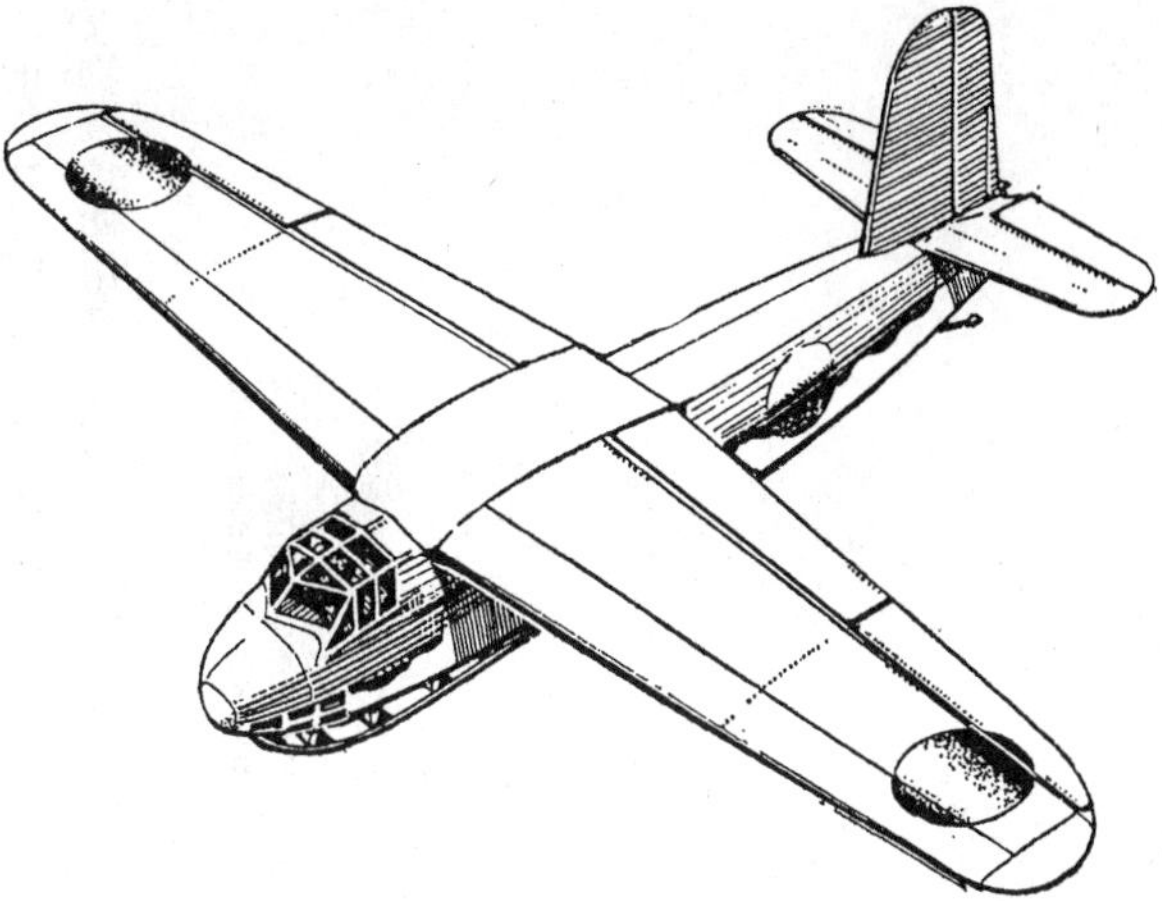

を、着陸には橇《そり》を使用し、車輪は離陸後切り離す方法が採用された。操縦装置は並列複操縦式で、曳航機とは曳航索を通じて電話連絡できるようになっていた。

本機は霞ヶ浦や木更津基地を中心に各種の試験を好成績のうちに行なったが、もともと海軍が海洋作戦に滑空部隊を使用するには、気象・作戦距離・補給などの面で大陸での作戦とはまったくちがった悪条件があったうえに、空挺作戦にはパラシュート部隊の方が行動が容易であるという見方と、戦局の悪化にともなって部隊編成を行なう余裕もなくなり、滑空機部隊による作戦についてはあきらめざるをえなくなった。

本機は使用の場がなくなり実験は一時

休止されていた。戦争末期には、比較的大型なことから陸軍のク7大型滑空機のような物資運搬用グライダーとして活用する試みも行なわれたが実現しなかった。

特殊輸送滑空機　MXY5
設計：空技廠、日本飛行機　型式：高翼、単葉、片持式、尾輪式、木金混製　乗員：二＋一一　全幅：一八・〇m　全長：一二・五〇m　全高：三・五七m　翼面積：四四・〇㎡　自重：一四〇〇kg　総重量：二五〇〇kg

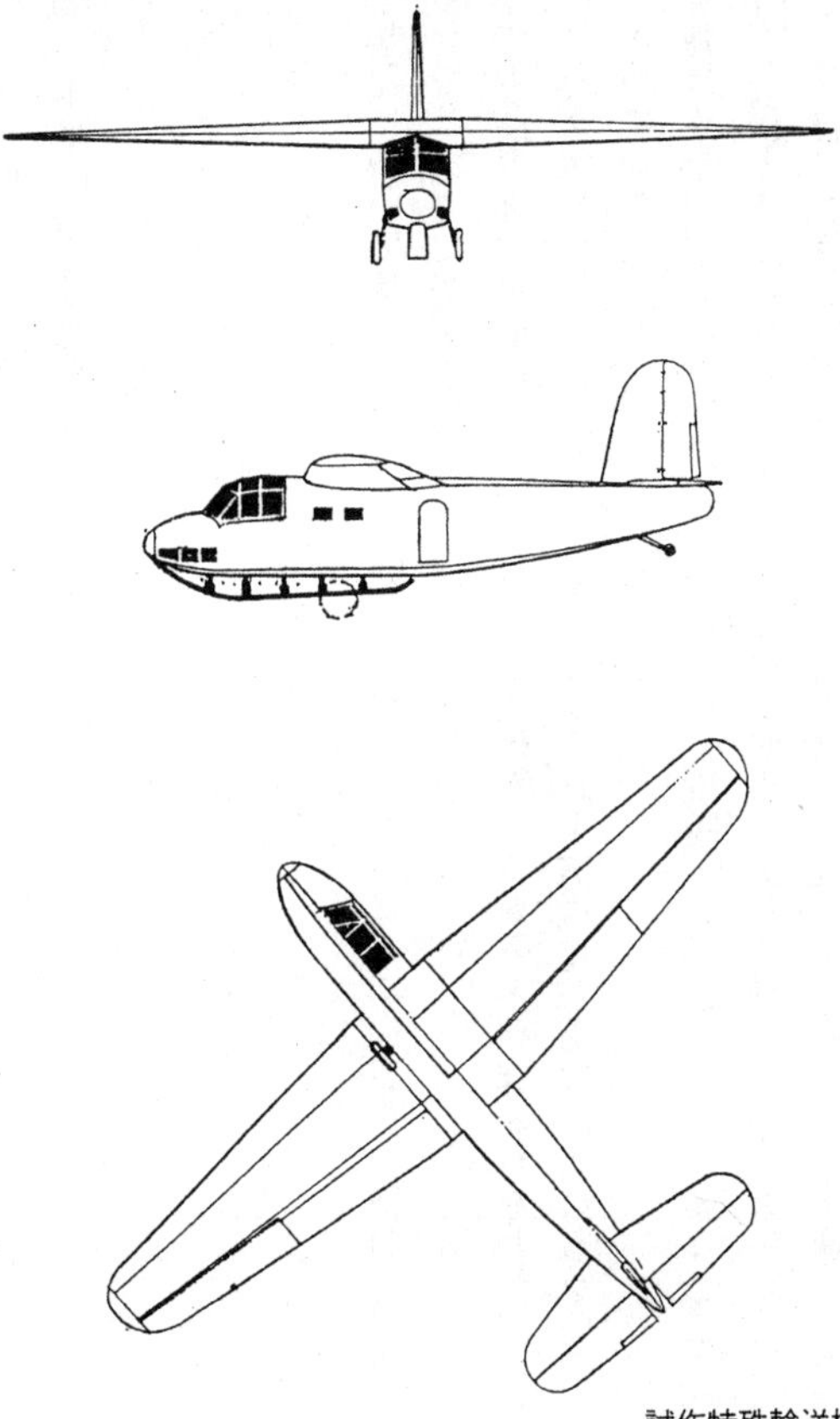

試作特殊輸送機

50 未来に賭ける誘導弾

イ号一型甲・乙空対地誘導弾

電子兵器については、すでに一九三〇年代からレーダーや誘導弾の初期の開発が、ゆっくりではあったがすすめられていた。日本でも誘導弾の可能性については、小規模ながら着々と研究が行なわれ、太平洋戦争の進行と戦局の悪化によって、なんとかこれを実現化しなければならないような状況になっていた。

誘導弾は陸軍を中心に計画が立てられ、第一段階として八〇〇キロ爆弾と三〇〇キロ爆弾を弾頭とする誘導弾二種の実用化をすすめ、それぞれ「イ号一型甲空対地誘導弾」「イ号一型乙空対地誘導弾」（当時の技術水準では、空対空、地対空誘導弾を開発するまでにいたらなかった）と呼ばれた。

甲は三菱、乙は川崎が、それぞれ設計、試作にあたった。

これらの誘導弾は、いずれも目標（主として敵艦船）から約一〇～一一キロはなれた地点の上空七〇〇～一〇〇〇メートルの高度で母機から投下され、二秒後にロケットの噴射を開始、以後ロケット推進により飛行し、母機は目標まで約四〇〇〇メートルの距離まで無線で飛行航跡を追尾誘導し、命中させる方法をとっていた。

この方法では、母機自体も誘導弾とともに目標にかなり接近しなければならないので、実際面では母機自体の被害率もかなり多くなることが予想され、今日の各種の誘導弾とくらべれば、きわめて原始的な能率のわるいものだった。

結局、これら二種の誘導弾はすぐに実用化することはムリで、もっぱら将来の誘導弾の基礎資料におわり、実戦には参加することはなかった。

イ号一型甲誘導弾――陸軍――

昭和十九年七月に陸軍は、大小二種のロケット動力、飛行機型式の無線誘導弾の開発を決定し、動力は二種とも三菱に、機体は一型甲を三菱、一型乙を川崎にそれぞれ発注した。

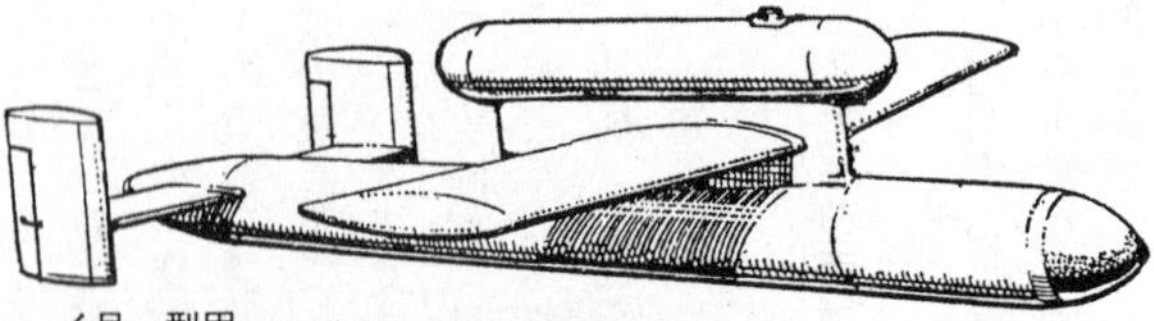

イ号一型甲

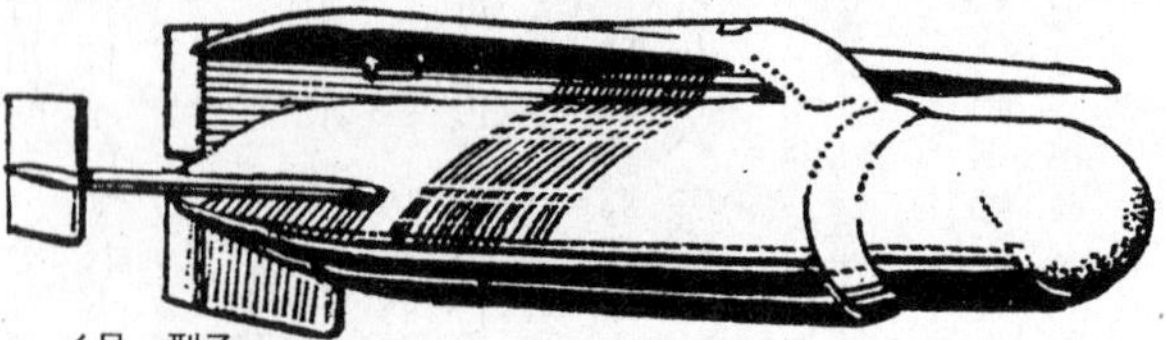

イ号一型乙

イ号一型甲は、機首に海軍の八〇番（八〇〇キロ）爆弾を搭載したロケット推進無人飛行爆弾である。

翼は木製、胴体は金属構造、外皮はトタン板。動力は、濃過酸化水素液と、触媒として過マンガン酸ソーダ液を使用、両液の圧送には圧縮空気を利用した特呂一号三型と呼ばれる推力二四〇キログラム、燃焼時間七五秒の、ロケット・モーターだった。

搭載母機には四式重爆「飛龍」が選ばれ、胴体下面に誘導弾を懸吊《けんちょう》した。誘導弾は目標上空七〇〇〜一〇〇〇メートル、距離約一〇キロの地点で母機から発進、投下後〇・五秒で安定装置が作動し、さらに一・五秒でロケットが噴射を開始する。以後はロケット推進による飛行をつづけ、母機は目標の約四〇〇〇メートル手前までこれを無線操縦し、目標に命中させる仕組みになっていた。

イ号一型甲は、昭和十九年十月に試作第一号機が、つづいて十一月までに一〇機が完成し、これに日本車輌の手で完成した数機も加わり投下試験が開始されたが、ジャイロ安定装置をはじめ操作上の無線機器などの調整がむずかしく、満足な結果はえられなかった。

イ号一型甲
全幅：三・六〇m　全長：五・七七m　全高：一・〇五五m　翼面積：三・六〇㎡　総重量：一四〇〇kg　動力：特呂一号三型液体ロケット、推力二四〇kg×一（七五秒）　投下速度：三六〇㎞／h　投下高度：五〇〇〜一〇〇〇m　衝突速度：五五〇㎞／h

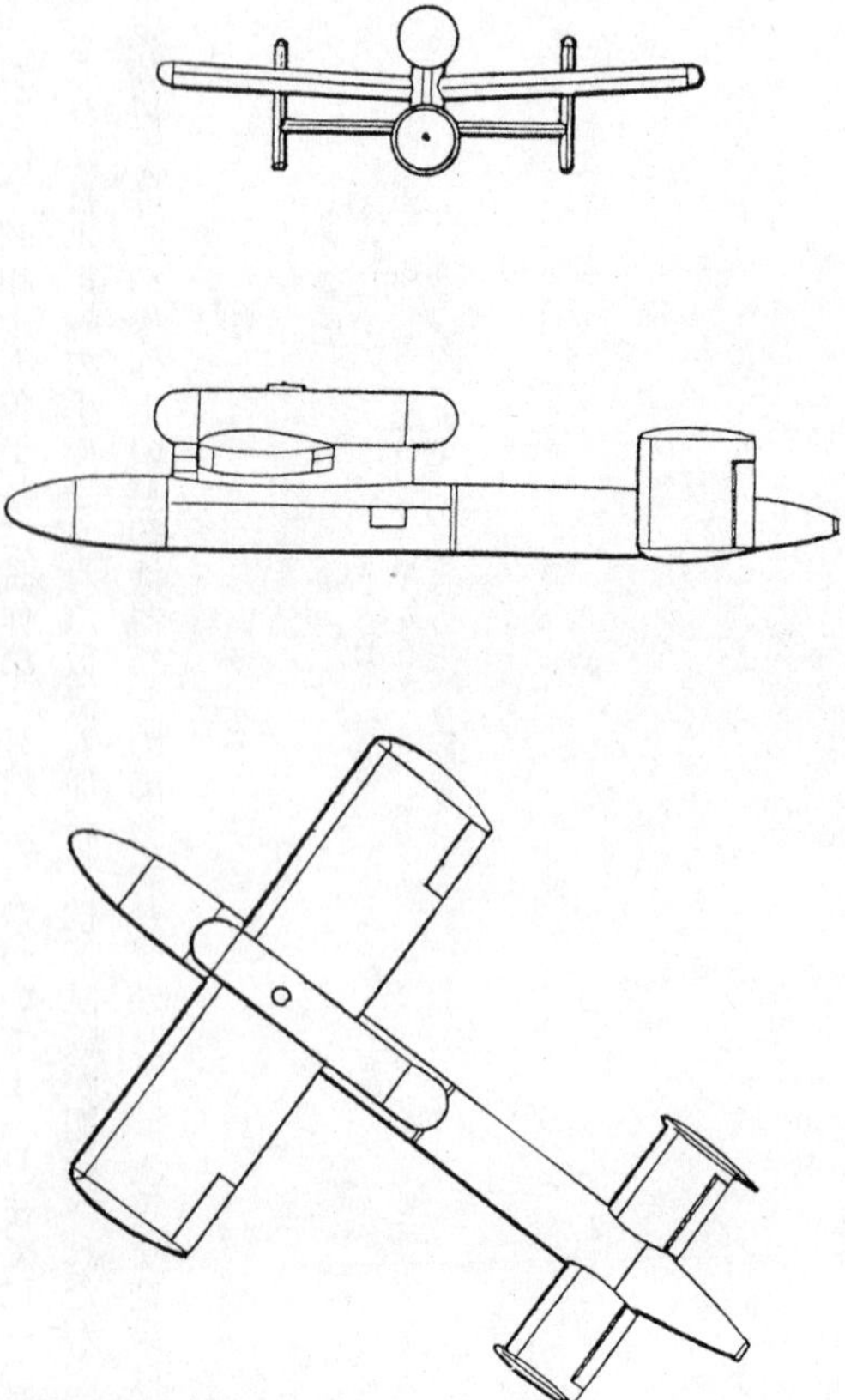

イ号一型甲　誘導弾

イ号一型乙誘導弾――陸軍――

　イ号一型甲と併行して開発された弾頭三〇〇キロの小型の誘導弾で、イ号一型乙と命名され、動力は三菱が、機体は川崎が担当することになった。

　誘導方式は、母機を九九式双発軽爆またはキ102双発襲撃機として、甲より近距離の目標をねらう以外、甲とおなじである。昭和十九年十月、試作第一号機が完成し、滑空と動力飛行試験機として三〇機が製作された。昭和十九年十一月から昭和二十年五月の間、水戸市郊外阿字ヶ浦海岸と神奈川県真鶴海岸で投下試験が行なわれ、ほぼ実用可能の評価をえた。この間、昭和二十年二月に伊東上空で発進した実験中のイ号一型乙は、無線機の故障から進路をあやまり、熱海温泉の旅館にとびこみ数名を殺傷するという事故をおこした。

　川崎は昭和二十年六月までに一五〇機を製作したが、六月～七月の空襲により工場は大損害を受け、さらに戦局の悪化から最重点機としてのワクからはずされ、開発と生産はイ号一型甲とともに打ち切られた。なお本機には、キ148という試作番号があたえられていた。

イ号一型乙
全幅：二・六〇m　全長：四・〇九m　全高：〇・九〇m　翼面積：一・九五㎡　自重：五五〇kg
総重量：六八〇kg　動力：特呂一号二型液体ロケット、推力一五〇kg×一（八〇秒）投下高度：
五〇〇～一〇〇〇m

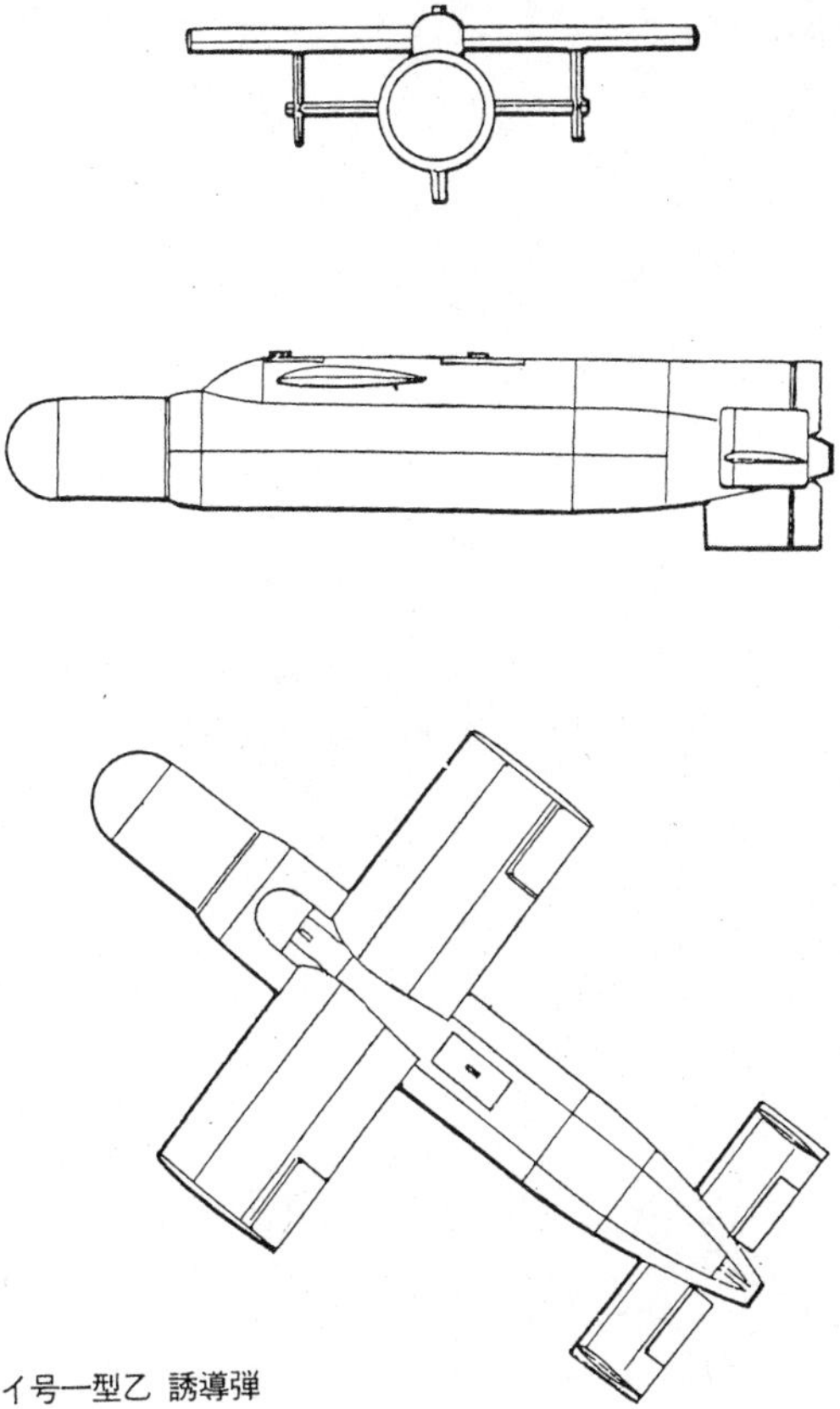

イ号一型乙 誘導弾

日本陸海軍制式機・試作機一覧

陸軍はキ1（九三式、一九三三年）以降、海軍は6試（一九三一年）以降を記載した。●印は本書に収録したもので、△は資料のないものである。

陸軍機

キ1　九三式重爆撃機〈三菱〉
キ2　九三式双発軽爆撃機〈三菱〉
キ3　九三式単発軽爆撃機〈川崎〉
キ4　九四式偵察機〈中島〉
キ5　試作軽戦闘機〈川崎〉
キ6　九五式二型練習機〈中島〉
キ7　試作機上作業練習機〈三菱〉
キ8　試作複座戦闘機〈中島〉
キ9　九五式一型練習機〈立川〉
キ10　試作戦闘機〈川崎〉
キ11　試作戦闘機〈中島〉AN－1
キ12　試作戦闘機〈中島〉
キ13　試作襲撃機〈中島〉
キ14　試作偵察機〈三菱〉
キ15　九七式司令部偵察機〈立川〉
キ16　試作輸送機〈中島〉
キ17　九五式三型練習機〈立川〉
キ18　試作軽戦闘機〈三菱〉
キ19　試作重爆撃機〈中島〉N－19
キ20　九二式超重爆撃機〈三菱〉
キ21　九七式重爆撃機〈三菱〉
キ22　試作爆撃機〈川崎〉
キ23　「光」6、2、グライダー〈福田・前田〉
キ24　グライダー〈立川〉

キ25　グライダー〈立川〉
キ26　グライダー〈立川〉
キ27　九七式戦闘機〈中島〉
キ28　試作戦闘機〈川崎〉
キ29　試作軽爆撃機〈立川〉
キ30　九七式単発軽爆撃機〈三菱〉
△キ31　試作軽爆撃機〈中島〉（中止）
キ32　九八式軽爆撃機〈川崎〉
キ33　試作軽戦闘機〈三菱〉（不採用）
キ34　九七式輸送機〈中島〉
△キ35　試作直接協同偵察機〈三菱〉（中止）
キ36　九八式直協偵察機〈立川〉
△キ37　試作複座戦闘機〈中島〉
△キ38　試作双発複座戦闘機・地上攻撃機〈川崎〉（設計終了後あらためてキ45の指示を受ける）
△キ39　試作複座戦闘機〈三菱〉（中止）
△キ40　試作司令部偵察機〈三菱〉（要求のみ）
△キ41　試作高速輸送機〈中島〉（制作せず）
△キ42　試作重爆撃機〈三菱〉（中止）
キ43　一式戦闘機「隼」〈中島〉
キ44　二式単座戦闘機「鍾馗」〈中島〉
キ45　二式複座戦闘機「屠龍」〈川崎〉
キ46　一〇〇式司令部偵察機「新司偵」〈三菱〉
△キ47　試作軽爆撃機〈三菱〉
キ48　九九式双発軽爆撃機〈川崎〉
キ49　一〇〇式重爆撃機〈中島〉
キ50（不明）〈三菱〉

キ51　九九式襲撃・軍偵察機〈三菱〉
△キ52　試作急降下爆撃機〈中島〉（中止）
△キ53　試作多座戦闘機〈中島〉（中止）
キ54　一式双発高等練習機〈立川〉
キ55　九九式高等練習機〈立川〉
キ56　一式貨物輸送機〈川崎〉（ロ式改）
キ57　一〇〇式輸送機〈三菱〉
△キ58　試作掩護戦闘機〈中島〉（キ49改）
キ59　一式輸送機〈国際〉
キ60　試作重戦闘機〈川崎〉（不採用）
キ61　三式戦闘機「飛燕」〈川崎〉
△キ62　試作重戦闘機〈中島〉（中止）
△キ63　試作軽戦闘機〈中島〉（中止）
●キ64　試作重戦闘機〈川崎〉
△キ65　試作重戦闘機〈満飛〉（中止）
●キ66　試作急降下爆撃機〈川崎〉
キ67　四式重爆撃機「飛龍」〈三菱〉
キ68　試作遠距離爆撃機〈中島〉
キ69　試作掩護機〈三菱〉（キ67改）
●キ70　試作司令部偵察機〈立川〉
●キ71　試作偵察・襲撃機〈満飛〉（中止）
△キ72　試作直接協同偵察機〈立川〉（中止・キ36改）
△キ73　試作重戦闘機〈三菱〉（中止）
●キ74　試作遠距離偵察爆撃機〈立川〉
キ75　試作多座戦闘機〈中島〉
キ76　三式指揮連絡機
●キ77　試作長距離機A26〈立川・航

研〉
●キ78　試作高速度研究機〈川崎・航研〉
キ79　二式高等練習機〈満飛〉
△キ80　試作重爆指揮官機〈中島〉（キ49三型改、指揮官機、のちハ117換装）
△キ81　試作軽爆指揮官機〈川崎〉（中止・キ48改、指揮官機）
△キ82　試作爆撃機〈中島〉（中止）
●キ83　試作遠距離戦闘機〈三菱〉
キ84　四式戦闘機「疾風」〈中島〉
△キ85　試作遠距離爆撃機〈川崎〉（中止・G5「深山」改）
キ86　四式基本練習機〈国際〉
●キ87　試作高々度局地戦闘機〈中島〉
●キ88　試作局地戦闘機〈川崎〉
△キ89　研究機〈川崎〉（不確）
△キ90　試作遠距離爆撃機〈三菱〉（中止）
●キ91　試作遠距離爆撃機〈川崎〉
●キ92　試作戦車・兵員輸送機〈立川〉
●キ93　試作襲撃機〈技研〉
●キ94　試作高々度局地戦闘機〈立川〉
△キ95　試作司令部偵察機〈三菱〉（中止・キ83改）
●キ96　試作双発戦闘機〈川崎〉
●キ97　試作輸送機〈三菱〉
●キ98　試作戦闘襲撃研究機〈満飛〉
△キ99　試作局地戦闘機〈三菱〉（中止）
キ100　五式戦闘機〈川崎〉
△キ101　試作夜間戦闘機〈中島〉（中止）

●キ102　試作襲撃・戦闘機〈川崎〉
△キ103　試作邀撃戦闘機〈三菱〉（未着手・キ83改）
キ104　試作邀撃戦闘機〈三菱・技研〉（キ67改修）
●キ105　試作輸送機「おおとり」〈国際〉
●キ106　試作戦闘機〈立川・王子〉
●キ107　試作初歩練習機〈東京〉
●キ108　試作双発高々度戦闘機〈川崎〉
●キ109　試作特殊防空戦闘機〈三菱〉
△キ110　試作輸送機〈立川〉（キ54木製化）
キ111　試作燃料輸送機〈立川〉（中止・全木製）
キ112　試作重爆撃機〈三菱〉（中止・キ67改）
●キ113　試作戦闘機〈中島〉
△キ114　試作輸送機〈立川〉
●キ115　特別攻撃機〈中島〉
●キ116　試作戦闘機〈満飛〉
キ117　試作戦闘機〈中島〉（キ84改修・ハ44、二五〇〇HP）
△キ118　試作戦闘機〈三菱〉（中止）
●キ119　試作戦闘爆撃機〈川崎〉
△キ120　試作輸送機
△キ128　戦闘機
キ148　試作無人誘導弾〈川崎〉
△キ167　試作練習機（未着手）
キ174　試作軽爆撃機〈立川〉（未着手）
●キ200　試作高々度局地戦闘機〈三菱〉
●キ201　試作戦闘爆撃機〈中島〉
キ202　試作高々度局地戦闘機〈技研〉

●試作遠距離爆撃機「富嶽」

海軍機

6試　複座戦闘機〈中島〉NAK－1
6試　特殊爆撃機〈中島〉
6試　特殊爆撃機〈広廠〉
6試　艦上攻撃機〈中島〉
6試　小型夜間偵察飛行艇〈愛知〉A
B－4
7試　艦上戦闘機〈三菱〉IMF10
7試　艦上戦闘機〈中島〉
7試　艦上攻撃機〈愛知〉AB－8
7試　艦上攻撃機〈三菱〉カ－5
7試　艦上攻撃機〈中島〉Y3B
7試　双発艦上攻撃機〈三菱〉カ－4
（九三式陸上攻撃機）
7試　特殊攻撃機〈広廠〉G2H（九五式陸上攻撃機）
7試　特殊爆撃機〈中島〉
7試　水上偵察機〈愛知〉AB－6
7試　水上偵察機〈川西〉E7K（九四式水上偵察機）
8試　複座戦闘機〈三菱〉カ－8
8試　複座戦闘機〈中島〉NAF－2
8試　試作艦上戦闘機〈中島〉
8試　特殊爆撃機〈愛知〉D1Y（九四式、九六式艦上爆撃機）
8試　特殊爆撃機〈中島〉D2N
8試　特殊爆撃機〈広廠〉D2Y
8試　特殊偵察機〈三菱〉G1M
8試　水上偵察機〈愛知〉E8A、A
B－7

8試　水上偵察機〈川西〉E8K
8試　水上偵察機〈中島〉E8N（九五式水上偵察機）
8試　大型飛行艇〈川西〉QR（中止）
9試　単座戦闘機〈三菱〉A5M（九六式艦上戦闘機）
9試　単座戦闘機〈中島〉
9試　艦上攻撃機〈三菱〉B4M
9試　艦上攻撃機〈中島〉B4N
9試　艦上攻撃機〈空技廠〉B4Y（九六式艦上攻撃機）
9試　中型陸上攻撃機〈三菱〉G3M（九六式陸上攻撃機）
9試　夜間偵察機〈愛知〉E10A（九六式水上偵察機）
9試　夜間偵察機〈川西〉E10K（九四式輸送機）
9試　潜水艦偵察機〈渡辺〉E9W（九六式水上偵察機）
9試　中型飛行艇〈川西〉H5Y（九九式飛行艇）
9試　大型飛行艇〈川西〉H6K（九七式飛行艇）
自作　AM－7水上偵察機〈愛知〉
10試　艦上攻撃機〈三菱〉B5M（九七式二号艦上攻撃機）
10試　艦上攻撃機〈中島〉B5N（九七式一号、三号艦上攻撃機）
10試　艦上偵察機〈中島〉C3M（九七式艦上偵察機）
10試　水上観測機〈三菱〉F1M（零

式水上観測機〉
10試　水上観測機〈愛知〉F1A
△10試　水上観測機〈川西〉F1K
△11試　艦上爆撃機〈三菱〉（中止）
11試　艦上爆撃機〈愛知〉D3A（九
九式艦上爆撃機）
△11試　艦上爆撃機〈中島〉D3N
△11試　水上爆撃機〈三菱〉
△11試　水上爆撃機〈中島〉
11試　特殊水上偵察機〈愛知〉E11A
（九八式水上偵察機）
11試　特殊水上偵察機〈川西〉E11K
（九六式輸送機）
11試　水上中間練習機〈川西〉K6K
1
△11試　水上中間練習機〈渡辺〉K6W
1
11試　陸上作業練習機〈三菱〉K7M
12試　艦上戦闘機〈中島〉
12試　艦上戦闘機〈三菱〉A6M（零
式艦上戦闘機）
12試　陸上攻撃機〈三菱〉G4M（一
式陸上攻撃機）
12試　三座水上偵察機〈愛知〉E13A
（零式水上偵察機）
12試　小型水上偵察機〈空技廠〉E14
Y（零式小型水上偵察機）
12試　水上初歩練習機〈川西〉K8K
（零式水上初歩練習機）
12試　水上初歩練習機〈川西〉K8K
1
12試　複座水上偵察機〈愛知〉E12A

1
△12試　複座水上偵察機〈川西〉E12K
1
12試　複座水上偵察機〈中島〉E12N
1
12試　三座水上偵察機〈川西〉E13K
1
△12試　小型水上偵察機〈九州〉E14W
1
△12試　特殊飛行艇〈空技廠〉H7Y1
12試　水上初歩練習機〈日飛〉K8P
1
△12試　水上初歩練習機〈渡辺〉K8W
1
△13試　双発三座戦闘爆撃機〈三菱〉
△13試　艦上戦闘機〈三菱〉（辞退）

13試　双発陸上戦闘機〈中島〉J1N（二式陸偵、「月光」）
13試　艦上爆撃機〈空技廠〉D4Y（二式艦偵、「彗星」）
13試　大型陸上攻撃機「深山」〈中島〉G5N
13試　大型飛行艇〈川西〉H8K（二式飛行艇）
13試　小型飛行艇〈愛知〉H9A（二式練習飛行艇）
△13試　高速陸上偵察機〈愛知〉C4A　1（中止）
△13試　小型輸送機〈日飛〉L7P1（中止）
14試　局地戦闘機「雷電」〈三菱〉J2M

14試　艦上攻撃機「天山」〈中島〉B6N
14試　陸上基本練習機〈渡辺・九州〉K9W（二式基本練習機「紅葉」）
14試　陸上中間練習機〈渡辺〉K10W（二式陸上中間練習機）
●14試　高速水上偵察機「紫雲」〈川西〉E15K1
14試　二座水上偵察機〈愛知〉E16A
△14試　中型飛行艇〈広工廠〉H10H1（中止）
●15試　水上戦闘機「強風」〈川西〉N1K
15試　水上戦闘機〈中島〉A6M2-N（二式水上戦闘機）
15試　双発陸上爆撃機「銀河」〈空技廠〉P1Y
15試　機上作業練習機「白菊」〈渡辺〉K11W
16試　艦上攻撃機「流星」〈愛知〉B7A
16試　水上偵察機「瑞雲」〈愛知〉E16A
●16試　陸上攻撃機「泰山」〈三菱〉G7M
●17試　艦上戦闘機「烈風」〈三菱〉A7M
●17試　局地戦闘機「閃電」〈三菱〉J4M
17試　陸上戦闘機〈川西〉J3K（中止・「陣風」に発展）

17試　陸上攻撃機〈川西〉(中止)

●17試　特殊攻撃機「晴嵐」〈愛知〉M6A

△17試　陸上偵察機「暁雲」〈空技廠〉R1Y(中止)

●17試　艦上偵察機「彩雲」〈中島〉C6N

17試　陸上哨戒機「東海」〈九州〉Q1W

●18試　丙戦闘機「電光」〈愛知〉S1A

●18試　甲戦闘機「陣風」〈川西〉J6K

●18試　局地戦闘機「天雷」〈中島〉J5N

●18試　局地戦闘機「震電」〈九州〉J

7W

●18試　陸上攻撃機「連山」〈中島〉G8N

●18試　陸上偵察機「景雲」〈空技廠〉R2Y

●19試　陸上哨戒機「大洋」〈三菱〉Q2M

20試　甲戦闘機〈三菱〉

圧縮比	減速比	離昇出力		公称出力		諸元				備考
		馬力 (HP)	回転数 (rpm)	馬力 (HP)	高度 (m)	全長 (mm)	全幅 (mm)	全高 (mm)	重量 (kg)	
7.0	0.688	940	2,650	950	2,300	1,392	1,118	1,118	526	低空用
〃	〃	〃	〃	〃	〃	〃	〃	〃	〃	
〃	〃	〃	〃	〃	〃	〃	〃	〃	〃	
〃	0.625	1,080	2,700	1,055	2,800	1,460	1,118	1,118	565	
6.5	0.684	1,500	2,450	1,450	2,600	1,705	1,340	1,340	725	遊星歯車式減速
〃	〃	1,530		1,480	2,200					ファルマン式減速
〃		1,430		1,400	2,700	1,753	1,340	1,340	750	延長軸、強制冷却
〃		1,460		1,400	2,700	〃	〃	〃	〃	コントラ・プロペラ
〃	0.500	1,850	2,600	1,680	2,500	〃	〃	〃	〃	遊星平歯車式減速
〃	〃	1,850		1,720	2,100	〃	〃	〃	〃	水メタノール噴射、延長軸強冷
〃	〃	1,500		1,620	2,100	〃	〃	〃	〃	コントラ・プロペラ
〃	〃	1,500		1,680	2,300	〃	〃	〃	〃	
〃	〃	1,800		1,400	6,800	〃	〃	〃	〃	23型高空性能改良
7.0	0.700	1,000	2,500	990	2,800	1,646	1,218	1,218	560	
〃	〃	1,000	〃	1,075	2,000	〃	〃	〃	〃	
〃	0.633	1,300	2,600	1,200	3,000	〃	〃	〃	〃	2速過給機付
〃	〃	1,300	2,600	1,200	3,000	〃	〃	〃	〃	〃　機銃カム付
〃	〃	1,500				〃	〃	〃	〃	気化器式
〃	〃	1,500		1,350	2,700	〃	〃	〃	〃	燃料噴射式
		1,250		1,260	3,700					ハ5改良
		1,500		1,440	2,100					
		1,500								
7.2	0.687	1,000	2,550	950	4,200		1,115	1,115	530	低空用
〃	〃	940					〃	〃	〃	高空用
〃	0.683	1,130	2,750	1,100	2,850		〃	〃	590	
〃										21型改良
〃		1,190		980	6,000					23型改良
		1,900		1,870	1,700	1,818	1,372	1,372		延長軸、強制冷却
6.7	0.457	2,400	2,600	2,130	1,800	2,305	1,340	1,340	1,280	11型の過給機改良
〃	〃	2,400								
〃	〃	2,400								2段可変減速
7.0	0.472	2,200	2,900	2,070	1,000	2,184	1,230	1,230	1,035	
〃	〃	2,200	〃	1,720	9,500	2,020	1,230	1,230	980	排気タービン過給機付
〃	〃	2,100		2,050	1,600					フルカン接手2段過給機
〃		2,200								41型に11型の過給機装備
〃		2,100		1,650	8,000					推進式・フルカン接手過給機付
〃		2,200								3速過給機付
7.2	0.431	2,450	2,800	2,300	2,700		1,280	1,280	1,150	
〃										3段3速過給機付
7.0	0.500	1,800	2,900	1,650	2,000	1,785	1,180	1,180	830	
〃	〃	1,825								
〃	〃	2,000	3,000	1,860	1,800	1,785	1,180	1,180	830	
〃	〃	2,000								
〃	〃	2,000		1,700	6,000					21型低圧噴射型
〃	〃	2,000		1,850	8,000					22型噴射型、排気タービン付

第二次大戦中の軍用発動機一覧

設計会社	陸・海統一名称	陸軍名称 ハ番号	陸軍名称 制式名	海軍名形 記号	海軍名形 通称	型式 冷却・型・気筒数	気筒 筒径×行程(mm)	気筒 容積(ℓ)
三菱	ハ「31」11				瑞星11	空冷・複・星・14	140×130	28
	14	ハ26-Ⅰ	99式900馬力1型		14	〃	〃	〃
	15	〃 Ⅱ	〃 2型		15	〃	〃	〃
	21			MK2A	21	〃	〃	〃
三菱	ハ「32」11	ハ101	100式1450馬力	MK4B	火星11	空冷・複・星・14	150×170	42.1
	12			MK4C	12	〃	〃	〃
	13			MK4D	13	〃	〃	〃
	14			MK4P	14	〃	〃	〃
	21			MK4R	21	〃	〃	〃
	23			MK4R	23	〃	〃	〃
	24			MK4S	24	〃	〃	〃
	25	ハ111			25	〃	〃	〃
	26				26	〃	〃	〃
三菱	ハ「33」41				金星41	空冷・複・星・14	140×150	32.34
	42				42	〃	〃	〃
	51	ハ112-Ⅰ	1式1300馬力		51	〃	〃	〃
	54			MK8N	54	〃	〃	〃
	61			MK8P	61	〃	〃	〃
	62	ハ112-Ⅱ		MK8K	62	〃	〃	〃
中島	ハ「34」01	ハ41	100式1250馬力	NK5		空冷・複・星・14	146×160	37.5
	11	ハ109	2式1450馬力	NK5		〃	〃	〃
	12	ハ119				〃	〃	〃
中島	ハ「35」11	ハ25	99式950馬力	NK1B	栄 11	空冷・複・星・14	130×150	27.9
	12	ハ25	〃	NK1C	12	〃	〃	〃
	21	ハ115	1式1150馬力	NK1F	21	〃	〃	〃
	31				31	〃	〃	〃
	32	ハ115-Ⅰ	2式1150馬力		32	〃	〃	〃
三菱	ハ「42」11	ハ104	4式1900馬力	MK6A		空冷・複・星・18	150×170	54.1
	21	ハ214		MK10C		〃	〃	〃
	31	ハ214		MK10A		〃	〃	〃
	41			MK10B		〃	〃	〃
三菱	ハ「43」01					空冷・複・星・18	140×150	41.6
	11	ハ211-Ⅰ		MK9A		〃	〃	〃
	21	ハ211-Ⅱ				〃	〃	〃
	31	〃				〃	〃	〃
	41			MK9D		〃	〃	〃
	51			MK9C		〃	〃	〃
中島	ハ「44」11	ハ219		NK11A	BH	空冷・複・星・18	146×160	48.2
	21					〃	〃	〃
中島	ハ「45」11	ハ45	4式1900馬力	NK9B	誉 11	空冷・複・星・18	130×150	35.8
	12				12	〃	〃	〃
	21			NK9H	21	〃	〃	〃
	22			NK9K	22	〃	〃	〃
	23	ハ45-ヌ		NK9H-S	23	〃	〃	〃
	24			NK9L-L	24-ル	〃	〃	〃

圧縮比	減速比	離昇出力		公称出力		諸元				備考
		馬力(HP)	回転数(rpm)	馬力(HP)	高度(m)	全長(mm)	全幅(mm)	全高(mm)	重量(kg)	
7.0	0.500	2,200								22型の性能向上型
〃	〃	2,000		1,880						2段過給機付
〃	〃	2,200		1,600	10,000					
〃	〃	2,000								高々度性能向上化
〃	〃	2,000								〃
〃	〃	2,000								推進式
		3,000								☆護の18気筒化
		2,400		2,100			1,450	1,450		
		2,600		2,200	2,100					
		2,800		2,400						
6.7		3,100	2,600	2,640	1,600	2,331	1,450	1,450	1,500	2,370HP／H10,400m
		2,450		2,400	2,000		1,280	1,280		
		3,500		3,200	5,000					2,600HP／H9,000m(金星系)
〃	〃	5,000								ハ44を串型に結合
6.8	0.645	1,200	2,500	1,050	1,600	2,097	712	1,000	655	ダイムラー・ベンツDB601国産化
〃	〃	〃	〃	〃	〃	〃	〃	〃	〃	
7.2	0.532	1,400	2,800	1,319	1,700	2,132	〃	1,030	715	
〃	〃	〃	〃	〃	〃	〃	〃	〃	〃	
		1,500		1,250	2,700					
		1,800								
		1,550								
		1,800								
		3,400		3,100	1,900					双子型式
6.9	0.647 0.643	2,350 3,000—3,450	2,500	2,200	3,900	5,800	739	1,051	1,400	串型コントラ・プロペラ
		2,500								
		3,000								
		2,500								
		3,000		2,700	8,000					ディーゼル・エンジン
		250								
		920								スリーブ弁ディーゼル・エンジン
		450								
		1,100								2サイクル
		32								AVA4Hの国産化
6.5	0.578	1,870	2,600	1,750	1,400		1,380	1,380	870	

設計会社	陸・海統一名称	陸軍名称		海軍名称		型式	気筒	
		ハ番号	制式名	記号	通称	冷却・型・気筒数	筒径×行程(mm)	容積(ℓ)
中島	ハ「45」31			NK9H-O	31	空冷・複・星・18	130×150	35.8
	41	ハ145	4式1900馬力	NK9A	10	〃	〃	〃
	42			NK9A-O	42	〃	〃	〃
	51				51	〃	〃	〃
	52			NK9L	52	〃	〃	〃
	61			NK9M	61	〃	〃	〃
中島	ハ「46」11			NK10A		空冷・複・星・18	155×170	57.8
中島	ハ「47」01	ハ107			BD	空冷・複・星・18	155×170	57.9
	11	ハ117			〃	〃	〃	〃
	21	ハ217			〃	〃	〃	〃
三菱	ハ「50」01	ハ50				空冷・複・星・22	150×170	66.1
中島	ハ「51」01	ハ51				空冷・複・星・22	130×150	43.8
三菱	ハ「53」01	ハ118		MK11A		空冷・4列星・28	140×160	69
中島	ハ「54」01	ハ505			D-BH	空冷・4列星・36	145×160	96.4
愛知	ハ「60」21			AE2A	熱田21	液冷・倒立V12	150×160	33.9
	22	ハ40	2式1000馬力		22	〃	〃	〃
	31				31	〃	〃	〃
	32			AE1P	32	〃	〃	〃
	41	ハ140			41	〃	〃	〃
	51	ハ340			51	〃	〃	〃
川崎	ハ「61」01	ハ440				〃	〃	〃
川崎	ハ「62」01	ハ440				液冷・倒立V12	150×160	33.9
愛知	ハ「70」01					液冷・倒立V12×2	150×160	67.86
川崎	ハ「71」01	ハ201				液冷・H型24		
川崎	ハ「72」11	ハ201				液冷・倒立V10×2	150×160	67.8
	12	ハ321				〃	〃	〃
空技廠	ハ「73」01			YE2H		液冷W型18	145×160	47.5
空技廠	ハ「74」01			YE3B		液冷X型24	145×160	63.4
	11			YE3E		〃	〃	〃
航空工廠	ハ「75」	ハ48				液冷H型24		
三菱	ハ「80」01	ハ300				液冷H型16(24)		51.5
日立	ハ「81」01					空・星6		
	02	ハ143						
日立	ハ「82」11	ハ200				空冷・複・12		
	12	ハ120				空冷・水平対向12		
日立	ハ「83」01					直6		
三菱	ハ「84」01	ハ46				液冷・倒立V12		
日本内燃	ハ「90」11				蟬 11	空冷・水平対向4		
佐世保	ハ「91」01			SH1A				
☆中島				NK7A	護 11	空冷・複・星・14	155×170	45.0

文庫版のあとがき

大正末期から昭和初期（一九三〇年前後）に満州事変、その他の戦いを経験しながら、日本の航空界は陸海軍を中心に、量・質にわたって急速な発展をとげた時期があった。

しかし、日進月歩の航空界では、日本が世界第一級の水準に追いつくためには、いくつもの大きな根本的な遅れがあって、この差を縮めるために懸命な努力が展開された。たまたま一分野で世界のレベルに到達、あるいは追い越すようなこと（海軍の零式戦闘機の誕生）もあったが、長い間に蓄積された潜在的な技術力のへだたりは、わずかな期間では容易に縮めることはできなかったのである。

とくにＡＢＣＤ（米英中蘭）ラインの対日締めつけ政策に代表される、資源や技術情報の凍結（一九四〇年頃から）は、太平洋戦争が航空戦第一主義となったことからみて、きわめて厳しい状況であった。開かれていた情報源は、同盟国のドイツとイタリアだけで、新型機の開発にあたっては、改良にちかいかたちでの進展はみられても、思いきった新構想の出現を期待することはかなわなかった。

太平洋戦争の勃発とともに、開発にあたって充分な検討を重ねる余裕はなくなり、その多くは不完全なまま進めなければならなくなった。しかも大量生産体制を宿命づけられているなかで、改修をくりかえして納得できる機体をつくり出すことなど望むべくもなかったのである。戦争の勝敗が決定的となるにつれて、こうした現象は如何ともしがたく、開発から実用までの期間をいかに少なくするかに必死の努力を続けるという泥沼状態におちいった。

さて、日本の航空戦の敗因を整理してながめてみると、当時の発動機の出力の差に帰するといっても過言ではないだろう。日本の大出力航空エンジンの開発経過を追うと、空冷エンジンでは、三菱（プラットニー&ホイットニー系）、中島（ライト・サイクロン系）、液冷エンジンでは川崎（ダイムラー・ベンツ系）のいずれも一〇〇〇馬力級に始まり、新規の試作機では二〇〇〇馬力以上の装備が予定されていた。しかし、一部では試作段階をへて実用期に入っていたものの、実質的な機能と機数を米国と比べてみると圧倒的な力の違いがみられた。

日本の航空技術陣がこのような情勢下に、新鋭機をいかに有効に運用するかに懸命の努力を注いだことをわすれてはならない。新開発の日本機の優秀性を誇張し、興味本位の記録が多くみられるが、その過程がいかに苦悩に満ち、悲惨なものであったか、あらためて痛感する次第である。

平成八年九月

小川利彦

単行本　昭和五十二年七月　廣済堂出版刊

解説

野原　茂

新型機の開発ラッシュ

一九三九年九月、ヨーロッパで第二次世界大戦が勃発し、その影響もあってドイツ、イタリアと枢軸同盟を結んでいた日本もアメリカを筆頭とする連合国側との緊張が高まり、翌昭和十五（一九四〇）年に入ると日・米開戦が現実味を帯びてきた。

このような状況下、日本陸海軍航空本部は将来を見越して新しい技術、構想に基づいた各種機体の開発を急ぐようになり、それは翌十六（一九四一）年十二月の太平洋戦争開戦後に一段と加速する。

陸軍ではドイツの航空技術に倣った串型双発の高速戦闘機を目指した川崎キ64（試作着手は昭和十五年）、一〇〇式司令部偵察機の後継機を目指した立川キ70（同十四年）、当初は対ソビエト戦用の遠距離隠密偵察機、開戦後はアメリカ本土片道爆撃機に内容変更された立川キ74（同十六年）、爆機機に随伴できる航続力を有する双発遠距離戦闘機三菱キ83（同十六年）などが、その筆頭だった。

対Ｂ－29迎撃機中心の新型機開発

しかし、太平洋戦争の戦局が守勢に転じた昭和十八（一九四三）年、アメリカ陸軍航空軍の新鋭四発重爆撃機ボーイングＢ－29の超絶した高性能が明らかになると、同機による日本本土に対する空襲が重大なる脅威と捉えられた。

そこで、陸軍は排気タービン過給器による高々度性能と、破壊力の大きな三〇ミリ機関砲中心の射撃兵装を備える対Ｂ－29用の迎撃戦闘機、中島キ87、立川キ94の試作を同時に発注する（十八年八月七日付）。

いっぽう、海軍ではそれよりも早く十八年一月の時点で、中島に対し双発単座形態の十八試局地戦闘機「天雷《てんらい》」、翌十九（一九四四）年五月には九州飛行機に対し、前翼型（エンテ型）と称する特殊な形態の十八試局地戦闘機「震電《しんでん》」の、両対Ｂ－29用迎撃機の試作を発注した。

しかし当時の日本の航空技術力では、これら各機に必要な二〇〇〇馬力以上の大出力発動機、排気タービン過給器、三〇ミリ機関砲などを早期に実用可能とするのは困難で、いずれの機体も敗戦までに戦力化できずに終わった。

こうした窮状を打開する手段としてドイツからロケット戦闘機Ｍｅ163の技術資料を取り寄せ、陸海軍が異例の協同開発で国産化を急いだ「秋水《しゅうすい》」も、結局は原型一号機が初飛行（失敗）にこぎつけた段階で敗戦となり、関係者たちの努力は水泡に帰した。

また、Ｂ－29による夜間空襲に対処する新規設計の夜間戦闘機として、陸軍は川崎に対しキ108、海軍は愛知に対し十八試丙戦闘機「電光《でんこう》」をそれぞれ試作発注したものの、前者は原型機完成、後者は原型機完成直前に、当のＢ－29の空襲により被爆・焼失という状況で敗戦を迎えている。

戦闘機以外の開発顚末

対Ｂ－29迎撃用戦闘機の開発が優先された太平洋戦争中でも、遠隔地の敵目標を叩くための攻撃戦力として、陸海軍ともに大型四発爆撃／攻撃機の試作は行なった。陸軍の川崎キ91、海軍の中島十八試陸上攻撃機「連山《れんざん》」がそれに該当する。

キ91は、全幅四八メートル、全長三三メートル、総重量五八トンという、Ｂ－29を凌ぐ巨大機で、排気タービン過給器併用の「ハ二一四ル」発動機（二五〇〇馬力）を搭載し、爆弾四～八トンを携行して最大九〇〇〇キロの航続力を持つとされたが、あまりに巨大すぎて資材の供給が不可能となり、昭和二十（一九四五）年二月に六〇パーセント設計段階で開発中止となった。

「連山」は、キ91に比べかなり小柄な四発機で、やはり排気タービン過給器併用の「誉二四型ル」発動機（二〇〇〇馬力）を搭載し、爆弾三トンを携行して最大六〇〇〇キロ余の航続力を持つとされた。しかし、本機もまた戦局の悪化による優先度の低下などが理由で、昭和二十年六月に原型四号機が完成したところで開発中止を宣告される。

この中島飛行機（株）の社主の座にあった中島知久平氏の個人的発想から計画が具現化した、未曾有の超大型爆撃機「富嶽」は陸海軍の協同開発となったが、発動機、機体ともに、当時の日本では実現不可能なシロモノで、戦況の悪化をうけ昭和十九年八月に計画中止に追い込まれた。

前述したドイツのMe163の技術資料と同時に、Me262ジェット戦闘機の技術資料を入手した陸海軍は、それぞれ別個に国産化を図り、陸軍はキ201（戦闘機）、海軍は「橘花《きっか》」（攻撃機）として中島に試作発注する。しかしキ201は原型機未完成、橘花は原型一号機が初飛行した段階で敗戦となった。

NF文庫

幻の新鋭機 震電、富嶽、紫雲…… 新装解説版

二〇二三年十一月二十日 第一刷発行

著者 小川利彦

発行者 赤堀正卓

発行所 株式会社 潮書房光人新社

〒100-8077 東京都千代田区大手町一-七-二

電話／〇三-六二八一-九八九一(代)

印刷・製本 中央精版印刷株式会社

定価はカバーに表示してあります

乱丁・落丁のものはお取りかえ致します。本文は中性紙を使用

ISBN978-4-7698-3335-2 C0195

http://www.kojinsha.co.jp

NF文庫

刊行のことば

第二次世界大戦の戦火が熄《や》んで五〇年——その間、小社は夥しい数の戦争の記録を渉猟し、発掘し、常に公正なる立場を貫いて書誌とし、大方の絶讃を博して今日に及ぶが、その源は、散華された世代への熱き思い入れであり、同時に、その記録を誌して平和の礎とし、後世に伝えんとするにある。

小社の出版物は、戦記、伝記、文学、エッセイ、写真集、その他、すでに一、〇〇〇点を越え、加えて戦後五〇年になんなんとするを契機として、「光人社NF（ノンフィクション）文庫」を創刊して、読者諸賢の熱烈要望におこたえする次第である。人生のバイブルとして、心弱きときの活性の糧《かて》として、散華の世代からの感動の肉声に、あなたもぜひ、耳を傾けて下さい。

＊潮書房光人新社が贈る勇気と感動を伝える人生のバイブル＊

NF文庫

新装版 憲兵　元・東部憲兵隊司令官の自伝的回想
大谷敬二郎
権力悪の象徴として定着した憲兵の、本来の軍事警察の任務の在り方を、著者みずからの実体験にもとづいて描いた陸軍昭和史。

戦術における成功作戦の研究
三野正洋
潜水艦の群狼戦術、ベトナム戦争の地下トンネル、ステルス戦闘機の登場……さまざまな戦場で味方を勝利に導いた戦術・兵器。

太平洋戦争捕虜第一号　海軍少尉酒巻和男 真珠湾からの帰還
菅原 完
「軍神」になれなかった男。真珠湾攻撃で未帰還となった五隻の特殊潜航艇のうちただ一人生き残り捕虜となった士官の四年間。

新装解説版 秘めたる空戦　三式戦「飛燕」の死闘
松本良男
幾瀬勝彬
陸軍の名戦闘機「飛燕」を駆って南方の日米航空消耗戦を生き抜いたパイロットの奮戦。苛烈な空中戦をつづる。解説／野原茂。

新装版 海軍良識派の研究
工藤美知尋
日本海軍のリーダーたち。海軍良識派とは⁉「良識派」軍人の系譜をたどり、日本海軍の歴史と誤謬をあきらかにする人物伝。

第二次大戦 偵察機と哨戒機
大内建二
百式司令部偵察機、彩雲、モスキート、カタリナ……第二次世界大戦に登場した各国の偵察機・哨戒機を図面写真とともに紹介。